KB019965

한복선의

요리 백과

338

기본을 익히고 감각을 더해 '나만의 음식'을 요리하세요

건강을 생각한다면 집밥이 최고지요. 하지만 요리를 잘하지 못하면 집밥을 챙기기가 쉽지 않아요. 이 책은 요리에 자신이 없는 분들에게 드리는 책입니다. 기본기가 부족한 초보자는 물론 요리를 계속 해왔어도 제맛을 못 내는 분들, 또 '오늘은 무얼 먹어야 하나?' 고민하는 분들을 위해 만들었어요. 맛있는 음식 만들기를 상세하고 정확하게 보여드리려고 합니다.

먼저 요리를 처음 하는 분들을 위해 알아야 할 기초 지식을 정리했어요. 조리도구와 기본양념, 칼 다루기 등을 찬찬히 설명하고, 신선한 재료 고르기와 손질법, 보관법 등도 상세히 알려드려요. 기억해두면 요리가 재미있어지고 자신감도 생길 거예요.

고기는 밑간을 해야 간이 잘 배고 해물은 재빨리 볶아야 질기지 않은 등 음식을 맛있게 조리하는 비법도 꼼꼼히 정리했어요. 기본을 알고 지키다 보면 습관이 되고 응용도 가능해져 나중에는 음식 맛이 저절로 납니다.

무얼 먹을지 고민할 필요도 없어요. 반찬, 국·찌개, 김치, 한 그릇 음식 등 338가지 메뉴를 소개합니다. 모든 요리가 들어 있기 때문에 집에서 웬만한 요리는 다 할 수 있어 이 책 한 권이면 매일 맛있는 식탁을 차릴 수 있어요.

요리를 잘하는 사람이 따로 있는 것은 아닙니다. 기본을 다지고 자신의 감각을 살리면 누구나 맛있는 음식을 만들 수 있어요. 다양한 재료와 조리법에 손맛이 어우러져 '나만의 음식'이 탄생하는 것입니다. 지금은 서툴더라도 자꾸 하다 보면 요리가 몸에 익어 쉽고 즐거워질 거예요.

이 책이 모든 사람의 식탁을 맛있게 만드는 데 도움이 됐으면 합니다. 항상 좋은 음식으로 건강과 행복을 지키세요.

한 복선

차례

Chapter

1 요리 기본기 다지기

Part 1 요리와 친해지는 기본 상식

Part 2 재료 고르기 & 손질하기

Part 3 조리별 맛내기 비법

Part 1 매일 반찬

Part 2 밑반찬

Part 3 별미 요리

Part 4 국·찌개·전골

Part 5 김치·장아찌

Part 6 한 그릇 밥·국수

Chapter

1

요리 기본기 다지기

요리가 처음이세요? 걱정하지 마세요. 갖춰야 할 조리도구와 기본양념부터 장 보는 요령, 칼 다루는 법까지 요리할 때 알아야 할 것들을 차근차근 알려드립니다. 기본 요령을 익혀두면 어떤 요리도 쉽고 즐겁게 할 수 있어요.

Part 1
요리와 친해지는
기본 상식

낭비 없이 장을 보려면 계획이 필요하고, 요리를 잘하려면 습관이 중요해요. 똑똑하게 장 보고 쉽게 요리하는 요령을 익히세요.

똑똑하게 장보기

냉장고부터 살펴본다

장은 1주일에 한 번 정도 본다. 1주일 동안 필요한 식품들을 정리하고 양념도 떨어지지 않았는지 확인한 뒤, 집에 있는 것과 사야 할 것을 나눈다. 냉장고를 살펴보지 않으면 있는 재료를 또 사는 불상사가 생길 수 있으니 장보기 전에 반드시 살펴본다. 목록을 가지고 시장에 가면 빠진 것도 남는 것도 없이 알뜰하게 장을 볼 수 있다.

먹을 만큼만 산다

식구도 적은데 싸다고 많이 샀다가는 다 먹지도 못하고 버리게 되어 오히려 낭비가 된다. 특히 잎채소는 쉽게 물러지기 때문에 바로 먹을 것만 산다. 단호박이나 양배추처럼 덩어리가 큰 채소는 나눠서 파는 것을 사고, 감자처럼 싹이 나기 쉬운 것도 조금만 사는 것이 좋다. 쌀 등의 곡식은 오래 두면 벌레가 생길 수 있으므로 보름이나 한 달간 먹을 만큼만 산다.

충동구매를 피해 필요한 코너만 들른다

마트는 여러 가지 물건을 한꺼번에 살 수 있어 편하지만 그만큼 충동 구매의 유혹도 많다. 여기저기 둘러보지 말고 쇼핑 목록에 맞춰 동선을 최대한 짧게 잡고, 계산대로 가기 전에 꼭 필요한 것만 담았는지 다시 한번 확인한다.

되도록 손질하지 않은 재료를 산다

다듬은 채소, 다진 마늘, 양념한 고기 등은 값이 비쌀 뿐 아니라 신선도나 위생 상태 등도 알 수 없다. 채소는 껍질이 있는 것을 사고, 생선도 토막 내어 포장한 것보다 온전한 것을 고른다. 직접 손질하는 것이 돈도 아끼고 건강도 챙기는 길이다.

할인행사를 이용한다

저녁 5~6시쯤 되면 상하기 쉬운 채소나 과일, 생선 등을 싸게 판다. 시장에서도 저녁에는 낮과 달리 흥정이 쉬워진다. 전단도 꼼꼼히 살펴볼 필요가 있다. 전단에 실린 상품은 일종의 미끼 상품으로 파격적인 가격을 내세운다. 단, 싸다고 해서 필요 없는 걸 산다든지 다른 상품을 충동 구매하는 등 미끼에 걸려들지 않도록 조심한다. 마트 자체 브랜드인 PB 상품을 사는 것도 알뜰 쇼핑에 도움이 된다.

제철식품은 전통시장에서 산다

맛과 영양은 역시 제철에 나는 것이 최고다. 제철식품은 전통시장에서 사는 것이 신선하고 값도 싸다. 특히 채소와 과일의 품질이 좋으며, 깎아주거나 덤을 주기도 해 장 보는 재미가 쏠쏠하다. 날이 어둑어둑해지면 좋은 물건을 고르기 힘드니 밝을 때 쇼핑을 마친다.

수입식품은 온라인 쇼핑몰에서 산다

수입식품 등 흔치 않은 재료는 온라인 쇼핑몰이나 백화점 등에서 살 수 있는데, 온라인 쇼핑몰은 상품을 직접 확인할 수 없으므로 품질 차이가 큰 품목은 피하는 것이 좋다. 공산품이 비교적 안전하며, 이미 사본 사람들의 평가를 참고하는 것도 실패를 줄이는 방법이다.

쉽게 요리하는 요령

만드는 방법을 알고 시작한다

조리 방법을 잘 몰라서 한 과정 끝내고 요리책 보고, 또 한 과정 끝내고 요리책 보고 하다가는 시간이 2배로 걸릴 뿐 아니라 음식 맛도 제대로 낼 수 없다. 만드는 과정이 머릿속에 그려질 만큼 조리법을 완전히 알고 시작해야 막힘없이 요리할 수 있다. 완전히 습득하지 못했다면 중요한 조리 포인트를 한눈에 볼 수 있게 적어놓는 것도 좋다.

편리한 복장을 갖추고 위생에 신경 쓴다

옷에 양념이라도 묻을까봐 신경 쓰다 보면 요리에 집중할 수 없다. 긴 소매는 걷고 앞치마를 입는다. 손은 온갖 재료를 만지는 만큼 비누로 싹싹 씻고 시작한다. 되도록 향이 없는 비누를 쓰고, 로션을 발라서도 안 된다.

필요한 도구를 준비해놓는다

냄비나 팬은 재료의 양에 맞는 크기를 준비하고, 조리도구들은 필요할 때 바로 쓸 수 있도록 미리 꺼내둔다. 조리하는 도중에 도구를 찾다가 뒤집거나 건지는 등의 타이밍을 놓치면 음식 맛이 떨어질 수 있다.

재료를 미리 손질한다

웬만한 재료는 미리 손질해서 바로 조리할 수 있는 상태로 만들어놓는 것이 좋다. 손질한 재료는 한눈에 보이게 꺼내놓는 것이 편하지만, 생선처럼 신선도가 중요한 재료는 바로 꺼내 쓸 수 있게 준비해 냉장실에 넣어둔다.

비슷한 일은 모아서 한다

여러 요리를 한꺼번에 할 때 비슷한 일을 모아서 하면 쉽다. 재료를 씻을 때 한꺼번에 씻고, 썰 때 모두 썰어 요리별로 나눠놓는다. 같은 재료가 여기저기 들어가면 필요한 만큼씩 나눠놓고, 준비가 끝나면 다 같이 가열대로 옮긴다.

사이사이의 시간을 최대한 이용한다

식사를 준비할 때 보통은 2~3개의 요리를 동시에 해야 하는 경우가 많다. 이때 하나를 끝내고 다른 하나를 하는 것이 아니라, 끓이고 익히는 사이사이의 시간을 이용해 요리가 맞물려 돌아가게 한다. 국이 끓는 동안 나물을 무치고, 구이가 익는 동안 국의 간을 보는 식으로 하면 여러 음식을 효율적으로 준비할 수 있다.

바로바로 정리한다

요리를 잘하는 사람은 완성과 동시에 부엌 정리도 끝난다. 재료는 필요한 만큼만 꺼내서 쓰고, 볼이나 체 같은 조리도구도 다 쓰고 나면 바로 씻어서 제자리에 둔다. 이렇게 틈틈이 정리하면 복잡하지도 않고 시간도 절약된다.

월별 제철 식품

요즘은 자연식품도 계절이 따로 없다고 하지만, 역시 제철에 먹어야 맛도 영양도 최고예요. 제철 식품을 월별로 정리했어요.

	채소·과일	해물
1월	당근, 우엉, 연근, 귤, 레몬	명태, 대구, 옥돔, 복어, 방어, 도루묵, 갈치, 고등어, 삼치, 청어, 정어리, 가오리, 아귀, 문어, 굴, 꼬막, 홍합, 새조개, 미더덕, 해삼, 김, 미역
2월	쑥갓, 봄동, 참취, 달래, 냉이, 원추리, 유채, 시금치, 고비, 순무, 양파, 귤, 레몬	명태, 대구, 도미, 가자미, 고등어, 삼치, 굴, 꼬막, 홍합, 미더덕, 해삼, 김, 미역, 다시마, 파래, 청각
3월	쑥, 쑥갓, 돌미나리, 봄동, 달래, 냉이, 원추리, 씀바귀, 고들빼기, 땅두릅, 고사리, 쪽파, 금귤	명태, 조기, 도미, 가자미, 임연수어, 삼치, 멸치, 주꾸미, 바지락, 모시조개, 가리비, 미더덕, 김, 미역, 파래, 톳
4월	껍질콩, 쑥, 쑥갓, 봄동, 취, 두릅, 상추, 양상추, 머위, 죽순, 고사리, 더덕, 쪽파, 딸기	조기, 감성돔, 가자미, 병어, 삼치, 전갱이, 밴댕이, 멸치, 주꾸미, 꽃게(암게), 대게, 바지락, 키조개, 김, 파래
5월	완두, 쑥갓, 미나리, 참취, 고구마순, 고사리, 도라지, 더덕, 상추, 부추, 양배추, 쪽파, 마늘종, 양파, 딸기, 앵두	조기, 민어, 농어, 준치, 병어, 꽁치, 전갱이, 황석어, 멸치, 뱅어, 붕장어, 꽃게(암게), 대게, 바지락, 멍게
6월	오이, 청둥호박, 풋고추, 완두, 껍질콩, 아스파라거스, 셀러리, 근대, 열무, 도라지, 상추, 부추, 양배추, 감자, 알감자, 양파, 마늘, 토마토, 참외, 매실	참조기, 흑돔, 민어, 농어, 준치, 붕어, 광어, 병어, 꽁치, 전갱이, 장어, 오징어, 갑오징어, 전복

	채소·과일	해물
7월	가지, 오이, 애호박, 풋고추, 꽈리고추, 피망, 노각, 깻잎, 근대, 열무, 부추, 양상추, 양배추, 콩나물, 느타리버섯, 감자, 마늘, 토마토, 수박, 참외, 복숭아, 자두, 산딸기	민어, 농어, 광어, 병어, 꽁치, 전갱이, 장어, 오징어, 갑오징어, 문어, 전복, 성게
8월	가지, 오이, 애호박, 풋고추, 붉은 고추, 노각, 강낭콩, 깻잎, 근대, 열무, 상추, 양배추, 느타리버섯, 감자, 고구마, 마늘, 옥수수, 토마토, 수박, 참외, 멜론, 복숭아, 자두, 포도	민어, 우럭, 참치, 꽁치, 전갱이, 뱀장어, 오징어, 전복, 성게, 해파리
9월	가지, 붉은 고추, 풋콩, 아욱, 표고버섯, 느타리버섯, 싸리버섯, 당근, 토란, 감자, 고구마, 인삼, 사과, 배, 포도, 석류, 무화과, 밤	갈치, 전어, 연어, 오징어, 낙지, 대하, 꽃게(수게), 참게, 백합, 전복, 해파리, 다시마
10월	붉은 고추, 늙은 호박, 송이, 양송이, 느타리버섯, 싸리버섯, 무, 당근, 토란, 사과, 배, 감, 유자, 모과, 오미자, 밤, 대추, 은행, 도토리	도미, 갈치, 고등어, 전어, 연어, 양미리, 미꾸라지, 오징어, 낙지, 대하, 보리새우, 꽃게(수게)
11월	늙은 호박, 브로콜리, 배추, 무, 당근, 우엉, 연근, 사과, 배, 감, 귤, 키위, 유자, 모과, 오미자, 대추	명태, 대구, 도미, 방어, 갈치, 고등어, 삼치, 연어, 아귀, 낙지, 꽃게(수게), 굴, 홍합, 미역
12월	콜리플라워, 무, 당근, 우엉, 연근, 생강, 산마, 감, 귤, 바나나	명태, 대구, 복어, 도미, 방어, 갈치, 고등어, 삼치, 정어리, 홍어, 가오리, 아귀, 낙지, 문어, 굴, 꼬막, 김, 미역, 매생이

안전한 식탁을 위해 알아야 할 것들

무엇 하나 마음 놓고 먹기 어려운 세상이에요. 친환경인증표시나 식품첨가물 등을 살펴보고, 유해물질을 줄이는 요령도 기억해두세요.

기억해야 할 친환경인증표시

농산물

 유기농산물 다년생 작물은 3년 이상, 그 외 작물은 2년 이상 유기합성농약과 화학비료를 사용하지 않고 재배한 농산물.

 GAP 농산물 농약, 중금속, 유해생물 등 식품안전을 위협하는 요소를 산지농장에서 최종 소비자의 식탁까지 관리하는 농산물.

 무농약 농산물 유기합성농약을 사용하지 않고, 화학비료를 권장량의 1/3 이하로 사용해 재배한 농산물.

 저탄소 농산물 유기농, 무농약, GAP 인증을 받은 농산물 중 생산 과정에서 온실가스 배출량을 줄인 농산물.

수산물

 친환경수산물 인체에 유해한 화학적 합성물질을 사용하지 않거나 동물용 의약품의 사용을 최소화해 생산한 수산물 또는 이를 원료로 하여 위생적으로 가공한 식품.

 무항생제 수산물 항생제, 호르몬제 등을 사용하지 않고 양식한 수산물.

 유기수산물 식용을 목적으로 인증 기준을 준수해 생산한 양식 수산물. 유기수산물로 제조, 가공한 식품이 유기가공식품이다.

 활성처리제 비사용 수산물 유기산 등의 화학물질이나 활성처리제를 사용하지 않고 양식한 수산물.

축산물

 유기축산물 항생제, 합성항균제, 호르몬제 등을 사용하지 않고 유기농산물의 재배 기준에 맞게 생산한 유기 사료를 먹이면서 정해진 인증 기준에 따라 사육한 축산물 또는 그렇게 기른 닭이 낳은 달걀.

 동물복지 축산물 농장의 동물이 본래의 습성을 유지하며 정상으로 살 수 있도록 관리해 사육한 축산물 또는 그렇게 기른 닭이 낳은 달걀.

가공식품

 무항생제 축산물 항생제, 합성항균제, 호르몬제 등을 사용하지 않고 무항생제 사료를 먹이면서 정해진 인증 기준에 따라 사육한 축산물 또는 그렇게 기른 닭이 낳은 달걀.

 유기가공식품 유기농축산물을 주원료로 하여 화학첨가물의 사용을 최소화하고 방사선 조사를 하지 않으며 오염물질과 닿지 않게 관리해 유기농축산물의 순수성이 훼손되지 않도록 제조, 가공한 식품.

피해야 할 식품첨가물

합성보존료(방부제)

소르빈산칼륨, 프로피온산나트륨, 살리실산, 데히드로초산나트륨, 안식향산나트륨 등이 있다. 치즈, 버터, 햄, 초콜릿, 토마토케첩, 고추장, 단무지 등 오래 보관하는 식품과 수입식품에 들어 있다. 식욕감퇴, 소화불량 등을 일으키고 눈과 피부 점막을 자극한다. 안식향산나트륨은 어린이 기호식품 품질인증 제품에는 넣을 수 없다.

인공감미료

아스파탐, 둘신, 사이클라메이트 등이 있다. 음료, 빙과, 과자, 간장 등에 많이 쓰며, '무설탕'이라고 하여 설탕 대신 넣는다. 소화기 장애, 신장 장애, 암 등의 원인이 된다.

화학조미료(향미증진제)

MSG(L-글루타민산나트륨)가 대표적이다. 패스트푸드나 인스턴트식품, 통조림 같은 가공식품 등에 쓴다. 빈속에 3~5g 이상 먹으면 15분 정도 지나 얼굴 경련, 가슴 압박 등이 1~2시간 지속될 정도로 독성이 있는 물질로 우울증, 현기증, 두통, 손발 저림 등을 일으킨다. 특히 어린아이가 많이 먹으면 자폐증, 학습장애, 과잉행동, 정신분열증 등의 발병 위험이 커진다. 'MSG 무첨가'라고 쓰여 있는 식품도 안심할 수 없다. MSG 대신 넣는 호박산나트륨이나 구아닐산나트륨, 이노신산나트륨 역시 유해성이 많다.

착색제

인공으로 색을 내는 색소로 치즈, 버터, 아이스크림, 과자, 소시지, 통조림 등에 쓴다. 간, 신장, 혈액에 나쁜 영향을 미치고 발암성이 강하다. 과자, 케이크, 탄산음료 등에 쓰는 캐러멜색소는 유전자가 변형된 옥수수의 녹말을 쓰는 경우가 많다.

발색제

아질산나트륨이 대표적이다. 햄, 베이컨, 소시지, 어묵 등 고기와 생선 가공품의 색을 선명하게 만든다. 단백질과 결합해 암, 빈혈, 구토, 발한, 호흡 기능 약화 등을 일으키며 신경계통에도 좋지 않은 작용을 한다. 특히 WHO(세계보건기구)에서는 어린이 식품에 쓰지 말라고 권하고 있다. 식물성 발색제인 황산제1철은 채소, 과일의 발색제로 쓰인다.

표백제

아황산나트륨이 대표적이며 빵, 과자, 빙과 등에 쓴다. 두통, 복통, 메스꺼움 등을 일으키며 순환기 장애, 천식, 호흡기 점막 자극, 위 점막 자극, 눈 자극, 유전자 손상, 염색체 이상 등의 부작용이 있다. 과일과 채소에는 쓰지 못하게 되어 있으나 연근, 도라지 등의 변색을 막기 위해 쓰는 경우가 있으니 주의한다.

살균제

표백분, 고도표백분, 차아염소산나트륨 등이 있다. 어육 제품을 살균하는 데 쓰는 화학물질로 피부염, 암 등을 일으킨다. 두부, 어묵, 햄, 소시지 등에 들어 있다.

산화방지제

부틸히드록시아니솔(BHA), 부틸히드록시톨루엔(BHT) 등이 있다. 기름과 지방 식품, 유제품이 상하는 것을 막는 화학물질로 크래커, 쇼트닝 등에 쓴다. 콜레스테롤 수치를 높이고 유전자 손상을 일으킬 수 있으며 신경 자극 전달에 치명적이다.

유해물질을 없애는 요령

두부
흐르는 물로 헹궈 찬물에 10분 정도 담가둔다.

쇠고기·돼지고기
항생제 등이 지방에 많이 쌓여 있으므로 지방을 떼고 조리한다. 덩어리 고기는 20~30분 정도 삶아서 쓰면 좋다. 끓이면서 생기는 거품은 걷어낸다.

닭고기
껍질을 벗기고 지방을 떼어낸다.

어묵
튀긴 어묵은 데치거나 넓은 체에 펼쳐 담고 팔팔 끓는 물을 끼얹어 헹군다. 게맛살은 찬물에 담가둔다.

햄·소시지
칼집을 내어 끓는 물에 한 번 데쳐서 사용한다.

베이컨
데치거나 지져서 종이타월에 올려 기름을 뺀다.

통조림 햄
가장자리의 노란 기름을 닦아내고 먹는다. 남은 햄은 다른 그릇에 옮겨 담아 보관한다.

통조림 옥수수
데치거나 체에 담아 흐르는 물에 헹군다. 뚜껑을 따기 전에 통을 깨끗이 닦고, 남은 것은 다른 그릇에 옮겨 담아 보관한다. 국물과 함께 담아두는 것이 좋다.

단무지
찬물에 5분 정도 담가둔다.

인스턴트 국수
끓는 물에 한 번 데쳐서 사용한다. 기름과 함께 산화방지제와 착색제 등의 성분이 빠져나온다.

---

plus

GMO란?

GMO(genetically modified organism)는 작물의 유전자를 인위적으로 결합해 새로운 품종으로 개발한 유전자변형 농수산물이다. 우리나라에 수입되는 GMO 농산물은 콩, 옥수수, 사탕무 등이 있으며, GMO 농산물로 만드는 식품으로는 간장, 된장, 고추장, 올리고당, 물엿, 카놀라유, 과자, 시리얼, 빵, 음료, 아이스크림 등이 있다. GMO 옥수수로는 소, 돼지, 닭의 사료를 만든다.
GMO에 관한 논란은 끊임없이 이어지고 있다. 특히 아이들의 뇌를 손상해 자폐증, 과잉행동 장애, 성조숙증 등을 유발한다는 연구 결과도 있으니 주의한다.

냉장고도 잘 쓰지 않으면 제 기능을 발휘하지 못해요.
냉장고를 제대로 활용하는 정리 요령과 재료 보관법을 알려드립니다.

냉장고 정리 요령

냉장고도 믿을 수 없다

재료든 음식이든 냉장고에 넣어두면 안전하다고 생각하기 쉽지만 오산이다. 특히 생선이나 고기를 오랫동안 냉동해두고 먹는 경우가 많은데, 시간이 지날수록 암을 일으킬 수 있는 과산화지질이 생긴다. 또한 세균은 냉장실에서도 증식하며, 냉동실에서도 죽지 않는다.

적정 온도를 유지한다

냉장고 안의 온도가 일정해야 효과가 크다. 냉동실은 영하 18℃, 냉장실은 5℃ 이하를 유지하는 것이 좋다. 문을 자주 여닫는 것도 좋지 않다. 문을 열 때마다 냉장고 안의 온도가 올라가기 때문이다.

냉장고를 꽉 채우지 않는다

냉장고 안이 꽉 차 있으면 냉기가 잘 돌지 못해 식품에 고루고루 미치지 못한다. 식품과 식품 사이를 조금씩 떼어 2/3 정도만 채우는 것이 좋다. 냉기가 나오는 부분은 비워두고, 채소나 두부 등 수분이 많은 식품은 얼기 쉬우니 냉기 앞에 두지 않는다.

비슷한 것끼리 모은다

고기, 건어물, 가루, 소스 등 식품을 같은 종류끼리 모아서 둔다. 찾기 쉬울 뿐 아니라 보관 조건이 비슷하므로 한꺼번에 넣어두면 되어 편하다. 이름표를 붙여두면 구별하기 쉽다.

자주 먹는 건 가운데 칸에 둔다

식품마다 냉장고 속 제자리가 다르다. 신선도가 중요한 식품은 온도 변화가 적은 안쪽과 위쪽에 두고, 아래쪽이나 문 쪽에는 상대적으로 온도의 영향을 덜 받는 식품을 둔다. 특히 문 안쪽에는 소스 병 등 흔들려도 상관없는 식품을 넣어둔다. 또 자주 먹는 음식과 재료는 가운데 칸에 두어야 편하다. 냉동실의 경우 고기, 생선 등 무거운 것은 아래쪽에, 채소 등 가벼운 것은 위쪽에 보관한다.

투명한 통에 담아둔다

투명한 통에 담아두면 필요한 식품을 바로바로 찾을 수 있다. 통은 포개놓을 수 있도록 크기와 모양을 맞추는 것이 편리하다. 김치같이 산성이 강한 식품이나 소스는 유리그릇에, 물이 생기는 식품은 물빠짐 받침대가 있는 통에 담는다.

한 번 먹을 만큼씩 나눠서 얼린다

식품을 한데 뭉쳐 얼려두면 조금만 필요해도 한꺼번에 꺼내야 해 불편할 뿐 아니라 식품이 녹았다 얼었다를 반복하면서 신선도가 떨어진다. 한 번 먹을 만큼씩 나눠 따로 싸서 얼리고, 한 번 녹인 식품은 다시 얼리지 않는다.

공기가 닿지 않게 밀봉한다

식품에 산소나 습기 등이 닿지 않아야 오래간다. 또 냉장고에는 온갖 재료와 음식이 함께 들어가 있어 서로 냄새가 밸 수도 있다. 밀폐용기나 지퍼백, 봉투집게 등을 이용해 밀봉한다. 공기를 뺄 수 있는 진공백에 고기나 생선을 담을 때는 비닐랩으로 싸서 담아야 깔끔하다.

납작하게 얼려서 세워둔다

다진 고기나 다진 채소, 양념 등은 지퍼백에 담아 납작하게 펴서 얼린 뒤 세워서 보관한다. 공간을 덜 차지할 뿐 아니라 한눈에 보여 찾기도 쉽다.

청소를 자주 한다

냉장고 안이 깨끗해야 냄새가 안 나고 식품이 오래간다. 선반과 서랍을 꺼내 물로 씻는 등 자주 청소한다. 문의 패킹도 잘 닦아야 떨어지지 않는다. 식품들도 상했거나 유통기한이 지난 것이 있는지 확인하고 다시 정리한다.

자주 쓰는 재료 보관 요령

냉동 보관하기

시금치

숨이 죽을 정도로만 살짝 데쳐 찬물에 헹군 뒤, 한 번 먹을 만큼씩 지퍼백에 담고 물을 1/2컵 정도 넣어 냉동한다. 물에 담가 냉동해야 질감과 촉촉함을 유지할 수 있다. 사용할 때는 전날 냉장실로 옮겨 서서히 해동한다. 빨리 녹이려면 찬물에 10~15분 정도 담가놓는다.

브로콜리

손질해 씻어서 용도에 맞게 썰어 끓는 물에 데친 뒤 찬물에 헹궈 완전히 식힌다. 한 번 먹을 만큼씩 지퍼백에 담아 냉동해두면 필요할 때 해동하지 않고 바로 조리할 수 있다.

토마토

꼭지를 떼고 먹기 좋게 썰어 지퍼백에 담아 냉동한다. 데쳐서 껍질을 벗겨 냉동해도 좋다. 수프나 그라탱을 만들 때는 냉동 상태 그대로 끓이면 되고, 실온에서 잠시 해동해 샐러드나 토마토 주스를 만들면 신선함을 그대로 느낄 수 있다.

감자

껍질을 벗기고 용도에 맞게 썰어 살캉살캉하게 데친다. 너무 무르게 삶지 않도록 주의한다. 감자가 식으면 한 번 먹을 만큼씩 지퍼백에 담고 뭉치지 않도록 납작하게 펴서 냉동해두었다가 사용하기 전날 냉장실로 옮겨 해동한다. 감자튀김은 해동하지 않고 바로 튀겨도 된다.

당근

용도에 맞게 썰거나 다져서 지퍼백에 담아 냉동해두면 볶음 등을 할 때 편하다. 당근은 얼었다가 녹으면 색깔이 어두워지므로 해동하지 말고 바로 조리한다.

양파

용도에 맞게 썰거나 다져 지퍼백에 담고 납작하게 펴서 냉동실에 둔다. 볶음, 조림 등 다양한 요리에 사용할 수 있다. 해동하면 물이 생길 수 있으니 냉동실에서 꺼내 바로 조리한다.

대파

씻어 물기를 뺀 뒤 어슷하게 썰어서 지퍼백이나 밀폐용기에 담아 냉동실에 두면 쓰기 편하다. 다듬어 씻기만 해서 물빠짐 받침대가 있는 통에 담아 냉장실에 두어도 좋다.

마늘·생강

마늘은 통째로 서늘한 곳에 두었다가 쓸 때마다 껍질을 벗겨 다져 넣는 게 향이 가장 좋다. 하지만 매번 다져 넣기란 여간 번거로운 일이 아니다. 미리 다져서 지퍼백에 담아 납작하게 편 뒤 초콜릿처럼 금을 그어 얼린다. 하나씩 똑똑 떼어 지퍼백이나 밀폐용기에 담아두면 1개씩 꺼내 쓰기 편하다. 생강은 반은 마늘처럼 다져서 얼리고, 반은 얇게 저며 냉동실에 둔다.

버섯

손질해 씻어서 용도에 맞게 썰어 한 번 먹을 만큼씩 지퍼백에 담아 냉동한다. 냉동한 버섯은 자연 해동하는 것이 가장 좋지만, 지퍼백에 담긴 채로 물에 담그거나 전자레인지로 해동해도 된다.

생선

손질해 씻어 토막 내거나 칼집을 넣은 뒤 소금, 식초, 청주를 뿌리고 지퍼백에 담아 냉동한다. 작은 생선은 한 마리씩 비닐 랩으로 감싸 지퍼백이나 밀폐용기에 담는다. 사용할 때는 냉장실에서 서서히 해동하고, 식초나 소금을 넣은 물에 잠시 담가두면 비린내를 없앨 수 있다.

해물

새우는 씻어 수염과 머리의 침, 꼬리의 물주머니를 자르고 내장을 빼서 껍데기째 지퍼백에 담아 냉동한다. 전이나 볶음 등에 사용하려면 껍데기를 벗겨 냉동하는 것이 편하다. 오징어는 손질해 먹기 좋게 썰거나 통째로 냉동한다. 살짝 데쳐서 냉동해도 좋다. 굴은 씻어 지퍼백에 담고 물을 조금 넣어 냉동한다. 해동한 굴은 반드시 가열 조리한다. 전복은 씻어 살과 내장을 따로 담아 냉동한다. 해물은 해동하면 물이 생겨 탄력이 떨어질 수 있으니 해동하지 말고 바로 조리한다.

쇠고기·돼지고기

용도에 맞게 썰어 한 번 먹을 만큼씩 지퍼백에 담아 냉동한다. 구이용은 서로 붙지 않도록 사이사이에 비닐랩을 끼우고, 채 썰거나 다진 고기는 납작하게 펴서 냉동해야 사용하기 편하다. 식용유나 올리브유를 발라두면 공기가 차단돼 산패를 막고 수분을 유지하는 데 도움이 된다.

마른멸치

머리와 내장을 떼고 지퍼백이나 밀폐용기에 담아 냉동실에 둔다.

마른새우

체에 담아 가루를 털어낸 뒤 지퍼백이나 밀폐용기에 담아 냉동실에 둔다.

마른 다시마

5~10cm 크기로 잘라서 지퍼백이나 밀폐용기에 담아 냉동실에 둔다.

냉장 보관하기

콩나물

사 오자마자 흐르는 물에 씻어 물에 담가 냉장실에 둔다. 이틀에 한 번씩 물을 갈아주면 10일 정도 보관할 수 있다.

애호박

씻어 물기를 뺀 뒤 비닐랩으로 싸서 냉장실에 둔다. 쉽게 물러지므로 되도록 빨리 먹는다.

고추

씻어 물기를 빼고 지퍼백에 담아 냉장실에 둔다. 어슷하게 썰어서 지퍼백이나 밀폐용기에 담아 냉동해도 좋다. 맛과 향은 떨어지지만 바로바로 쓸 수 있어 간편하다.

무

젖은 종이타월로 싸서 비닐봉지에 담아 냉장고 채소 칸에 둔다. 씻어 용도에 맞게 썰어서 지퍼백에 담아 냉동해도 되는데, 얼리면 아삭한 맛이 떨어지므로 국이나 조림에 사용한다.

두부

포장 두부는 그대로 냉장실에 두고, 쓰고 남은 것은 물에 담가 냉장실에 둔다. 이틀에 한 번 정도 물을 갈아주면 1주일 이상 간다.

달걀

냉장실에 넣어두면 2개월 정도 가는데, 흔들리면 상하기 쉬우므로 문에 있는 달걀 칸보다 냉장실 안쪽에 둔다. 냄새를 흡수하기 때문에 뚜껑 있는 통에 담아두는 것이 좋다.

plus

재료를 손질하고 남은 자투리는?

표고버섯 기둥, 황태 대가리 등 재료를 손질하고 남은 자투리들은 버리지 말고 모아서 지퍼백이나 밀폐용기에 담아 냉동해둔다. 국물 낼 때 넣으면 좋다.

상온에 보관하는 과일과 채소

파인애플, 오렌지 등의 열대과일은 냉장고에 넣는 것보다 바람이 잘 통하고 서늘한 곳에 두는 것이 좋다. 감자와 고구마, 다듬지 않은 마늘, 양파, 대파 등도 냉장고에 넣지 않는다.

계량법과 어림치

계량스푼이나 저울로 재료를 재는 것도 요령이 있어요.
계량도구를 쓰는 일이 번거롭다면 눈대중, 손대중을 기억해두세요.

계량에 필요한 도구

계량스푼

양념 등 적은 양을 정확히 잴 때 필요하다. 1큰술인 15mL짜리와 1작은술인 5mL짜리를 하나씩 갖추고 있으면 쓰기 편하다. 계량할 때 가루는 재료를 넉넉히 담은 뒤 칼이나 막대기로 평평하게 깎아내고, 액체는 찰랑찰랑하게 담는다.

가루

액체

계량컵

가장 많이 쓰는 것은 200mL짜리 컵이다. 유리, 플라스틱, 스테인리스 등 소재가 다양한데, 투명한 유리컵이 내용물과 눈금이 잘 보여 쓰기 편하다. 밀가루 등의 가루를 잴 때는 체에 내려 덩어리진 것을 풀어서 담고, 눈금을 볼 때는 평평한 곳에 놓고 눈높이를 눈금 높이에 맞춰서 본다.

저울

적은 양도 잴 수 있도록 최소한 5g 단위로 측정할 수 있고, 최대 2kg까지 잴 수 있는 것이 쓰기 좋다. 계량할 때는 저울을 평평한 곳에 놓고 0g인지 확인한 뒤 재료를 올려 잰다. 그릇에 담아 잴 때는 그릇을 먼저 저울에 올리고 0g으로 맞춘 뒤 재료를 담아 잰다. 눈금저울은 눈금을 볼 때 눈높이를 맞춰서 봐야 정확하며, 전자저울은 건전지를 쓰기 때문에 물이 들어가지 않도록 주의해야 한다.

알아두면 편리한 계량법 * 둥글고 얕은 한식 숟가락으로 쟀습니다.

1큰술 = 15mL
가루와 장은 밥숟가락에 수북이 담은 양, 액체는 3숟가락 정도.

1/2큰술 = 7.5mL
가루와 장은 밥숟가락에 조금 봉긋하게 담은 양, 액체는 1숟가락 반.

1작은술 = 1/3큰술 = 5mL
밥숟가락으로 1숟가락 정도.

1/2작은술 = 2.5mL
밥숟가락으로 반 숟가락 정도.

1컵 = 200mL
보통 크기의 종이컵에 가득 담은 양.

1줌
한 손으로 가볍게 잡은 정도.

조금
엄지와 검지로 가볍게 잡은 정도.

자주 쓰는 재료의 100g 어림치

감자
작은 것 1개

당근
큰 것 1/3개

양파
1/2개

오이
1/2개

애호박
1/2개

무
지름 9cm×길이 1.5cm

콩나물
1줌 반

시금치
7포기

풋고추
8개

마늘
20쪽

양배추
1/8통

양송이버섯
5개

두부
1/5모

새우살
12개 = 3/4컵

덩어리 고기
8×6×1.5cm

다진 고기
3/4컵

닭가슴살
1쪽

닭다리
1개

자주 쓰는 재료의 어림치 무게

채소·버섯	
가지 1개	120g
감자(작은 것) 1개	85g
감자(큰 것) 1개	210g
고구마 1개	130g
당근(큰 것) 1개	330g
애호박(큰 것) 1개	280g
양파 1개	250g
오이 1개	210g
연근 1개	300g
우엉(지름 3cm) 20cm	100g
풋고추(큰 것) 1개	20g
피망 1개	100g
깻잎 10장	10g
대파 1뿌리	45g
무 10cm	460g
배추 1포기	1kg
양배추 1통	800g
시금치 1포기	14g
고사리·쑥갓·미나리·부추 1줌	100g
콩나물 1봉지	300g

느타리버섯 1개	10g
양송이버섯 1개	17g
팽이버섯 1봉지	100g
표고버섯(큰 것) 1개	20g

고기·달걀	
쇠고기 주먹 크기	120g
닭다리 1개	100g
달걀 1개	50g

해물·건어물	
고등어 1마리	400g
조기 1마리	50g
오징어 1마리	250g
게 1마리	200g
굴 1컵	130g
모시조개 1개	25g
새우(중하) 1마리	18g
칵테일 새우 10개	50g
북어포 1줌	15g
잔멸치 1줌	15g

오징어채 1줌	15g
다시마(10×10cm) 1장	35g

가공식품	
식빵 1장	35g
두부 1모	480g
어묵(납작한 것) 1장	30g
어묵(둥근 것) 10cm	50g
프랑크소시지 1개	35g

양념	
고운 소금 1큰술	6g
굵은 소금 1큰술	18g
설탕 1큰술	12g
고춧가루 1큰술	8g
통깨 1큰술	8g
다진 마늘 1큰술	12g
간장 1큰술	13g
된장 1큰술	20g
고추장 1큰술	20g
올리브유 1큰술	12g

음식의 맛과 모양을 좌우하는 칼질은 요리에서 아주 중요해요.
무엇보다 먼저 올바른 칼 사용법과 재료 써는 방법을 익혀두세요.

안전하고 효과적인 칼 사용법

칼날의 길이는 20cm가 알맞다
다용도 칼은 칼날의 길이가 20cm 정도인 것이 쓰기 편하다. 고기용, 생선용, 채소용 등 재료마다 구분해 쓰면 더 좋다.

손목에 힘을 빼고 썬다
칼의 손잡이를 감싸듯이 가볍게 잡고 손목에 힘을 빼서 칼질한다. 짧은 칼은 손잡이만 잡고, 긴 칼은 칼 부분을 함께 잡아야 썰기 편하다. 손목에 힘이 들어가면 칼질이 힘들고 칼을 자유롭게 움직일 수 없다.

재료는 손가락을 둥글려 잡는다
재료를 잡는 손은 손가락을 둥글게 오므려 손가락 등이 칼 옆면에 닿게 한다. 손가락을 펴서 손끝이 칼에 닿으면 베이기 쉽다.

용도에 따라 칼 쓰는 방법이 다르다

재료를 썰 때
힘이 고르고 안정적인 칼날 가운데 부분으로 썬다.

재료를 다질 때
칼날 전체로 다진다. 한 손으로 칼끝을 누르고 칼을 위아래로 움직여 다지면 쉽다.

양배추 등의 밑동을 도려낼 때
뾰족한 칼끝으로 도려낸다. 칼끝은 섬세한 작업에 알맞다.

감자 싹, 흠집 등을 도려낼 때
칼 아래쪽 뾰족한 부분으로 빙 돌려 파낸다.

두부, 마늘 등을 으깰 때
칼을 뉘어 옆면으로 눌러 으깬다.

우엉 등의 껍질을 얇게 벗길 때
칼등으로 벗긴다. 칼을 수직으로 세워 바깥쪽으로 긁어낸다.

고기를 두드릴 때
칼등으로 자근자근 두드려 고기의 결을 끊는다.

칼의 부분별 쓰임새

양배추 밑동,
토마토 꼭지 등 도려내기

두부, 마늘 등 으깨기

우엉 등의 껍질 벗기기, 고기 두드리기

썰기, 껍질 깎기, 다지기

감자 싹, 흠집 등 도려내기

여러 가지 기본 썰기

어슷썰기

대파나 고추 등 양념으로 들어가는 채소를 썰 때 많이 쓴다. 재료를 가지런히 놓고 칼을 비스듬히 틀어 사선으로 썬다.

송송 썰기

풋고추나 실파처럼 가늘고 긴 재료를 썰 때 쓴다. 동글동글한 단면을 살려 잘게 썰어 양념장에 넣거나 고명으로 쓴다.

동글 썰기

애호박, 오이 같은 원통형의 재료를 동그란 모양을 살려 써는 방법이다. 칼을 똑바로 세워 일정한 두께로 썬다. 애호박전, 오이무침, 연근조림 등을 할 때 쓴다.

반달썰기

감자, 애호박 등을 길이로 반 가른 뒤 원하는 두께로 썬다. 국이나 찌개, 조림, 볶음 등을 할 때 많이 쓴다.

은행잎 썰기

재료를 길이로 4등분한 뒤 원하는 두께로 썬다. 생선조림에 들어가는 무가 대표적이다.

나박 썰기

재료를 막대 모양으로 썬 뒤 다시 얇게 썬다. 나박김치나 국에 들어가는 무를 썰 때 주로 쓴다.

깍둑썰기

무, 감자, 당근 등을 주사위 모양으로 써는 방법이다. 먼저 막대 모양으로 썬 뒤 다시 네모나게 썬다. 깍두기를 담글 때 쓴다.

저며썰기

마늘이나 생강 등을 얇게 썰 때 쓴다. 편 썰기라고도 하며, 크기에 상관없이 얇고 고르게 썬다. 다져서 넣는 것보다 음식의 모양이 깔끔하다.

채썰기

무나 당근 등을 길고 가늘게 써는 방법이다. 얇게 저며 썬 뒤 비스듬히 겹쳐놓고 다시 가늘게 썬다. 생채, 잡채 등을 만들 때 많이 쓴다.

돌려 깎기

오이, 애호박 등을 씨를 빼고 채 썰거나 대추의 씨를 바를 때 쓴다. 5~6cm 길이로 토막 낸 뒤 과일 껍질을 벗기듯이 칼을 살살 움직여 깎는다.

다지기

재료를 채 썬 뒤 다시 잘게 썬다. 파, 마늘, 생강 등을 곱게 썰어 양념으로 쓸 때 주로 쓴다.

삐저 썰기

연필을 깎듯이 얇고 비스듬히 잘라낸다. 우엉을 썰거나 배춧국에 들어가는 배춧잎을 썰 때 쓰기도 한다.

깨끗하게 오래 쓰는 관리 요령

깨끗이 씻어 말린다

칼을 쓰고 나면 꼭 물로 깨끗이 씻어 물기 없이 말려둔다. 그렇지 않으면 비위생적일 뿐 아니라 녹이 슬기 쉽다. 특히 염분과 산에 약하므로 레몬이나 김치 등을 썰면 바로 씻어야 한다.

칼집에 둔다

아무 데나 두면 칼날이 상할 수 있다. 칼집 등 정해진 곳에 둔다.

1주일에 한 번 간다

칼갈이를 갖춰두고 1주일에 한 번 정도 가는 것이 좋다. 채소가 잘 썰리지 않으면 갈 때가 된 것이다.

불에 대지 않는다

김밥 등을 썰 때 칼날을 불에 달구는 경우가 있는데, 칼을 불에 직접 대면 칼날이 무뎌진다. 꽁꽁 언 냉동식품 등 너무 딱딱한 것을 썰어도 칼날의 이가 나갈 수 있으니 주의한다.

알맞은 도구를 골라 써야 음식 맛도 제대로 나고 요리하기도 편해요.
주부의 손을 덜어주는 조리도구들을 모았습니다.

자주 쓰는 조리도구

칼

다용도 부엌칼과 과일칼을 준비하면 쓰기 편하다. 과일칼은 과일을 깎을 때뿐 아니라 채소를 다듬을 때나 작은 재료를 자를 때도 유용하다.
칼날은 녹슬지 않고 관리가 쉬운 스테인리스가 보편적이다. 세라믹 칼날은 가볍고 녹슬지 않지만 부러지기 쉽다.

도마

나무 도마는 칼날이 덜 상하고 손목에 무리가 없지만, 칼자국이 나고 물이 들 수 있다. 유리 도마는 칼자국이 나거나 물 들지 않지만, 칼날이 상할 수 있고 칼질할 때 소리가 크게 난다. 실리콘 도마는 유연해 재료를 옮기기 좋지만 칼자국이 난다.
고기용, 생선용, 채소용을 구분해 쓰는 것이 위생적이고, 사용한 뒤에는 깨끗이 씻어 바짝 말려서 둔다. 칼자국이 나면 틈새에 찌꺼기가 낄 수 있으므로 새것으로 바꾼다.

나무주걱·실리콘주걱

볶을 때 프라이팬이 긁히지 않아 팬도 오래 쓰고 유해물질의 염려도 없다. 실리콘 주걱으로는 그릇에 묻은 반죽, 양념 등을 싹싹 긁어모을 수 있다.

뒤집개

전이나 부침개를 부칠 때 모양을 망가뜨리지 않고 뒤집을 수 있다. 구멍이 뚫려 있는 것이 뒤집을 때 음식이 달라붙지 않는다. 달걀말이를 할 때는 폭이 넓은 뒤집개를 쓰는 것이 편하다.

집게

미끄러지기 쉬운 샐러드나 부서지기 쉬운 생선을 잡을 때는 실리콘 집게가 좋고, 고기를 썰 때는 톱니가 있는 스테인리스 집게가 편하다. 나무 집게는 친환경 소재라 안전하고, 스테인리스나 실리콘 집게는 열에 강해 구이나 튀김을 할 때도 쓸 수 있다.

주방 가위

대파나 고추, 고기 등을 자를 때 사용한다. 적은 양을 자를 때는 칼보다 가위가 빠르고 편리하다.

필러

감자, 당근, 무 등의 껍질을 쉽게 벗길 수 있다. 오이, 우엉 등을 길이로 얇게 썰 때도 쓴다.

솔

게, 전복 등을 씻을 때 쓴다. 넓은 것과 좁은 것을 준비하면 쓰기 편하다.

강판

과일, 채소 등을 조금만 갈 때 좋다. 믹서로 가는 것보다 영양소 파괴가 적고, 그때그때 필요한 만큼만 갈아 쓸 수 있어 요긴하다.

채칼

무, 오이 등을 채 썰거나 얇게 썰 때 쓴다. 칼로 써는 것보다 빠르고 모양이 일정해 음식이 보기 좋다. 손을 베지 않도록 안전장치가 달린 것을 산다. 다 쓴 다음에는 칼날이 녹슬지 않게 깨끗이 씻어 완전히 말려서 둔다.

체

채소를 씻어 물기를 뺄 때, 삶은 국수의 물기를 뺄 때, 국물을 거를 때 등 쓰임새가 많다. 크고 작은 체를 다양하게 준비한다.

거름망

납작하고 망이 촘촘한 것은 국물을 끓일 때 생기는 거품이나 기름을 걷어내기 좋고, 속이 깊은 것은 된장을 덩어리 없이 풀 때 편하다. 데친 채소, 삶은 국수, 튀김 등을 건질 때도 쓴다.

스테인리스 볼

유리 볼은 무겁고 플라스틱 볼은 환경호르몬 때문에 뜨거운 음식을 담지 못한다. 스테인리스 볼은 가볍고 실용적이어서 다양하게 쓰기 좋다.

접이식 찜판

감자, 고구마 등은 물론 달걀이나 생선 등을 찔 때도 필요하다. 찜판을 오므려 크기를 마음대로 조절할 수 있으므로 솥의 크기에 상관없이 쓸 수 있다.

발

김밥을 말 때, 달걀말이의 모양을 잡을 때 유용하다. 데친 시금치나 절인 오이 등의 물기를 짤 때도 발에 넣고 말아서 짜면 쉽다. 쓰고 나면 씻어서 햇볕에 말려 둔다.

프라이팬

바닥이 두껍고 손잡이가 긴 팬이 좋다. 코팅 팬은 음식이 눌어붙지 않아 편리하지만, 코팅이 벗겨지면 유해물질이 나올 수 있어 주의해야 한다. 너무 센 불에서 조리해도 좋지 않다. 스테인리스 팬은 고온으로 조리할 수 있고 유해물질 걱정이 없지만, 음식이 눌어붙기 쉽다.

냄비

손잡이가 2개인 양수 냄비는 국을 끓일 때 쓰고, 손잡이가 하나인 편수 냄비는 죽을 쑤거나 라면을 끓일 때, 소스를 만들 때 쓰면 편하다. 얇고 넓은 전골냄비는 전골이나 찌개를 끓이기 좋다. 스테인리스, 법랑, 코팅, 무쇠 등 소재가 다양하다(p.30 참고).

갖춰두면 좋은 조리도구

웍

중국요리에서 자주 쓰는 우묵한 팬이다. 한꺼번에 많은 양을 볶을 수 있고, 열이 팬 전체에 고루 전달되어 빠르게 익는다. 단시간에 조리할 수 있고 맛도 좋다.

사각 팬

달걀말이를 예쁘게 만들 수 있다. 모양이 고르게 말아지고 자투리가 나오지 않는다.

샐러드 스피너(탈수기)

원심력을 이용해 재료의 물기를 빼는 도구다. 샐러드용 채소나 쌈 채소 등을 씻은 뒤 물기를 쉽고 깔끔하게 뺄 수 있다.

푸드프로세서

물기가 있는 재료와 마른 재료에 모두 쓸 수 있다. 채썰기, 얇게 썰기, 다지기, 갈기, 반죽하기, 거품 내기 등 기능이 다양하다.

핸드 블렌더

물기 있는 재료에 쓴다. 간편하고 다지기, 섞기, 거품 내기 등을 할 수 있다. 마늘이나 생강 등을 다질 때, 갈비양념이나 드레싱 등을 만들 때 편하다.

페퍼 밀

통후추를 갈아 넣을 때 쓴다. 갈아놓은 후춧가루를 쓰는 것보다 통후추를 바로 갈아 넣는 것이 향이 훨씬 좋다.

냄비의 소재별 특징

코팅 냄비

가볍고 열전도율이 높아 빠르게 조리할 수 있으며 설거지하기가 쉬워 보편적으로 사용한다.

불소수지 코팅 냄비는 음식물이 눌어붙지 않지만, 코팅이 벗겨지면 유해성분이 나올 수 있다. 조리할 때 나무나 실리콘 도구를 사용하고 부드러운 수세미로 씻는다. 급격한 온도 변화에도 코팅이 손상될 수 있으므로 뜨거울 때 찬물을 붓지 않는다. 코팅에 흠집이 나면 바로 새것으로 바꾸고, 구입할 때 'PFOA Free' 또는 'Made Without PFOA' 표시를 확인한다.

세라믹 코팅 냄비는 유해물질이 나오지 않고, 표면이 타거나 변색하지 않는다. 음식물이 잘 눌어붙지 않지만 불소수지 코팅만은 못하며, 충격에 약하다.

법랑 냄비

금속에 유리질의 유약을 발라 코팅한 냄비로, 가볍고 색과 모양이 다양하다. 열전도율이 높아 빨리 끓고 냄새가 배지 않으며 설거지가 편한 반면, 음식이 눌어붙을 수 있고 손잡이나 뚜껑이 쉽게 뜨거워져 주의가 필요하다.

내열성이 좋아 고온에 강하지만, 충격에 코팅이 깨질 수 있고, 코팅이 깨지면 녹이 슬게 된다. 급격한 온도 변화에도 약하다. 뜨거운 상태에서 찬물이나 냉장고에 넣지 말고, 냉장고에서 꺼내 바로 가열하지 않는다.

날카로운 조리도구를 사용하지 말고, 부드러운 수세미로 씻어 물기를 충분히 말려서 보관한다.

스테인리스 냄비

열이 천천히 오르고 오랫동안 유지되며, 바닥이 두꺼울수록 열이 고루 퍼져 빠르게 조리된다. 처음부터 센 불에 올리면 재료가 눌어붙을 수 있으니 약한 불로 가열한 뒤 조리한다.

유해물질 걱정이 없고 녹이 슬거나 깨지지 않아 오래 쓸 수 있지만, 쉽게 얼룩이 생기거나 색이 변하는 단점이 있다. 사용하고 나서 바로 씻고 물기를 닦는다. 얼룩이 생겼을 땐 물과 식초를 넣고 끓이면 깨끗해진다.

새 스테인리스 냄비에는 연마제가 남아 있다. 새로 구입하면 종이타월에 식용유를 묻혀 검은색 물질이 묻어나지 않을 때까지 닦고 물과 식초를 넣어 팔팔 끓인 뒤 중성세제로 씻는다.

무쇠 냄비

내구성이 뛰어나고 고온으로 조리할 수 있지만, 무거운 것이 단점이다. 열이 고르게 전달되고 오랫동안 일정하게 유지되어 장시간 뭉근히 익히는 요리를 하기에 좋다. 고기 요리를 하면 육즙의 손실이 적어 맛있고, 저수분 요리에도 적합하다.

음식물을 담아두거나 물기가 있는 상태로 오래 두면 녹이 슬 수 있으니 남은 음식을 옮겨 담고 부드러운 수세미로 씻은 뒤 물기를 닦아 보관한다. 뚜껑이 맞닿는 부분에 기름을 발라두면 녹이 생기는 것을 막을 수 있다.

새 무쇠 냄비는 세제 없이 닦고 쌀뜨물을 부어 한 번 끓인 뒤 사용한다.

요즘 인기인 에어프라이어와 인덕션 레인지의 장단점과 선택 요령 등을 알아봅니다. 꼼꼼히 살펴보고 사용하세요.

에어프라이어

원리

열선에서 발생하는 열을 고속 팬으로 빠르게 회전시켜 음식을 익힌다. 열을 순환시키는 컨벡션 오븐과 작동 원리는 비슷하지만, 열원이 다르다.

특징

재료를 바스켓에 넣어 익히기만 하면 돼 간편하고 조작이 쉽다. 밀폐된 내부에서 조리되므로 기름이 튀지 않고 냄새도 거의 나지 않는다. 고기나 생선을 굽거나 튀길 때 좋다. 최대 200℃의 열이 고르게 순환해 골고루 빨리 익으며, 뜨거운 공기가 재료 표면의 수분을 빠르게 증발시켜 겉은 바삭하고 속은 촉촉하게 된다. 재료 자체의 기름으로 조리되기 때문에 웬만한 요리는 기름이 거의 필요 없을 뿐 아니라 재료 자체의 기름도 빠져 칼로리가 낮아진다.

선택 요령

제조회사나 용량에 따라 열의 온도나 전달 속도가 다르다. 용량이 클수록 열 순환이 잘되어 조리시간이 짧고 음식이 골고루 익는다. 1~2인 가구는 3L 미만, 3인 이상인 가구는 5L 이상이 적합하다.

맛있게 조리하는 법

- 기름이 많이 필요하진 않지만, 너무 적게 쓰면 요리가 마르고 퍽퍽해진다.
- 두꺼운 음식을 익힐 때는 예열이 필요하다. 예열하면 음식이 골고루 익고 모양도 유지된다.
- 재료를 겹치지 않게 담는다. 겹친 부분은 뜨거운 공기가 닿지 않아 바삭하게 되지 않고 덜 익을 수도 있다.
- 속까지 고르게 익히려면 중간에 뒤집는 것이 좋다. 튀김은 한 번만 뒤집고, 두꺼운 고기는 중간중간 확인한다.
- 구입하고 처음에는 200℃에서 10분 정도 공회전시켜 불순물과 냄새를 없앤 뒤 사용한다.
- 설거지가 끝나면 녹이 슬지 않도록 물기를 닦고 5분 정도 공회전시켜 구석까지 바짝 말려 보관한다.

인덕션 레인지

원리

자기장을 이용해 가열하는 전기레인지다. 내부에 있는 코일에 고주파 전류를 보내 자기장을 만들고, 그 자기장이 냄비나 프라이팬의 바닥을 진동시킴으로써 열을 내 음식을 익히는 방식이다.

특징

유해가스가 발생하지 않고, 화재 위험이 없다. 자기장을 이용해 용기를 가열하므로 상판이 뜨겁지 않아 데일 걱정이 없고, 음식물이 넘쳐도 눌어붙지 않는다. 가스레인지보다 열효율이 높아 조리시간도 짧다.

반면 전기제품이기 때문에 전자파가 발생한다. 전자레인지와 비슷한 정도라 일상에서 사용하는 데 큰 문제는 없지만, 되도록 거리를 두고 사용하는 것이 좋다. 스테인리스나 강철 등 특정 용기만 사용할 수 있는 것도 단점이다. 많은 용기를 새로 사야 하는 불편함이 있다.

선택 요령

전자파가 잘 차단된 제품인지 살펴본다. EMF(전자기장에 대해 측정과 시험 절차를 거쳐 적합한 제품에 부여하는 환경인증) 마크가 있는 제품을 구입하면 전자파 걱정을 덜 수 있다.

곰탕 등 오래 끓이는 요리를 할 경우 전기세가 많이 나올 수 있다. 화력이 세면 조리시간이 짧아지니 최대화력을 알아본다. 기존 싱크대 구조와 맞지 않거나 전기 배선, 차단기 작업 등이 필요할 수 있으므로 크기, 전기 용량 등도 확인한다.

양념을 잘 써야 음식 맛이 살아나요.
자주 쓰는 기본양념과 양념 공식을 알아두면 어떤 요리든지 문제없습니다.

갖춰야 할 기본양념

소금

음식의 간을 맞추는 데는 고운 소금을 쓰고, 김칫거리를 절이거나 장, 젓갈 등을 담글 때는 굵은 소금을 쓴다. 천일염이 좋으며, 알갱이가 곱게 부서지는 것이 좋다. 밀봉해 건조한 곳에 둔다.

설탕

음료에는 단맛이 강하고 깔끔한 백설탕을 쓰고, 색깔을 낼 때는 흑설탕을 쓴다. 두루두루 쓰기에는 황설탕이 좋다. 덩어리지지 않은 것을 고르고, 직사광선이 안 드는 서늘한 곳에 둔다.

간장

국간장은 전통 방식으로 담근 것으로 깊은 맛이 나고 염도가 높다. 국의 간을 맞추거나 나물을 볶을 때 넣는다. 양조간장은 일본식 간장으로 단맛이 난다. 조림이나 고기 양념 등에 쓴다.

된장

국, 찌개, 조림, 무침 등에 두루 쓴다. 어떤 재료와도 잘 어울리며, 고기를 삶을 때 넣으면 누린내가 줄고 고기도 연해진다. 밀폐용기에 담아 냉장 보관한다.

고추장

찌개, 볶음, 무침 등에 두루 쓴다. 고추장만으로 매운맛을 내면 텁텁해질 수 있으므로 고춧가루와 섞어 쓰는 것이 좋다. 밀폐용기에 담아 냉장 보관한다.

고춧가루

매운맛을 내고, 비린 맛이나 느끼함을 줄인다. 김치의 발효를 돕고 맛이 변하는 것도 막는다. 붉은빛이 선명하고 냄새가 부드러운 것을 고르고, 밀폐용기에 담아 냉동 보관한다.

마늘

고기 누린내와 생선 비린내를 줄이고, 채소의 풋내도 없앤다. 살균작용도 있다. 향이 강하므로 너무 많이 넣지 않는다.

생강

고기를 부드럽게 하고 누린내를 줄인다. 기생충을 없애고 살균작용이 있어 생선회에도 곁들인다.

식초

음식 맛을 산뜻하게 해 입맛을 살린다. 우엉 등의 아린 맛을 빼고 갈변을 막을 때도 쓴다.

청주

고기 누린내나 생선 비린내를 없앨 때 쓴다. 가열하면 알코올 성분이 날아가고 풍미만 남아 음식 맛이 좋아진다.

새우젓

뭇국, 달걀찜 등을 만들 때 새우젓으로 간을 하면 개운하다. 돼지고기에 곁들이면 누린내를 없애고 소화를 돕는다.

까나리액젓

김치를 담글 때 주로 쓰지만, 생채 등 무침에 넣어도 맛있다. 국을 끓일 때 국간장 대신 넣으면 감칠맛이 난다.

참치액젓

단맛과 감칠맛이 있어 볶음, 무침, 나물 등에 넣으면 맛있다. 찌개, 냉국 등에 국간장 대신 넣어도 좋다.

통깨·깨소금

음식 모양을 살리려면 통깨를 넣고, 고소한 맛을 내려면 깨소금을 넣는다. 밀폐용기에 담아 냉동 보관한다.

참기름·들기름

고소한 맛을 내는데, 너무 많이 넣으면 쓴맛이 난다. 공기와 닿으면 산패되므로 조금씩 사서 냉장 보관한다.

통후추·후춧가루

고기나 생선의 냄새를 줄이고 음식 맛을 더한다. 냉동실에 보관한다.

plus

양념을 넣는 순서는?

설탕은 재료를 부드럽게 만들고 다른 양념이 잘 스며들게 하므로 제일 먼저 넣는다. 소금은 단백질을 응고시켜 맛 성분이 빠져나가는 것을 막는다. 설탕 다음에 넣는다. 식초는 소금 맛을 부드럽게 만드는데, 가열하면 날아가므로 끓이는 음식에는 일찍 넣지 않는다. 간장은 고유의 맛과 향을 살리는 게 중요하므로 나중에 넣는다. 마지막에 참기름과 깨소금을 넣어 고소함을 살린다.

제맛 내는 양념 공식

고기 양념

쇠고기, 돼지고기, 닭고기 등 어느 재료와도 잘 어울리는 기본양념이다. 고기의 누린내를 없애고 연육작용을 하는 파와 생강, 양파 등을 넉넉히 넣어 맛을 내고, 설탕이나 물엿을 적당히 넣어 단맛을 살짝 더한다.

간장 양념

불고기 양념으로 좋으며 다양하게 응용할 수 있다.

재료 간장 3큰술, 설탕 1/2큰술, 고춧가루 1/2큰술, 다진 파 1큰술, 다진 마늘 1작은술, 참기름 1작은술, 깨소금 1작은술

매운 양념

돼지고기나 닭고기로 매운 찜이나 볶음을 할 때 고기를 재 두면 맛있다. 오징어볶음이나 낙지볶음에도 활용한다.

재료 고춧가루 5큰술, 고추장 3큰술, 간장 2큰술, 설탕 1큰술, 물엿 2큰술, 청주 2큰술, 다진 파 2큰술, 다진 마늘 1/2큰술, 다진 생강 1작은술, 참기름 1큰술, 깨소금 1/2큰술, 소금 1작은술, 후춧가루 조금

조림 양념

두부나 감자, 멸치 등을 조릴 때 쓰면 좋은 양념으로 부드럽고 맵지 않게 만든다. 양념 재료를 한 번 끓이는 게 좋으며, 마른고추를 넣어 달착지근하면서 맵싸한 맛이 돌게 만드는 것이 맛 내기 비결이다.

달콤한 조림장

감자, 두부, 건어물 등을 맵지 않고 깔끔하게 조릴 때 쓴다.

재료 간장 1/2컵, 설탕 1큰술, 물엿 2큰술, 청주 1큰술, 다진 마늘 1큰술, 생강즙 1/2작은술, 마른고추 2개, 물 1컵

매콤한 조림장

두부조림이나 북어찜같이 고춧가루를 조금 넣어 칼칼한 맛을 낼 때 쓴다.

재료 간장 3큰술, 설탕 1/2큰술, 고춧가루 1/2큰술, 다진 파 1큰술, 다진 마늘 1작은술, 참기름 1작은술, 깨소금 1작은술

찜 양념

갈비찜이나 생선, 해물로 만든 찜과 잘 어울린다. 주재료의 맛을 살리면서 양념의 맛도 진하게 느낄 수 있게 만드는 것이 포인트다.

부드러운 고기찜 양념

소갈비나 돼지갈비, 닭갈비 등으로 찜을 하면 깊은 맛이 난다.

재료 간장 5큰술, 설탕 1큰술, 물엿 3큰술, 청주 2큰술, 다진 파 3큰술, 다진 마늘 1큰술, 간 배 1/2컵, 간 양파 1/2컵, 참기름 1큰술, 깨소금 1큰술, 소금·후춧가루 조금씩

얼큰한 해물찜 양념

동태, 대구, 아귀, 미더덕 같은 해물로 찜을 할 때 쓴다. 매운탕을 끓이려면 여기에서 간장, 설탕, 참기름, 녹말물을 빼고 소금을 더 넣는다.

재료 고춧가루 4큰술, 간장 2큰술, 설탕 1/2큰술, 다진 파 3큰술, 다진 마늘 2큰술, 다진 생강 1/2큰술, 참기름 1작은술, 소금·후춧가루 조금씩, 녹말물 1/3컵, 멸칫국물 3컵

무침 양념

시금치나물, 콩나물 등의 나물을 하거나 오징어, 골뱅이, 북어포 등을 매콤하게 무치기에 좋은 양념이다. 미리 만들어두기보다 조리할 때 바로 만들어 쓰는 것이 향과 맛을 내는 비법이다.

국간장 양념

단맛이 적은 무침을 할 때 쓴다. 깔끔하고 감칠맛이 난다.

재료 국간장 1½큰술, 설탕 1큰술, 다진 파 1큰술, 다진 마늘 1/2큰술, 참기름 1/2큰술, 통깨 적당량

매운 양념

새콤달콤하면서 매콤한 양념으로 데친 오징어, 골뱅이, 오이, 불린 미역 등을 무치면 맛있다.

재료 고춧가루 2큰술, 고추장 1큰술, 간장 1큰술, 식초 2큰술, 설탕 1큰술, 물엿 2큰술, 다진 파 1큰술, 다진 마늘 1/2큰술, 참기름 1/2큰술, 깨소금 1작은술, 소금 조금

된장 양념

냉이, 우거지 등을 무치면 구수한 맛이 좋다.

재료 된장 2큰술, 고추장 1/2큰술, 고춧가루 1작은술, 설탕 1작은술, 다진 파 1큰술, 다진 마늘 1/2큰술, 참기름·깨소금 조금씩

겉절이와 김치 양념

살짝 절인 배추나 상추, 무채 등을 버무려 먹는 겉절이 양념과 가장 기본의 맛을 낼 수 있는 김치 양념이다.

겉절이 양념

상추, 배추속대, 오이, 부추 등을 버무려 바로 먹을 수 있는 양념이다. 상추나 오이 등으로 겉절이를 만들 때 참기름을 넣어도 맛있다. 오이를 바로 무쳐 먹을 때 식초를 조금 넣으면 상큼하다.

재료 고춧가루 1/2컵, 간장 2큰술, 설탕 1큰술, 다진 파 2큰술, 다진 생강 1작은술, 새우젓 1큰술, 참기름 1큰술, 통깨 1큰술, 소금 조금, 물 1컵

김치 양념

배추 10포기 정도로 김치를 담글 때 알맞은 양이다. 기본 양념 외에 넣는 굴이나 새우 등의 부재료는 입맛에 따라 달리해도 된다.

재료 고춧가루 10컵, 대파 1/2단, 다진 마늘 10통분, 다진 생강 3톨분, 새우젓 1컵, 멸치액젓 1컵, 생굴 1컵, 생새우 2컵, 설탕 1/2컵, 소금 조금

곁들이 양념장과 소스

초고추장

오징어 초회, 두릅 초회 등에 곁들이면 입맛을 돋운다.

재료 고추장 3큰술, 식초 2큰술, 설탕 1큰술, 물엿 1큰술, 다진 마늘 1/2큰술, 통깨 1작은술

간장 양념장

깔끔하면서 고소하다. 전, 나물밥, 김쌈, 두부 등을 찍어 먹으면 맛있다.

재료 간장 3큰술, 물 1/2큰술, 송송 썬 실파 1/2큰술, 참기름 1작은술, 깨소금 1작은술

비빔장

비빔밥, 비빔국수, 냉면, 쫄면 등에 두루 쓸 수 있다.

재료 고추장 3큰술, 고춧가루 1큰술, 간장 2큰술, 식초 3큰술, 설탕 2큰술, 물엿 2큰술, 다진 파 2큰술, 다진 마늘 1작은술, 참기름 1큰술, 깨소금 1큰술

겨자 소스

톡 쏘는 맛이 매력으로 해파리냉채, 양장피 등을 만들 때 쓴다.

재료 연겨자 3큰술, 식초 3큰술, 설탕 4큰술, 오렌지주스 2큰술, 다진 마늘 1작은술, 참기름 조금, 소금 조금

유자 소스

상큼한 맛과 향이 신선한 샐러드와 잘 어울린다.

재료 유자청 2큰술, 식초 3큰술, 설탕 1작은술, 소금 1작은술, 물 2큰술

참깨 소스

고소하면서 부드럽다. 채소 샐러드, 두부 샐러드 등과 어울린다.

재료 땅콩버터 1큰술, 간장 1/2큰술, 레몬즙 1큰술, 다시마국물 2큰술, 통깨 1큰술

데리야키 소스

장어구이, 치킨 데리야키구이, 연어 데리야키구이 등을 만든다.

재료 간장 4큰술, 설탕 2큰술, 물엿 2작은술, 청주 2큰술, 가다랑어포국물(또는 다시마국물) 4큰술

폰즈 소스

무를 갈아 넣어 시원한 맛이 난다. 튀김을 찍어 먹으면 좋다.

재료 간장 2큰술, 설탕 1/2큰술, 청주 1큰술, 무즙 1큰술, 송송 썬 실파 1큰술, 가다랑어포국물 1/2컵

쯔유 소스

샤부샤부, 전골, 온면, 우동, 메밀국수 등 다양한 요리에 쓴다.

재료 마른 표고버섯 3개, 무 50g, 양파 1/2개, 대파 1뿌리, 간장 1컵, 설탕 3큰술, 청주 2큰술, 다시마(10×10cm) 1장, 마른 밴댕이 3마리, 가다랑어포 30g, 물 3컵

칠리 소스

월남쌈, 튀김 등을 찍어 먹거나 샐러드를 만든다.

재료 토마토케첩 3큰술, 고추장 1작은술, 설탕 1큰술, 물엿 1½큰술, 다진 양파 1½큰술, 다진 파 1큰술, 다진 마늘 1큰술, 식용유 1큰술, 물 3큰술

허니 머스터드 소스

닭튀김, 훈제오리구이 등에 어울린다.

재료 머스터드 소스 3큰술, 마요네즈 3큰술, 꿀 1큰술, 레몬즙 2큰술, 다진 양파 1큰술, 소금·흰 후춧가루 조금씩

타르타르 소스

생선커틀릿, 생선구이 등에 곁들인다. 오이피클과 삶은 달걀을 넣어도 좋다.

재료 마요네즈 3큰술, 우유 1큰술, 레몬즙 1큰술, 다진 양파 1큰술, 소금·흰 후춧가루 조금씩

스테이크 소스

스테이크나 돈가스 등 고기 요리에 어울린다.

재료 양파 1/2개, 레드 와인 1/2컵, 발사믹 식초 3큰술, 설탕 1큰술, 소금·후춧가루 조금씩, 올리브유 조금

바질 페스토

파스타뿐 아니라 샐러드나 샌드위치에 넣어도 맛있다. 잣을 넣어도 좋다.

재료 생 바질 1/2컵, 마늘 2쪽, 올리브유 6큰술, 파르메산치즈가루 2큰술, 소금·후춧가루 조금씩

국이나 찌개의 맛은 국물에 달렸다고 해도 과언이 아니에요.
자주 쓰는 국물 몇 가지만 알아두면 국물 요리에 자신이 생겨요.

멸칫국물

찌개나 전골, 된장국, 칼국수 등의 기본 국물로 쓰면 구수
하고 개운한 맛이 난다. 양념장에도 다양하게 쓴다. 국물
을 내는 멸치는 크고 푸르스름한 빛이 나는 것이 좋다. 우
린 국물은 냉장실에 보관하고, 2~3일 이상 두려면 좀 더
진하게 우려서 밀폐용기에 담아 냉동실에 둔다.

재료 굵은 멸치 10마리, 물 10컵

1 멸치의 머리와 내장을 뗀다. 떼지 않고 우리면 씁쓸한 맛
  이 난다.
2 손질한 멸치를 마른 팬에 살짝 볶아 비린내를 없앤다.
3 찬물에 멸치를 넣어 팔팔 끓인다. 거품이 생기면 떠낸다.
4 20분 정도 끓인 뒤 멸치를 건져낸다.

다시마국물

담백하고 감칠맛이 있어 다양한 요리에 두루 어울린다. 맑
은 찌개, 감잣국, 어묵국, 된장국 등의 기본 국물로 좋다.
국물을 낼 때는 두껍고 검은빛을 띠며 겉에 흰 가루가 있는
다시마를 쓰는 것이 좋다. 너무 오래 끓이면 진액이 나와
국물이 지저분해지고 잡맛이 나므로 주의한다.

재료 다시마(10×10cm) 5장, 물 5컵

1 깨끗한 행주로 다시마의 흰 가루와 잡티를 닦은 뒤 작게
  자른다.

2 미지근한 물에 다시마를 넣어 30분 정도 불린 뒤 그대로
  끓인다.
3 5분 정도 끓인 뒤 다시마를 건져낸다.

조갯국물

시원하고 감칠맛이 있어 깊은 맛이 난다. 해물을 주재료로
하는 국물 요리에 잘 어울린다. 국물을 내는 데는 모시조개
나 바지락 같은 작은 조개가 알맞으며, 해감을 뺐어도 남아
있을 수 있으니 끓여서 면 보자기에 거르는 것이 좋다.

재료 조개 500g, 물 5컵

1 조개를 바락바락 주물러 씻는다.
2 연한 소금물에 담가두어 해감을 뺀 뒤 맑은 물에 헹군다.
3 찬물에 조개를 넣어 팔팔 끓인다. 끓으면서 생기는 거품
  은 떠낸다.
4 조개가 벌어지고 국물이 보얗게 우러나면 조개를 국물에 흔
  들어 헹궈 건지고 면 보자기에 걸러 깨끗한 국물만 받는다.

쇠고기국물

구수한 맛이 좋아 어느 음식이든 잘 어울린다. 전골, 된장찌개, 떡국 등의 기본 국물로 좋으며, 소스에 넣어도 깊은 맛이 난다. 주로 양지머리를 쓰며, 찬물에 담가 핏물을 빼고 끓여야 누린내가 나지 않는다. 2~3일 이상 두고 쓰려면 국물을 좀 더 졸여서 밀폐용기에 담아 냉동실에 둔다.

재료 쇠고기(양지머리) 300g, 대파·마늘 적당량씩, 물 10컵

1 쇠고기를 찬물에 1~2시간 담가 핏물을 뺀다.
2 핏물 뺀 쇠고기에 물 10컵을 붓고 대파, 마늘을 넉넉히 넣어 팔팔 끓인다.
3 끓이면서 거품이 생기면 걷어낸다. 한소끔 끓어오르면 불을 약하게 줄인다.
4 고기가 푹 익으면 건져내고, 국물을 면 보자기에 거른다.

사골국물

국이나 찌개, 전골, 국수 등에 다양하게 쓴다. 특히 설렁탕이나 해장국 국물로 좋다. 처음 끓인 국물보다 두 번째로 끓인 국물이 더 뽀야므로 여러 차례 물을 보태어 끓인 뒤 국물을 모두 합해 농도를 맞춘다. 한꺼번에 많이 끓여야 국물이 뽀얗게 우러나므로 넉넉히 끓여서 한 번 먹을 만큼씩 지퍼백에 담아 냉동해둔다.

재료 사골 1kg, 양파·대파·마늘 적당량씩, 물 15컵

1 사골을 찬물에 1~2시간 담가 핏물을 뺀다.
2 핏물 뺀 사골에 물을 넉넉히 붓고 팔팔 끓인 뒤 끓인 물을 따라 버린다.
3 새 물 15컵을 붓고 양파, 대파, 마늘을 넉넉히 넣어 푹 끓인다. 센 불에서 끓이다가 팔팔 끓으면 중간 불로 줄이고, 뽀얀 물이 우러나면 약한 불로 줄여 2~3시간 끓인다.
4 국물을 따로 받아두고 다시 새 물을 부어 끓이기를 3~4번 반복한다. 끓인 국물을 모두 합한다.

plus

알아두면 좋은 국물 2가지

닭고기국물
맛이 깊고 진하다. 넉넉히 만들어 두었다가 만둣국이나 칼국수 등을 만들 때 쓰면 좋다.

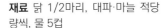

재료 닭 1/2마리, 대파·마늘 적당량씩, 물 5컵

국물 내기 닭을 씻어 적당히 토막 낸 뒤 물을 붓고 대파, 마늘을 넉넉히 넣어 푹 끓인다. 뼈가 빠질 정도로 흐물흐물하게 익으면 닭을 건지고 면 보자기에 거른다.

가다랑어포국물
감칠맛이 좋다. 전골이나 샤부샤부, 우동, 덮밥 등에 잘 어울리며, 튀김 간장에도 쓴다.

재료 가다랑어포 1½컵, 물 5컵

국물 내기 끓는 물에 가다랑어포를 넣고 우르르 끓어오르면 불을 끈다. 그대로 두어 가다랑어포가 가라앉고 국물이 우러나면 면 보자기에 거른다.

'음식은 재료가 절반'이라는 말이 있어요. 신선하고 좋은 재료를 사서 잘 손질하면 영양도 보존되고 음식 맛도 살아나기 때문입니다. 채소, 해물, 고기를 고르는 요령과 보관법, 손질법 등을 꼼꼼히 정리했어요. 따라 하다 보면 어느새 자신이 붙을 거예요.

Part 2
재료 고르기 &
손질하기

채소와 버섯은 비타민과 미네랄이 풍부하고 다양한 요리로 즐길 수 있는 자연 재료예요. 싱싱한 채소 고르기와 손질법을 알아두세요.

오이

쓴맛 나는 꼭지를 넉넉히 잘라요

영양

비타민 A와 C, 칼륨이 풍부한 알칼리성 식품으로 90% 이상이 수분이다. 칼륨이 나트륨과 노폐물을 몸 밖으로 내보내 몸이 맑아지고, 비타민과 엽록소가 피부를 곱게 만든다. 갈증 해소에 좋고, 이뇨작용이 있어 몸이 부었을 때 먹으면 효과가 있다.

고르기

윤기가 흐르고 오톨도톨한 가시가 살아 있는 것이 싱싱하다. 모양이 곧고 굵기가 고른 것이 좋다. 많이 휘거나 잘록한 것은 피한다.

보관하기

습기가 있으면 물러지므로 씻지 말고 종이타월로 싸거나 비닐봉지에 담아 냉장실에 둔다. 수분이 많아 얼리는 것은 좋지 않다.

손질하기

1 생채를 할 때는 뾰족한 가시를 칼로 긁어낸다.
2 김치를 담글 때는 소금을 손에 쥐고 위아래로 문질러 깨끗한 물에 헹군다.
3 꼭지 부분은 쓴맛이 나므로 잘라낸다.

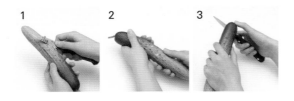

채썰기

1 오이를 얇고 어슷하게 썬다.
2 어슷하게 썬 오이를 겹쳐서 가지런히 펴놓고 한 손으로 흐트러지지 않게 누르면서 채 썬다.

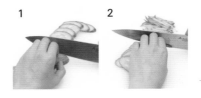

돌려 깎아 채썰기

1 오이를 5cm 길이로 토막 낸다.
2 토막 낸 오이를 속살까지 얇게 돌려 깎는다. 칼을 위아래로 조금씩 움직이면서 밀듯이 깎으면 쉽다. 씨 부분은 남긴다.
3 껍질 부분과 속살 부분을 나눠 길이로 채 썬다. 고명이나 무침 등에 쓴다.

plus

노각

색깔이 누렇게 변한 늙은 오이로 일반 오이보다 굵고 껍질이 두껍다. 주로 무침, 볶음, 장아찌 등을 해 먹는데, 쓴맛이 있어 손질이 필요하다. 먼저 양쪽 끝부분을 잘라내고 껍질을 벗긴 뒤 반 갈라 숟가락으로 씨를 긁어낸다. 얇게 썰어 소금에 절인 뒤 맑은 물에 헹궈 물기를 꼭 짜서 조리한다. 소금에 절이면 수분과 함께 쓴맛이 빠져나오고 아작아작한 맛도 좋아진다.

애호박

도톰하게 썰어야 모양이 좋아요

영양

수분이 많고 몸속에서 비타민 A로 바뀌는 베타카로틴과 비타민 C, 당질, 칼슘 등이 풍부하다. 항산화 영양소인 비타민 E도 많이 들어 있다. 소화 흡수가 잘돼 위가 약한 사람에게 좋고, 식이섬유도 고구마만큼 많다.

고르기

만져보아 탄력이 있고 껍질에 윤기가 흐르며 상처가 없고 모양이 쭉 고른 것이 좋다. 너무 큰 것은 씨가 자라 있으므로 중간 크기의 것을 고른다.

보관하기

물기 없이 종이타월로 싸서 냉장실에 둔다. 상처가 나면 오래가지 못하니 조심하고, 무르기 쉬우니 되도록 빨리 먹는다. 얇게 썰어서 햇볕에 말려두었다가 물에 불려 써도 좋다.

손질하기

1 깨끗이 씻어 꼭지를 잘라낸다. 껍질이 부드러워 상처가 나기 쉬우니 조심한다.
2 도톰하게 썬다. 살이 연하고 다른 재료에 비해 빨리 익기 때문에 도톰하게 썰어야 조리하면서 모양이 망가지지 않는다.

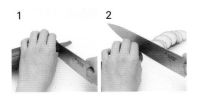

plus

주키니 호박

길이가 길고 색이 청록색으로 짙은 서양 호박. 돼지호박으로도 불린다. 씨가 거의 없고 살이 단단한 편이어서 잘게 썰어 스튜나 카레라이스 등에 넣는다. 버섯, 파프리카 등과 함께 채소구이를 해도 맛있다.

단호박·늙은 호박

숟가락으로 씨를 긁어내요

영양

속이 노란 호박은 식이섬유, 비타민 E, 베타카로틴이 많다. 베타카로틴은 몸속에서 비타민 A로 바뀌어 항산화작용을 하고 면역력을 높인다. 소화 흡수가 잘되고 칼로리가 밥의 1/4밖에 되지 않아 당뇨병이 있거나 비만인 사람에게 좋다. 부기를 빼는 효과도 있다. 단호박은 다른 호박보다 달고 수분이 적어 볶음, 찜, 샐러드 등에 쓰고, 늙은 호박으로는 떡이나 죽 등을 만든다.

고르기

둥글고 색깔이 짙은 것, 윤기 나고 상처가 없는 것이 좋다. 묵직하되 두드려보아 속이 빈 소리가 나는 것을 고른다. 특히 늙은 호박은 겉에 하얀 가루가 많이 묻어 있을수록 잘 익은 것이며, 골이 깊게 파이고 꼭지가 쏙 들어간 것이 맛있다.

보관하기

통째로 두려면 바람이 잘 통하는 선선한 곳에 둔다. 10℃ 정도가 알맞으며, 이리저리 옮기지 말고 한자리에 두는 것이 좋다. 자른 것은 씨를 긁어내고 자른 면이 공기와 닿지 않도록 비닐랩으로 싸서 습기가 없는 곳에 둔다.

손질하기

1 깨끗이 씻은 뒤 잘 드는 칼을 꼭지 옆에 대고 깊숙이 밀어 넣어 반 가른다.
2 숟가락으로 씨를 긁어낸다.
3 도마 위에 엎어놓고 골을 따라 자른다. 단단해서 손을 다칠 수 있으니 조심한다.
4 도마에 놓고 칼로 껍질을 깎는다. 다른 채소처럼 손에 들고 껍질을 깎다가는 손을 다칠 수 있으니 반드시 도마에 놓고 깎는다. 전자레인지로 살짝 익히면 썰거나 껍질 벗기기가 쉽다.

가지

찬물에 담가 갈변을 막아요

영양

주성분이 당질이지만 칼로리는 낮은 편이다. 다른 채소보다 비타민은 적고 미네랄이 풍부하다. 보라색 성분인 안토시아닌은 항산화작용이 뛰어나다. 성질이 차가워 몸에 열이 많은 사람이 먹으면 좋다. 기름으로 조리하면 영양 효율이 좋아진다.

고르기

짙은 보라색을 띠고 윤기가 흐르며 흠집이 없는 것을 고른다. 탱탱하고 꼭지의 가시가 날카로운 것이 싱싱하다. 색깔이 옅은 것은 맛이 떨어진다.

보관하기

마르기 쉬우므로 자르지 말고 통째로 종이타월에 싸서 분무기로 물을 뿌려 냉장실에 둔다.

손질하기

1 깨끗이 씻어 꼭지에 붙은 잎을 떼고 단단한 꼭지 부분을 잘라 낸다.
2 가지는 썰어놓으면 단면이 갈색으로 변한다. 썰어서 바로 찬물에 담가두면 갈변을 막고 떫은맛도 빠진다.

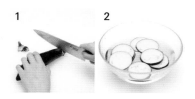

 tip 찔 때는 길이로 반 갈라서 찜솥에 올린다. 열이 골고루 전해져 맛있게 쪄진다.

고추

씨를 털어내야 음식이 깔끔해요

영양

베타카로틴과 비타민 C가 매우 풍부하다. 고추에 들어 있는 비타민 C는 조리해도 파괴가 적은 편인데, 고추의 매운 성분인 캡사이신이 비타민의 산화를 막기 때문이다. 캡사이신은 위액 분비를 촉진하고 단백질의 소화를 도우며, 신진대사를 활발히 해 다이어트에도 도움이 된다.

고르기

색깔이 고르고 모양이 매끈하며 살이 두꺼운 것, 윤기가 나고 꼭지가 싱싱한 것을 고른다. 살이 단단한 것이 맵다.

보관하기

무르기 쉬우므로 사 오면 바로 냉장고에 넣는다. 냉장실에서 3일을 넘기지 않는 것이 좋다. 냉동실에서는 몇 달간 보존할 수 있다. 썰어서 밀폐용기에 담아두면 쓰기 편하다.

손질하기

1 깨끗이 씻은 뒤 꼭지를 뗀다. 벌레가 잘 생기는 채소이므로 신경 써서 씻는다.
2 썰어서 물에 흔들어 씨를 턴다. 씨를 빼면 음식이 깔끔하다.

구멍 내기 장아찌나 튀김 등 통째로 조리할 경우에는 이쑤시개로 군데군데 찔러 구멍을 내야 간이 잘 밴다.

채썰기
1 꼭지를 뗀다.
2 길게 반 갈라 씨를 긁어내고 하얀 속도 저며낸다.
3 원하는 길이로 잘라 채 썬다. 안쪽이 위로 가게 놓고 썰어야 미끄러지지 않는다.

피망·파프리카

겹쳐놓으면 쉽게 물러요

영양

비타민 C가 풍부하고, 비타민 A도 베타카로틴의 형태로 들어 있다. 특히 붉은 피망에 베타카로틴이 많아 푸른 피망의 6배나 된다. 파프리카는 당질도 풍부해 달착지근한 맛이 좋다. 식이섬유와 칼슘, 철분 등도 많다.

고르기

색깔이 진하고 윤기가 있는 것, 모양이 반듯하고 살이 두꺼운 것을 고른다. 꼭지 주변부터 상하므로 그 부분이 싱싱한지 확인한다.

보관하기

물기를 닦아 하나씩 비닐봉지에 담거나 비닐랩으로 싸서 냉장실에 둔다. 한꺼번에 넣어두면 서로 닿는 면이 금세 물러진다. 쓰고 남은 것은 작게 썰어 밀폐용기에 담아 냉동실에 둔다.

손질하기

1 깨끗이 씻어 꼭지를 잘라낸다.
2 반 갈라 씨를 뗀다.
3 하얀 속을 저며내면 깨끗하다.

 tip 동그란 모양을 살리려면 꼭지 부분을 도려내고 씨와 속을 파낸다.

 **채썰기** 꼭지와 끝부분을 자르고 손질한 뒤 안쪽이 위로 가게 놓고 길이로 채 썬다.

토마토

살짝 데치면 껍질이 잘 벗겨져요

영양

비타민 A가 특히 풍부하고, 비타민 C도 많은 편이다. 붉은색 성분인 리코펜은 항산화작용이 뛰어나다. 붉은색을 많이 띨수록 리코펜 함량이 높다. 루틴은 혈관을 튼튼하게 하고 혈압을 내리며, 칼륨은 몸속의 남는 염분을 배출해 고혈압을 막는다. 위액 분비를 촉진하고 단백질의 소화를 돕기 때문에 샐러드나 디저트로 많이 쓴다. 익혀도 영양소가 파괴되지 않으므로 고기 요리나 생선 요리에 넣으면 좋다.

고르기

동그스름하고 살이 탄탄하며 반 정도 빨갛게 익은 것이 맛있다. 꼭지가 단단하고 시들지 않은 것이 싱싱하다. 소스 등 익히는 요리에 쓰려면 전체가 빨갛게 잘 익은 토마토를 고른다.

보관하기

덜 익은 것은 상온에 두어 익히고, 잘 익은 것은 냉장실에 보관한다. 무르기 쉬우므로 되도록 빨리 먹는 게 좋다. 종이타월에 겹치지 않도록 싸두면 덜 무른다.

손질하기

1 윗부분에 열십자로 칼집을 살짝 넣는다.
2 꼭지 부분을 포크로 찔러 뜨거운 물에 담갔다가 칼집 낸 부분의 껍질이 일어나기 시작하면 꺼낸다.
3 껍질이 일어난 쪽부터 벗긴다. 찬물에 담가 껍질을 벗기면 뜨겁지 않다.
4 꼭지를 넉넉히 도려낸다.
5 요리에 알맞게 썬다. 씨를 빼고 썰면 깨끗하다.

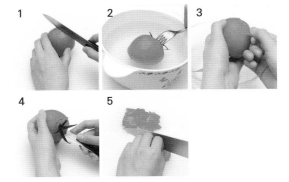

아보카도

칼집을 내고 비틀어 잘라요

영양

'숲속의 버터'라고 불릴 만큼 좋은 지방 공급원으로 지방의 약 70%가 불포화지방산이다. 비타민 A·C·E 등 다양한 비타민과 미네랄이 들어 있고, 식이섬유도 많다. 당분이 적고, 칼륨이 풍부해 나트륨 배출에 도움을 주며, 강력한 항산화 성분인 글루타치온은 면역력을 높이고 간 건강을 돕는 것으로 알려져 있다.

고르기

검은 녹색을 띠고, 손으로 쥐어보아 탄력이 조금 느껴지는 것이 잘 익은 것이다. 익어도 색이 검게 변하지 않는 경우가 있으니 만져보고 고르는 것이 좋다.

보관하기

덜 익은 아보카도는 상온에 4~5일 정도 두어 익힌다. 바나나나 사과와 한곳에 두면 빨리 익는다. 익은 것은 종이타월과 비닐랩으로 감싸서 냉장실에 둔다. 1주일 정도 보관할 수 있다. 오래 두고 먹으려면 껍질을 벗기고 먹기 좋게 썰어서 밀폐용기나 지퍼백에 담아 냉동한다.

손질하기

1 길이로 빙 둘러 씨에 닿을 때까지 깊숙이 칼집을 넣는다.
2 칼집을 중심으로 두 손으로 잡고 비틀어 반 자른다.
3 칼로 씨를 툭 쳐서 꽂은 뒤 비틀어 씨를 뺀다.
4 칼로 껍질을 벗긴다.
5 용도에 맞게 썬다.

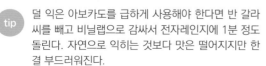

tip 덜 익은 아보카도를 급하게 사용해야 한다면 반 갈라 씨를 빼고 비닐랩으로 감싸서 전자레인지에 1분 정도 돌린다. 자연으로 익히는 것보다 맛은 떨어지지만 한결 부드러워진다.

쑥갓

살짝 데쳐야 향과 색을 살릴 수 있어요

영양

비타민 A와 비타민 B군, 미네랄, 식이섬유가 풍부하다. 칼슘은 신경을 안정시키는 효과가 있고, 칼륨은 혈압을 떨어뜨려 고혈압을 막는다. 향긋한 맛이 입맛을 돋게 하며, 위와 장을 튼튼하게 한다.

고르기

잎이 얇아 쉽게 시들기 때문에 짙은 녹색을 띠고 윤기가 있는 것을 신경 써서 고른다. 줄기를 꺾어보아 잘 부러지는 것이 싱싱하다. 줄기가 너무 굵은 것은 억세므로 피한다.

보관하기

종이타월에 싸서 분무기로 물을 뿌려 냉장실에 둔다. 금방 시들기 때문에 되도록 빨리 먹는 것이 좋다. 살짝 데쳐 지퍼백에 담고 물을 조금 넣어 냉동해도 좋다.

손질하기

굵은 줄기를 손으로 잘라내고 시든 잎을 뗀 뒤 흐르는 물에 씻는다.

데치기

1 끓는 물에 소금을 조금 넣고 줄기부터 넣어 잠깐 데친다. 살짝 데쳐야 향과 색을 살릴 수 있다.
2 찬물에 재빨리 헹군다.

깻잎

뒷면을 꼼꼼히 씻어야 해요

영양

비타민 A·C·E가 풍부하고, 칼슘이 시금치의 5배나 들어 있다. 엽산, 철분, 코발트가 조혈작용을 해 빈혈을 막고, 항암 효과도 있다. 특유의 맛과 향이 입맛을 돋우고 고기 누린내나 생선 비린내를 없앤다.

고르기

윤기가 있고 까슬까슬하며 줄기에 잔가시가 솜털처럼 나
있는 것이 싱싱하다.

보관하기

잎채소는 씻어서 두면 금세 무른다. 씻지 말고 종이타월로
싸서 냉장실에 넣어둔다. 씻은 것은 물기를 닦아 비닐랩으
로 싸둔다.

손질하기

1 흐르는 물에 1장씩 씻는다. 뒷면에 벌레 알 등의 이물질
  이 묻어 있을 수 있으므로 신경 써서 씻는다.
2 여러 장씩 포개어 잡고 툭툭 턴 뒤 체에 밭쳐 물기를 뺀다.

달래
뿌리를 살짝 누르면 덜 매워요

영양

비타민과 미네랄이 풍부하다. 빈혈을 없애고 간의 작용을
도우며 동맥경화를 예방하는 효과도 있다. 콜레스테롤을
줄이고 소화를 도우므로 고기와 함께 먹으면 좋다.

고르기

알뿌리가 큰 것이 맛과 향이 좋지만 너무 커도 맛이 덜하
다. 줄기가 싱싱한 것을 고른다.

보관하기

물을 뿌리고 종이타월로 싸서 냉장실에 둔다. 줄기가 가늘
어 시들기 쉬우니 빨리 먹는 것이 좋다.

손질하기

1 뿌리를 감싸고 있는 껍질을 한 겹 벗겨내고 흐르는 물에
  꼼꼼히 씻는다.
2 알뿌리가 너무 큰 것은 매운맛이 강하다. 생으로 먹을 경
  우, 뿌리를 칼 옆면으로 살짝 누르면 매운맛이 덜하고 양
  념이 잘 밴다.
3 먹기 좋은 길이로 썬다.

냉이
틈새까지 신경 써서 씻으세요

영양

채소 중에서 단백질이 가장 많고 비타민이 풍부하다. 특히
비타민 A가 많아 눈을 밝게 한다. 칼슘, 철분 등 미네랄도
많으며 냉이의 미네랄은 끓여도 파괴되지 않는다.

고르기

뿌리가 굵은 것이 향이 진하고 단맛이 난다. 잔뿌리가 많
은 것, 잎이 연하고 짙은 녹색인 것을 고른다.

보관하기

깨끗이 손질해 종이타월로 싸서 냉장실에 넣어둔다. 살짝
데쳐 지퍼백에 담고 물을 넣어 냉동해도 좋다.

손질하기

1 누런 잎을 떼고 칼로 뿌리에 붙어 있는 흙을 긁어낸다. 특
  히 잎과의 경계 부분에 흙이 많으므로 신경 써서 긁어낸다.
2 틈새에 흙이 끼어 있을 수 있으므로 하나씩 꼼꼼히 씻어
  흐르는 물에 깨끗이 헹군다.
3 굵은 것은 뿌리를 가른다.

데치기

1 끓는 물에 소금을 조금 넣고 뿌리부터 넣어 데친다.
2 씹는 맛이 있도록 익혀서 찬물에 헹군다.

두릅

데칠 때 밑동부터 넣어요

영양

독특한 향과 씹는 맛이 입맛을 살린다. 채소로는 드물게 단백질이 많고 비타민 A와 C, 미네랄, 식이섬유 등이 풍부하다. 혈당치를 낮추고 인슐린 분비를 촉진하는 효과가 있어 당뇨병 환자에게 좋다.

고르기

밑동이 굵고 줄기가 연한 것, 싹이 짧고 뭉툭하며 향이 강한 것을 고른다. 껍질이 마르거나 잎이 핀 것은 피한다.

보관하기

분무기로 물을 뿌리고 종이타월로 싸서 냉장실에 둔다. 오래 두면 향이 날아가므로 빨리 먹는 것이 좋다. 살짝 데쳐 두면 좀 더 오래 간다.

손질하기

1 밑동을 잘라내고 둘러싼 껍질을 벗긴다. 잎보다 줄기와 껍질 쪽에 영양이 풍부하므로 너무 많이 잘라내지 않는다.
2 굵은 것은 밑동 쪽부터 반 가른다.

데치기 끓는 물에 소금을 조금 넣고 밑동부터 넣어 살짝 데친다. 생각보다 빨리 익으므로 오래 익히지 않도록 주의한다.

tip 색깔이 빠르게 변하므로 데쳐서 바로 찬물에 담가 식힌다.

셀러리

섬유질을 벗겨내야 질기지 않아요

영양

비타민 B군과 비타민 C, 카로틴, 미네랄이 풍부하고 식이섬유도 많다. 피를 맑게 하고 동맥경화를 예방하며 혈압을 내리는 작용을 한다. 초조한 마음을 진정시키는 효과도 있다. 독특한 향은 입맛을 살리고 입안을 산뜻하게 한다.

고르기

잎이 녹색을 띠고 싱싱한 것, 줄기가 굵고 길며 연한 것을 고른다. 휘거나 잎이 노랗게 변한 것은 피한다. 겉대와 속대의 굵기가 고르고 오톨도톨한 모양이 뚜렷한 것이 좋다.

보관하기

95%가 수분이어서 오래 두기 어렵다. 되도록 바로 먹는 것이 좋으며, 남은 것은 물기를 닦고 종이타월로 싸서 냉장실에 둔다.

손질하기

1 잎을 떼고 밑동을 잘라낸다. 잎에 비타민과 미네랄이 더 많으므로 버리지 말고 잘게 썰어 카레나 수프 등에 넣는다.
2 줄기 끝에 칼을 대고 실 같은 질긴 섬유질을 벗겨낸 뒤 아삭아삭한 줄기만 씻어 쓴다.

부추

살살 씻어야 풋내가 안 나요

영양

따뜻한 성질을 가진 대표 채소로 신진대사를 활발하게 한다. 비타민 A와 비타민 B군이 많고 단백질과 지방, 당질 등도 풍부하다. 독특한 향이 나는 정유 성분이 혈액순환을 촉진하고, 강한 항균 작용이 위장을 깨끗하게 한다. 특유의 향이 고기나 생선의 냄새를 없애므로 함께 먹으면 좋다.

고르기

줄기가 너무 두껍지 않은 것, 잎이 억세지 않고 여린 것을 고른다. 잎이 마른 것은 오래되거나 시든 것이므로 피한다.

씻지 말고 다듬어 종이타월로 싸서 냉장실에 둔다. 씻으면 쉽게 물러진다. 쓰고 남은 것은 잘게 썰어 얼리거나 데쳐둔다.

손질하기

1 겉의 마른 잎을 벗겨내고 깨끗이 다듬는다.
2 양손에 가지런히 모아 잡고 흐르는 물에 씻는다. 거칠게 다루면 흐트러지고 꺾여서 풋내가 나므로 주의한다.

데치기 끓는 물에 밑동부터 살짝 넣었다 꺼낸다.

아욱

바락바락 주물러 풋내를 없애요

영양

단백질과 칼슘이 시금치의 2배 정도 많아 어린이의 성장 발육에 좋다. 비타민 A와 C도 풍부하며, 식이섬유가 장운동을 원활하게 해 변비에 효과가 있다.

고르기

짙은 연두색을 띠는 것, 잎이 넓고 부드러우며 줄기가 통통하고 연한 것이 맛있다.

보관하기

씻지 말고 종이타월로 싸서 냉장실에 둔다. 다듬어 끓는 물에 소금을 넣고 살짝 데친 뒤 지퍼백에 담고 물을 조금 넣어 냉동해도 좋다.

손질하기

1 줄기의 끝부분을 꺾어서 아래로 당겨 실 같은 섬유질을 벗겨낸다.
2 소금과 물을 조금 넣고 파란 물이 나오지 않을 때까지 바락바락 주물러 씻어 풋내를 없앤 뒤 맑은 물에 헹군다.

시금치

밑동을 자르고 속의 흙을 잘 씻어내요

영양

비타민 A가 매우 많고 비타민 B군과 비타민 C, 철분, 칼슘 등도 풍부한 대표 녹황색 채소다. 잎이 부드러워 소화가 잘되고 식이섬유도 많다.

고르기

색깔이 짙고 크기가 고른 것으로 마르지 않고 싱싱한 것을 고른다. 납작한 것은 달착지근한 맛이 있어 국을 끓이면 맛있고, 줄기가 긴 것은 나물을 무치면 맛있다.

보관하기

물에 씻지 말고 다듬기만 해 종이타월로 싸서 냉장실에 둔다. 분무기로 물을 뿌려두면 더 오래간다. 데친 것은 물기를 꼭 짜서 밀폐용기에 담아 냉장실에 두거나 지퍼백에 담고 물을 조금 넣어 냉동한다.

손질하기

1 흙을 털고 밑동을 잘라낸 뒤 굵은 것은 반 가른다. 뿌리 부분에 영양이 풍부하므로 너무 많이 잘라내지 않는다.
2 누런 잎을 떼고 물에 씻는다.

데치기

1 물을 넉넉히 붓고 팔팔 끓인 뒤 밑동부터 넣어 뚜껑을 연 채 데친다. 소금을 조금 넣으면 색이 선명해진다.
2 색이 파래지면 바로 건져서 찬물에 헹군다. 오래 익히면 잎이 뭉그러지므로 살짝 데친다.
3 물기를 꼭 짜서 조리한다. 손으로 가만히 눌러 짜야 뭉그러지지 않는다.

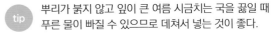

tip 뿌리가 붉지 않고 잎이 큰 여름 시금치는 국을 끓일 때 푸른 물이 빠질 수 있으므로 데쳐서 넣는 것이 좋다.

파

미끈거리니 채 썰 때 조심하세요

영양

단백질, 당질, 칼슘, 인, 철분, 나트륨, 칼륨, 비타민 A 등이 들어 있다. 몸을 따뜻하게 하고 소화를 도우며, 독특한 향을 내는 성분인 알리신은 고기나 생선의 냄새를 없애고 살균·살충작용을 한다.

고르기

줄기가 곧고 단단하며 묵직한 것이 좋다. 흰 부분이 많고 윤기가 흐르는 것, 잎이 끝까지 파랗고 꽃대가 올라오지 않은 것을 고른다.

보관하기

다듬은 뒤 씻지 말고 종이타월에 싸둔다. 다듬어 씻어 물기를 뺀 뒤 송송 썰거나 어슷하게 썰어서 밀폐용기에 담아 냉동하면 쓰기 편하다.

손질하기

1 지저분한 껍질을 벗겨낸다.
2 뿌리를 자르고 깨끗이 씻는다.
3 어슷하게 썬다.

채썰기

1 5cm 정도 길이로 토막 낸다.
2 세로로 반 갈라 속을 뺀다.
3 가늘게 채 썬다.
4 생으로 먹으려면 찬물에 잠시 담가두어 매운맛을 뺀다.

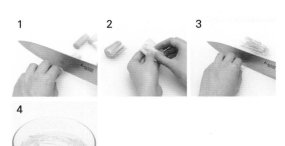

배추

반 가를 땐 밑동에 칼집 내어 쪼개요

영양

비타민 C가 풍부하며, 배추의 비타민 C는 열에 잘 파괴되지 않는 장점이 있다. 비타민 A와 미네랄, 식이섬유도 풍부하다. 당질이 많아 달착지근한 맛이 나며, 소화를 돕고 장의 열을 내린다. 김치를 담그면 미네랄과 유산균을 효율적으로 섭취할 수 있다.

고르기

밑동이 싱싱하고 속이 꽉 차서 묵직한 것, 푸른 겉잎이 그대로 붙어 있는 것을 고른다. 잎의 색이 흰색과 녹색으로 뚜렷하게 구분되는 것이 좋은 것이다.

보관하기

종이타월로 여러 겹 싸서 서늘하고 그늘진 곳에 둔다. 옆으로 눕히지 말고 잎이 위로 가게 세워두는 것이 좋다. 종이타월에 분무기로 물을 뿌려두면 싱싱함이 오래간다. 손질해 데쳐서 한 번 먹을 만큼씩 지퍼백에 담고 물을 조금 넣어 냉동해도 좋다.

손질하기

1 푸르고 억센 겉잎을 떼고 밑동을 조금 자른다.
2 한 잎씩 벗겨서 쓴다.
3 김치를 담글 때는 반 가른다. 칼로 끝까지 자르지 말고 밑동에 칼집을 넣어 벌리면 쉽게 쪼개진다.

양배추

데치면 단맛이 강해져요

영양

푸른 겉잎에는 비타민 A가 많고, 하얀 속잎에는 비타민 C가 많다. 항궤양 성분이 있는 비타민 U와 혈액을 응고시키는 비타민 K도 풍부하다. 필수아미노산인 라이신과 칼슘이 많아 성장기 어린이에게도 좋다.

고르기

푸른 겉잎이 그대로 붙어 있는 것이 좋다. 겉잎이 싱싱하고 윤기가 도는 것, 둥글고 묵직한 것을 고른다. 잘라서 파는 것은 속이 꽉 차고 부드러운 크림색이 도는 것을 산다.

보관하기

자른 면이 마르고 누렇게 변하므로 공기가 통하지 않게 비닐랩으로 싸서 냉장실에 둔다. 통째로 둘 때는 겉잎을 떼지 말고 그대로 종이타월로 싸서 둔다. 밑동을 도려내고 종이타월을 적셔서 끼워두면 오래간다.

손질하기

1 한 잎씩 벗겨 물에 씻는다.
2 두꺼운 줄기를 잘라내고 먹기 좋게 썬다.
3 많은 양이 필요할 때는 통째로 반 갈라 밑동을 도려낸 뒤 한꺼번에 썬다.

양상추

칼로 썰면 영양소가 파괴돼요

영양

베타카로틴과 비타민 C가 풍부하고 칼슘, 철분 등의 미네랄이 많이 들어 있다. 식이섬유가 많아 변비를 막고, 만성 염증에도 효과가 있다. 신진대사를 활발하게 하고, 피로와 불면증 해소를 돕는다.

고르기

둥글고 무거우며 잎이 파랗고 윤기가 나는 것이 싱싱하다. 밑동이 너무 크고 갈색을 띠는 것은 피한다.

보관하기

통째로 비닐랩에 싸서 냉장실에 둔다. 시들어 떼어버리는 겉잎으로 감싸서 두면 오래간다.

손질하기

1 한 잎씩 떼어 물에 씻는다.

2 손으로 먹기 좋게 뜯는다. 칼을 대면 색깔이 변하고 영양소도 파괴된다.
3 찬물에 담가두면 싱싱함이 살아나고 한결 아삭하다.

로메인 상추

찬물에 담가두면 아삭함이 살아나요

영양

아삭하고 고소한 맛이 있어 샐러드, 쌈 등으로 많이 먹는다. 비타민과 미네랄이 풍부하고, 루테인은 눈 건강에 도움을 준다. 진정작용을 하는 락투카리움이 들어 있어 불면증을 개선하는 효과도 있다.

고르기

녹색이 선명하고 윤기가 흐르는 것, 연하고 도톰하며 줄기가 분명하고 잎의 끝부분이 싱싱한 것을 고른다. 잎에 점이 없고 잘랐을 때 우윳빛 즙이 나오는 것이 좋다.

보관하기

되도록 빨리 먹는 것이 좋으며, 보관하려면 씻지 말고 종이타월로 싸서 지퍼팩에 담아 냉장실에 둔다. 밑동이 아래로 가게 세워서 보관하면 좀 더 오래간다.

손질하기

1 밑동을 자르고 한 잎씩 뗀다.
2 흐르는 물에 씻어서 체에 밭쳐 물기를 뺀다.

 찬물이나 얼음물에 잠시 담가두면 아삭함이 살아난다.

브로콜리

살짝 데쳐야 아작아작해요

영양
기미와 주근깨를 막는 비타민 C가 레몬의 2배이며, 비타민 A가 베타카로틴의 형태로 풍부하게 들어 있어 감기 예방에 효과가 있다. 비타민 B_1과 B_2, 칼슘, 인, 칼륨 등의 미네랄도 시금치 못지않게 많다. 항암작용이 뛰어난 채소로 꼽힌다.

고르기
둥글고 통통하며 진한 초록빛이 나는 것이 좋다. 누렇게 변색된 것은 묵은 것이므로 피한다. 꽃이 피지 않은 것을 고른다.

보관하기
씻지 말고 비닐봉지에 담거나 종이타월에 싸서 줄기가 아래로 가게 하여 냉장실에 둔다. 살짝 데쳐서 지퍼백에 담고 물을 조금 넣어 냉동해도 좋다.

손질하기
1 칼끝으로 작은 송이를 잘라 흐르는 물에 씻는다.
2 큰 것은 반 가른다.

 줄기가 단단한 것은 껍질을 벗긴다. 한결 연하다.

데치기
1 끓는 물에 소금을 넣고 살짝 데친다.
2 색깔이 파래지면 건져서 바로 찬물에 담가 식힌다. 무르지 않고 아작아작하며 색깔도 선명해진다.

양파

생으로 먹을 땐 물에 담가 매운맛을 빼요

영양
비타민 B군과 C가 풍부하고 당질이 많아 단맛이 난다. 혈전이 생기는 것을 막고 콜레스테롤을 줄이며 혈당치를 낮춘다. 매운 성분인 알린은 신경을 안정시키고, 냄새 성분인 유화알릴은 소화를 돕는다. 단백질의 분해를 돕는 작용도 한다.

고르기
껍질이 바싹 말라 있고 단단하며 윤이 나는 것을 고른다. 껍질이 쪼글쪼글하거나 줄기가 물렁물렁하면 오래된 것이다.

보관하기
망사자루에 넣어 바람이 잘 통하는 곳에 둔다. 건조하면 마르고 습기가 많으면 싹이 나오므로 적당한 습도를 유지해야 한다. 껍질을 벗긴 것은 1개씩 비닐랩으로 싸서 냉장실에 둔다.

손질하기
1 뿌리와 꼭지를 잘라낸다.
2 마른 껍질을 벗긴다.
3 길이로 반 갈라 먹기 좋게 썬다.
4 생으로 먹을 경우에는 찬물에 잠시 담가 매운맛을 뺀다.

잘게 썰기
1 반 갈라 엎어놓고 끝부분을 남기면서 길이로 촘촘히 썬다.
2 칼을 뉘어 끝부분을 조금 남기면서 옆으로 촘촘히 썬다.
3 흐트러지지 않도록 잡고 잘게 썬다.

감자

독이 있는 눈과 싹을 도려내요

영양

당질이 주성분인 알칼리성 식품으로 고구마보다 수분이 많다. 비타민 B군과 C가 풍부하며, 감자의 비타민 C는 가열해도 파괴되지 않는다. 칼슘과 칼륨도 많이 들어 있고, 식이섬유인 펙틴은 변비 해소에 좋다.

고르기

껍질이 얇고 단단하며 모양이 둥글고 매끈한 것을 고른다. 색이 푸르스름하거나 싹이 난 것, 반점이 있는 것은 피한다. 껍질이 일어나 있거나 쭈글쭈글한 것은 묵은 것이다.

보관하기

냉장고에 두면 검게 변하므로 서늘하고 어두운 상온에 둔다. 종이상자에 종이타월을 깔고 담은 뒤 사이사이에 신문지를 끼워두면 오래 두고 먹을 수 있다. 사과를 함께 넣어두면 싹이 트는 것을 막을 수 있다.

손질하기

1 깨끗이 씻어 칼이나 필러로 껍질을 벗긴다.
2 감자의 눈과 싹에는 솔라닌이라는 유독 성분이 있으므로 말끔히 도려낸다.
3 먹기 좋게 썬다. 보통 국에는 은행잎 썰기, 조림에는 반달썰기, 볶음에는 채썰기를 한다.
4 찬물에 담가두면 녹말이 빠져 조리할 때 들러붙지 않고 음식이 깔끔하다. 볶음 등을 할 때 좋다.

모서리 다듬기

알맞은 크기로 썰어 모서리를 돌려 깎는다. 갈비찜 등 오래 끓이는 요리를 할 때 모서리가 부서져 음식이 지저분해지는 것을 막기 위해서다.

당근

껍질에 카로틴이 많으니 벗기지 않는 게 좋아요

영양

비타민 A가 카로틴의 형태로 많이 들어 있고 비타민 C도 풍부한 편이다. 독특한 쓴맛 성분인 테르핀은 암 발생을 억제하는 효과가 있다. 비타민 C를 파괴하는 산화 효소가 있으므로 다른 채소와 함께 조리할 때 주의한다. 식초를 조금 넣으면 비타민 C의 파괴를 막을 수 있다. 기름과 함께 조리하면 영양 흡수율이 높아진다.

고르기

색이 선명하고 매끈하며 껍질이 얇은 것이 맛있다. 깨끗이 씻어서 포장해놓은 것보다 흙이 묻어 있는 것을 고른다. 밑동 부분이 검게 변해 있거나 마른 것, 울퉁불퉁한 것은 피한다.

보관하기

씻지 않은 채로 종이타월에 싸서 냉장실에 둔다. 뾰족한 쪽이 아래로 가게 세워두는 것이 좋다. 가끔 분무기로 물을 뿌리면 오래간다. 쓰고 남은 것은 깍둑썰기해서 살짝 데쳐 얼려두었다가 볶음밥 등에 넣으면 좋다.

손질하기

1 흙을 씻어내고 솔이나 수세미로 가볍게 문질러 씻는다. 베타카로틴이 껍질 바로 밑에 가장 많으므로 껍질을 벗기지 않는 것이 좋다.
2 껍질을 벗기려면 아주 얇게 벗긴다. 필러로 길게 깎아내린다.

모서리 다듬기

알맞은 크기로 썰어 모서리를 돌려 깎는다. 갈비찜 등 오래 끓이는 요리에 넣을 때 쓴다.

무

무청을 잘라야 오래 보관할 수 있어요

영양

수분과 비타민 C가 풍부하고, 디아스타아제라는 소화효소가 들어 있다. 무를 즙 냈을 때 디아스타아제의 작용이 가장 크다. 해독작용이 있는 옥시다아제도 들어 있어 생선에 곁들이면 생선이 탈 때 생기는 발암 물질을 없앤다. 식이섬유도 풍부하다.

고르기

희고 싱싱하며 모양이 고르고 단단한 것을 고른다. 울퉁불퉁하거나 말라 있는 것은 속에 바람이 든 것일 수 있다. 윗부분이 푸르스름한 무가 달다.

보관하기

비닐 랩으로 싸서 냉장실에 둔다. 무청은 무의 수분을 흡수하므로 잘라낸다.

손질하기

1 솔이나 수세미로 문질러 씻는다. 껍질에 비타민 C가 많으므로 되도록 벗기지 않는다.
2 깊게 파인 곳이나 흙이 묻은 부분을 칼로 도려낸다.

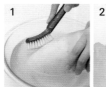

채썰기

1 무를 알맞은 길이로 토막 낸다.
2 토막 낸 무를 얇게 썬다.
3 얇게 썬 무를 겹쳐서 가지런히 펴놓고 한 손으로 흐트러지지 않게 누르면서 결대로 채 썬다.

모서리 다듬기

알맞은 크기로 썰어 모서리를 돌려 깎는다. 갈비찜 등 오래 끓이는 요리에 넣을 때 쓴다.

마

아린 맛이 강하니 껍질을 두껍게 벗기세요

영양

당질이 많고 칼륨이 풍부하다. 미끈미끈한 점액 성분인 뮤신이 단백질의 흡수를 돕고 위궤양을 예방한다. 디아스타아제라는 소화효소가 들어 있어 소화도 잘된다. 혈압과 혈당치를 낮추고 가래를 없애며 염증을 삭이는 작용이 있다.

고르기

모양이 곧고 굵기가 고르며 무거운 것을 고른다. 길고 단단한 야생 참마가 맛있고 약효가 좋다.

보관하기

물에 씻어 물기를 뺀 뒤 종이타월이나 비닐랩으로 싸서 냉장실에 둔다. 껍질을 벗긴 마는 밀폐용기에 담아 냉장실에 두고 1주일 안에 먹는다.

손질하기

1 솔이나 수세미로 문질러 씻은 뒤 껍질을 벗긴다. 아린 맛이 강하므로 조금 두껍게 벗기는 것이 좋다.
2 먹기 좋게 썰어 식초 탄 물이나 소금물에 헹군다. 미끈거리지 않고 갈변을 막을 수 있다. 끓는 물에 식초나 소금을 넣고 살짝 데쳐도 같은 효과를 볼 수 있다. 점성이 있어 썰 때는 빠르게 써는 것이 좋다.

 tip 마를 손질할 때 점액 성분인 뮤신 때문에 손이 가려울 수 있다. 식초 탄 물에 손을 담그면 가려움증이 없어진다.

갈기

쇠 강판에 갈면 점액이 많이 나오고 영양소도 파괴되므로 플라스틱 강판에 가는 것이 좋다.

더덕

살짝 구워서 다듬으면 찐득거리지 않아요

영양

쌉쌀한 맛과 은은한 향이 일품이다. 인삼의 대표 성분인 사포닌이 들어 있어 혈액순환과 원기 회복에 좋다. 폐와 신장을 튼튼하게 하는 효과가 뛰어나 약으로도 쓰인다. 식이섬유가 풍부해 포만감을 주기 때문에 다이어트에도 도움이 된다.

고르기

굵을수록 맛과 효능이 뛰어나다. 골이 깊고 모양이 곧으며 속이 흰 것이 좋다. 너무 크거나 작은 것은 맛이 덜하다.

보관하기

흙이 묻은 채로 종이타월에 싸서 냉장실에 넣어둔다. 땅에 묻어두면 오래간다.

손질하기

1 흙을 털고 씻어서 칼로 껍질을 돌려가며 벗긴다. 껍질을 벗길 때 찐득거리는 점액이 나오는데, 살짝 구워서 다듬으면 점액이 나오지 않는다.
2 찬물에 한참 동안 담가두어 쓴맛을 우려낸다. 시간이 없으면 소금을 넣고 주물러 쓴맛을 뺀 뒤 맑은 물에 헹군다.
3 자근자근 두드려 부드럽게 만들어서 굽거나 무친다.

 더덕 요리에는 보통 참기름을 넣는데, 향이 강한 산더덕에는 넣지 않는 것이 좋다.

도라지

소금으로 주물러 씻어 아린 맛을 빼요

영양

당질과 비타민, 칼슘, 철분이 풍부한 알칼리성 식품이다. 식이섬유가 많아 변비에도 도움이 된다. 약용 성분인 사포닌이 혈당치를 낮추고 콜레스테롤을 줄이며 항암작용, 항산화작용을 한다. 기침을 가라앉히고 가래를 삭이는 등 호흡기 질환에도 효과가 있다. 아르기닌, 트립토판, 아미노산 등의 성분은 면역력을 높이고 독성 물질로부터 간을 보호한다.

고르기

흙이 묻어 있고 속이 하얀 것이 좋다. 길이가 짧고 가는 것, 원뿌리가 2~3개로 갈라져 있고 잔뿌리가 많은 것이 국내산으로 향이 좋고 부드럽다. 다듬은 것은 국내산이 수입 도라지보다 짧고 동글게 말리는 정도가 덜하다.

보관하기

껍질을 벗기지 말고 종이타월로 싸서 바람이 잘 통하는 서늘한 곳에 둔다. 다듬은 도라지는 물에 담가 냉장실에 둔다.

손질하기

1 잔뿌리를 떼고 씻어 필러로 껍질을 벗긴다. 물에 담가두었다가 벗기면 더 잘 벗겨진다.
2 먹기 좋은 굵기로 가른다.
3 소금을 넣고 바락바락 주물러 아린 맛을 뺀 뒤 여러 번 헹군다.

 아린 맛이 강하면 소금에 주물러 씻은 뒤 소금물에 1시간 정도 더 담가둔다. 볶을 때는 끓는 물에 살짝 데쳐서 볶아야 부드럽고 간이 잘 밴다. 데쳐서 헹궈 물기를 짠 뒤 조리한다.

우엉

껍질을 깎지 말고 칼등으로 긁어내요

영양

주성분은 당질이며 비타민 C, 철분, 칼슘, 칼륨 등이 많다. 풍부한 식이섬유가 장운동을 촉진하고, 리그닌이라는 성분은 암세포의 발생을 억제하는 역할을 한다. 콜레스테롤을 몸 밖으로 내보내고, 신장 기능을 높여 당뇨병 환자에게도 좋다.

고르기

줄기가 가늘고 곧은 것이 연하다. 너무 두껍거나 갈라진 것은 맛이 없다. 잘랐을 때 속이 부드러운 것이 좋다.

보관하기

흙이 묻은 채로 종이타월에 싸서 냉장실이나 바람이 잘 통하는 곳에 둔다. 굵은 부분보다 가는 부분이 먼저 상하므로 가는 부분부터 먹는다.

손질하기

1 맛있는 성분이 껍질 부분에 많다. 칼로 깎지 말고 수세미나 솔로 가볍게 문질러 씻은 뒤 칼등으로 살살 긁어낸다.
2 조림용은 5cm 정도로 토막 내어 길이로 굵게 썬다. 볶음용은 연필을 깎듯이 돌려가며 삐져 썬다.
3 타닌 성분이 있어 껍질을 벗기면 변색하므로 썰어서 곧바로 식초 탄 물에 담가둔다. 떫은맛도 없어진다.

데치기 데칠 때 식초를 조금 떨어뜨리면 색이 하얘지고 떫은맛도 없어진다.

연근

식초 탄 물에 담가 변색을 막아요

영양

당질이 주성분으로 칼로리가 높다. 비타민 C와 B_{12}, 칼슘, 칼륨, 철분 등이 풍부하고 식이섬유도 많다. 떫은맛 성분인 타닌은 목의 통증을 가라앉히는 효과가 있다.

고르기

흙이 묻어 있는 것이 좋다. 굵고 두루뭉술하며 양쪽에 마디가 있는 것을 고른다. 가는 것은 섬유질이 억세므로 피한다. 잘랐을 때 속이 희고 부드러운 것이 맛있다.

보관하기

흙이 묻은 채로 종이타월에 싸서 냉장실에 둔다. 썰어놓은 것은 물에 담가 냉장실에 두고 가끔 물을 갈아준다.

손질하기

1 흙을 잘 털고 양 끝의 마디를 잘라낸다.
2 칼이나 필러로 껍질을 벗긴다.
3 썰어서 식초 탄 물에 담가두면 갈변을 막을 수 있다.

데치기 식초를 조금 넣고 데치면 색이 하얗다. 데쳐 건져서 조림장에 조린다.

표고버섯

마른행주로 닦아야 향이 살아 있어요

영양

몸속에서 비타민 D로 바뀌는 에르고스테롤이 풍부하다. 비타민 D는 칼슘 흡수를 도와 뼈와 이를 튼튼하게 한다. 에르고스테롤은 햇볕을 쬐면 비타민 D로 바뀌기 때문에 생것보다 마른 표고버섯에 비타민 D가 더 많다. 칼로리가 거의 없으며, 감칠맛을 내는 구아닐산은 혈중 콜레스테롤을 줄이고 동맥경화를 막는다. 항암작용과 면역력을 높이는 작용이 뛰어나고 식이섬유도 풍부하다.

고르기

중간 크기로 기둥이 짧고 탄력 있으며 갓이 도톰하고 윤기 나는 것, 갓 안쪽 주름이 하얀 것을 고른다. 기둥이 너무 마른 것은 피한다. 마른 표고버섯은 갓의 갈라짐이 거북이 등처럼 많고 선명한 것이 좋다.

보관하기

먼지를 가볍게 닦아 비닐랩으로 싸서 냉장실에 두거나 냉동한다. 햇볕에 말려도 좋다.

손질하기

1 밑동을 자른다. 기둥까지 완전히 잘라내고 조리하면 모양이 깔끔하다. 잘라낸 기둥은 버리지 말고 국물 낼 때나 된장찌개에 넣는다.
2 물에 오랫동안 씻으면 향이 날아가므로 살짝 씻거나 마른행주로 닦는다.

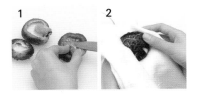

tip 마른 표고버섯은 미지근한 물에 충분히 불려 부드럽게 만들어 조리한다.

양송이버섯

생으로 먹을 땐 껍질을 벗겨요

영양

단백질과 비타민 B_2가 버섯 중에서 가장 풍부하고, 비타민 D의 전 단계인 에르고스테롤도 들어 있다. 감칠맛이 좋으며, 칼로리가 매우 낮고 식이섬유와 수분이 많아 포만감을 준다. 트립신, 아밀라아제, 프로테아제 등의 소화효소가 들어 있어 소화를 돕고, 칼륨도 많아 혈압과 콜레스테롤 수치를 내린다.

고르기

하얗고 동글동글하며 매끄러운 것, 단단하고 무거운 것을 고른다. 갓이 너무 피지 않고 기둥과 갓 사이가 벌어지지 않은 것이 좋다. 갓이 얇거나 갓의 주름이 짙은 갈색으로 변한 것은 피한다.

보관하기

물기를 닦고 종이타월로 싸서 냉장실에 넣어둔다. 겹쳐놓으면 물러지고 색이 변하므로 겹치지 않게 하나씩 싸서 냉장 보관하거나 건조하고 서늘한 곳에 둔다.

손질하기

1 기둥을 손으로 뗀다.
2 생으로 먹으려면 껍질을 벗기는 것이 좋다. 갓의 아래쪽에서 위로 잡아당기듯 얇게 벗긴다.
3 썰어두면 변색하므로 조리 직전에 썬다. 레몬즙을 살짝 뿌리면 색깔이 변하지 않는다.

느타리버섯

살짝 데쳐야 질기지 않아요

영양

당질과 단백질, 특히 철분이 풍부하다. 비타민 D의 모체인 에르고스테롤과 비타민 C도 많이 들어 있다. 식이섬유가 많고 칼로리가 거의 없어 다이어트에 좋으며, 임신부의 유산을 막는 효과가 있는 것으로 알려진 엽산도 들어 있다. 고혈압과 동맥경화를 예방하고 항암 치료에 도움을 준다.

고르기

회색빛이 돌고 윤기가 나며 탄력 있는 것이 좋다. 살이 두껍고 갓이 살짝 오므려져 있으면서 부서지지 않은 것을 고른다. 재배한 것은 자연산보다 향이 약하지만 연하고 부드럽다.

보관하기

연해서 쉽게 상하므로 바로 먹는 것이 좋다. 남은 것은 물기를 빼고 비닐봉지에 담아 냉장실에 둔다.

손질하기

1 송이를 가닥가닥 나눈다.
2 갓이 부서지지 않게 조심하면서 물에 가볍게 흔들어 씻는다. 물에 담가두거나 오랫동안 씻으면 수분을 흡수해 맛이 떨어진다.

데치기

1 끓는 물에 소금을 조금 넣고 살짝 데쳐 찬물에 헹군다. 너무 오래 데치면 질겨진다.
2 물기를 꼭 짠다. 모양을 살려야 하면 손바닥 위에 놓고 마른행주로 살살 눌러 물기를 닦는다.
3 손으로 먹기 좋게 찢는다. 갓 쪽에서부터 찢어야 쉽다.

 다른 재료와 함께 조리할 때 맨 마지막에 넣어 살짝 익혀야 쫄깃한 맛을 살릴 수 있다.

팽이버섯

체에 담아 가볍게 씻어요

영양

씹는 맛이 좋고 다른 재료와 잘 어울린다. 심장을 튼튼하게 하고, 호흡기와 장의 기능을 활발하게 한다. 칼로리가 매우 낮고 식이섬유와 수분이 많아 다이어트에도 도움이 된다. 혈중 콜레스테롤을 줄여 동맥경화를 예방하고, 항암작용과 항바이러스작용이 있다.

고르기

크림색을 띠고 탄력이 있으며 갓이 작고 고른 것이 좋다. 갓이 큰 것은 맛이 없고, 밑동이 짙은 갈색으로 변해 있거나 줄기가 가는 것은 신선하지 않은 것이다.

보관하기

물기를 빼고 종이타월로 싸서 냉장실에 둔다. 포장을 뜯지 않고 보관하는 것도 좋다.

손질하기

1 밑동을 넉넉히 잘라낸다.
2 체에 담아 흐트러지지 않도록 가볍게 씻어 건진다.

plus

갈색 팽이버섯

일본 품종인 흰색 팽이버섯과 달리 국내에서 개발한 품종으로 황금팽이버섯이라고도 한다. 흰색 팽이버섯보다 짧고 통통하다. 베타글루칸이 흰색 팽이버섯보다 2배 많아 면역력을 높이고 혈중 콜레스테롤을 줄인다. 식이섬유도 풍부하다.
탄력이 있어 씹는 맛이 좋으며, 황갈색을 띠고 있어 음식 모양을 살려준다. 볶음, 전, 찌개 등 다양한 요리에 사용한다.

석이버섯

곱게 채 썰어 고명으로 써요

영양

바위에 붙어 자라는 버섯으로 맛이 담백하다. 알라닌, 페닐알라닌, 글루타민산 같은 아미노산이 많이 들어 있고 비타민 D가 풍부하다. 미네랄과 식이섬유도 많다. 혈액순환을 좋게 하고, 면역력을 높이며, 항암작용이 있는 것으로 알려져 있다.

고르기

보통 말린 것을 쓴다. 겉은 검고 안은 회색인 것이 좋다. 깨끗하게 잘 마르고 부서지지 않은 것, 곰팡이가 피지 않은 것을 고른다.

보관하기

말린 것은 지퍼백에 담아 냉동실에 둔다. 생것은 물기 없이 종이타월로 싸서 냉장실에 두거나 말려서 냉동 보관한다.

손질하기

1 미지근한 물에 불린 뒤 손으로 비벼 씻어 헹군다. 대부분 밑동이 손질되어 나오는데, 그렇지 않은 것은 가운데에 있는 밑동을 잘라낸다.
2 돌돌 말아 채 썬다. 주로 잡채, 국수, 전골 등의 고명으로 쓴다.

plus

목이버섯

나무의 귀 같다고 해서 이름 붙은 목이버섯은 표면이 매끄럽고 씹는 맛이 독특해 잡채뿐 아니라 볶음, 조림 등을 해도 맛있다. 마른 것은 미지근한 물에 부드럽게 불려서 주물러 씻은 뒤 밑동을 잘라내고 조리한다. 생것은 밑동을 자르고 씻으면 된다.

마른 나물

푹 삶아야 부드러워요

영양

겨울철에 부족하기 쉬운 비타민과 미네랄, 식이섬유를 보충할 수 있다. 특히 해가 짧은 겨울에 부족하기 쉬운 비타민 D가 생채소보다 풍부하다. 비타민 D는 칼슘 흡수를 돕고, 고혈압과 동맥경화를 예방한다.

고르기

곰팡이가 없고 바싹 마른 것이 좋다. 모양이 부서지지 않고 깨끗한 것을 고른다.

보관하기

부서지기 쉬우므로 먼지가 끼지 않도록 비닐봉지에 담아 눌리지 않게 둔다. 습기가 많으면 곰팡이가 생기니 서늘하고 바람이 잘 통하는 곳에 둔다. 불린 나물은 물기가 있는 상태로 한 번 먹을 만큼씩 나눠 지퍼백에 펼쳐 담아 냉동 보관한다. 물기를 짜서 얼리면 질겨진다.

손질하기

1 따뜻한 물에 담가 하룻밤 정도 충분히 불린다.
2 물을 넉넉히 붓고 부드러워지도록 푹 삶아 여러 번 헹군다.
3 시래기와 토란대 등 잡냄새가 많이 나는 채소는 다시 물에 담가 냄새를 우려낸다. 물을 여러 번 갈면서 하룻밤 정도 담가둔다.
4 물기를 꼭 짠다.
5 먹기 좋게 썰어 조리한다.

tip 무말랭이, 호박고지 등의 연한 채소는 삶으면 뭉그러진다. 미지근한 물에 30분 정도 부드러워질 때까지 불려서 여러 번 헹궈 물기를 짠다.

해물 요리는 맛과 영양이 풍부하지만, 재료의 신선도와 손질이 무엇보다 중요해요.
몇 가지 요령만 익히면 초보자도 걱정 없어요.

고등어

핏기 없이 깨끗이 씻어야 비린내가 덜 나요

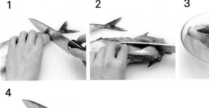

영양

등 푸른 생선의 대표로 꼽힌다. 단백질과 지방이 풍부하고, 붉은 살에 들어 있는 철분과 비타민 B_{12}는 빈혈에 효과가 있다. 칼슘, 셀레늄 등의 미네랄도 많고, 두뇌를 발달시키는 DHA와 EPA도 풍부하다. 껍질에 항산화 물질인 비타민 E가 들어 있어 껍질까지 먹는 것이 좋다.

고르기

등 쪽은 암청색, 배 쪽은 은백색으로 선명하게 대비되는 것이 좋다. 살이 단단하고 탄력 있으며 눈이 맑은 것, 아가미가 붉고 배 부분이 처지지 않은 것을 고른다. 아가미가 암갈색이거나 내장이 흘러나온 것은 신선도가 떨어지는 것이다.

tip 자반고등어가 짤 경우에는 쌀 뜨물에 담가둔다. 소금기가 빠져 짜지 않다.

보관하기

생선은 손질해서 보관하는 것이 기본이다. 내장을 그대로 두면 신선도가 빠르게 떨어진다. 특히 등 푸른 생선은 지방이 많아 빨리 상한다. 깨끗이 손질해 씻은 뒤 물기를 닦고 토막 내어 밀폐용기에 담아 냉동 보관한다. 사이사이에 비닐랩을 깔고 담으면 서로 달라붙지 않아 꺼낼 때 편하다.

살 바르기 손질한 고등어를 한 손으로 누르면서 칼을 꼬리 쪽에서 뼈 바로 위로 넣어 머리 쪽으로 가른다.

손질하기

1 지느러미와 머리, 꼬리를 잘라낸다.
2 배를 가르고 내장을 긁어낸다.
3 소금물에 통째로 씻는다. 토막 내어 씻으면 영양소가 빠져나간다. 핏기 없이 깨끗이 씻어야 비린내가 덜 난다.
4 토막 낼 경우에는 어슷하게 썰어 단면을 최대한 넓게 해야 간이 잘 배어 맛있다.

plus

삼치

고등어 못지않게 손꼽히는 등 푸른 생선으로 DHA가 풍부하고, 비타민 D가 고등어의 2배 들어 있다. 살이 단단하고 탄력이 있는 것이 신선한 것으로, 윤기가 나고 통통하게 살이 오른 것을 고른다.
고등어보다 부드러우며, 주로 구이나 조림으로 먹는다. 단백질과 지방이 풍부한 식품이므로 무, 파 등 비타민이 풍부한 식품과 함께 먹으면 영양 균형을 맞출 수 있다.

조기

아가미 쪽으로 내장을 빼요

영양

지방이 적고 칼로리는 낮으면서 질 좋은 단백질이 풍부한 대표 흰 살 생선으로 맛이 담백하고 부드러우며 소화가 잘 된다. 기운을 북돋운다고 하여 붙여진 이름처럼 몸에 활력을 주고, 어린이의 성장 발육을 돕는다.

고르기

입 주위에 주황빛이 돌고 몸에 연한 황금빛이 나는 것이 맛있는 조기다. 눈이 투명하고 툭 튀어나와 있으며 살이 탄력 있는 것이 신선하다. 국산 참조기는 입술이 붉고 눈 주위가 노란 것이 특징이며, 수입 조기는 국산보다 비늘이 거칠다.

보관하기

상하기 쉬운 생선이므로 바로 조리해 먹는 것이 좋다. 두고 먹으려면 손질해 씻어 물기를 닦고 한 마리씩 비닐랩으로 싸서 냉동한다. 소금을 뿌려두면 간이 배서 더 맛있고 오래간다. 굴비는 손질해서 채반에 넣어 물기를 말린 뒤 한 마리씩 비닐랩으로 싸서 냉동실에 둔다.

손질하기

1 비늘을 꼬리에서 머리 쪽으로 긁어낸다.
2 지느러미와 꼬리를 자른다.
3 아가미를 벌리고 나무젓가락을 넣어 내장을 빙글빙글 돌려가면서 잡아 뺀 뒤 소금물에 깨끗이 씻는다.

굴비 손질하기

1 쌀뜨물에 담가 촉촉하게 한 뒤 비늘을 꼬리에서 머리 쪽으로 긁어낸다. 너무 세게 긁으면 껍질이 벗겨질 수 있으니 주의한다.
2 지느러미와 꼬리를 자른다.
3 깨끗이 씻어 종이타월로 물기를 닦는다.

갈치

은백색 가루를 깨끗이 긁어내요

영양

단백질이 많고 지방이 적당히 들어 있어 부드럽고 맛이 좋은 흰 살 생선이다. 등 푸른 생선이 아니면서도 DHA와 EPA가 많아 혈전을 막는 효과가 뛰어나다. 생선 중에서 특이하게 당질 함량이 높아 특유의 풍미가 있다. 피부 미용과 스트레스 해소에 좋은 니아신과 암을 예방하는 타우린도 들어 있다.

고르기

눈이 맑고 몸에 은백색의 윤기가 나며 통통한 것을 고른다. 은백색 가루가 벗겨진 것은 신선도가 떨어지는 것이다. 토막 낸 것은 자른 면이 솟아오르고 윤기가 있는 것이 금방 자른 것이다.

보관하기

손질해 씻어 물기를 닦은 뒤 토막 내어 밀폐용기에 담아 냉동 보관한다. 소금을 뿌리고 물기를 닦아 꾸덕꾸덕하게 말려서 냉동해도 좋다.

손질하기

1 너무 길면 손질하기 불편하므로 머리와 꼬리를 잘라내고 대강 토막 낸 뒤 지느러미를 자른다.
2 배 쪽에 칼을 넣어 내장을 뺀다.
3 온몸에 덮여 있는 은백색 가루는 소화도 안 되고 영양가도 없으므로 깨끗이 긁어낸다.
4 소금물에 깨끗이 씻어 먹기 좋게 토막 낸 뒤 3~4번 칼집을 넣는다.

tip 소금을 조금 뿌려두었다가 물기를 닦고 조리하면 간도 잘 배고 물이 생기지 않아 생선살이 잘 부서지지 않는다.

도미

억센 비늘을 꼼꼼히 긁어내요

영양

몸을 따뜻하게 하는 식품으로 단백질, 비타민, 미네랄 등이 고루 들어 있고 타우린도 풍부하다. 타우린은 콜레스테롤이나 중성지방을 없애고 피로 해소에 뛰어난 효과가 있다. 맛이 담백하고 기름기가 적어 찜에 잘 어울린다. 머리에 영양이 많으므로 버리지 말고 함께 조리하거나 국물 낼 때 쓴다.

고르기

비늘이 떨어지지 않고 껍질이 벗겨지지 않은 것을 고른다. 살이 단단하고 배가 탱탱한 것, 눈이 맑고 튀어나왔으며 아가미가 단단하고 선명한 붉은빛을 띠는 것이 좋다.

보관하기

깨끗이 손질해 씻어 물기를 닦고 비닐랩으로 싸서 냉동실에 둔다. 물기를 닦지 않으면 비린내가 나고 신선도가 떨어진다.

손질하기

1 꼬리에서 머리 쪽으로 비늘을 긁어낸다. 비늘이 억세므로 등과 배까지 깨끗이 긁어낸다.
2 지느러미와 꼬리를 잘라내고, 아가미도 가위로 잘라낸다.
3 배를 갈라 내장을 빼고 소금물에 깨끗이 씻는다.
4 토막 내어 조리기도 하는데, 모양이 좋아 통째로 조리하는 것이 먹음직스럽다. 칼집은 칼이 뼈에 닿을 정도로 깊숙이 넣어야 보기 좋다.

가자미

배가 하얗고 투명한 게 신선해요

영양

살이 연하고 부드러우며 소화가 잘돼 어린이와 노인에게 좋다. 불안, 초조 같은 증세를 가라앉히는 니아신이 풍부하고, 껍질에 염증 예방과 치료에 효과 있는 비타민 B_2가 많이 들어 있다. 지느러미에는 피부 미용에 좋은 콜라겐이 많으므로 튀겨서 지느러미까지 먹으면 좋다.

고르기

윤기가 나고 탄력이 있으며 비늘이 단단하게 붙어 있는 것을 고른다. 배 쪽이 하얗고 투명한 것이 좋다. 비린내가 나는 것은 신선도가 떨어지는 것이니 피한다.

보관하기

손질해 씻어 물기를 닦고 냉동 보관한다. 머리와 꼬리, 지느러미를 잘라내고 소금물에 씻은 뒤 채반에 넣어 꾸덕꾸덕하게 말리면 쫄깃한 맛이 좋고 조리할 때 부서지지 않는다.

손질하기

1 앞뒤로 비늘을 긁어낸다. 미끈거리므로 조심하면서 꼬리에서 머리 쪽으로 긁는다.
2 지느러미와 머리, 꼬리를 잘라낸다.
3 내장을 빼고 소금물에 깨끗이 씻는다.

 냉동 가자미는 사용하기 전날 냉장실로 옮겨 해동하는 것이 가장 좋지만, 시간이 없다면 찬물에 담가 해동한다. 20~30분이면 녹는다. 해동한 뒤에는 앞뒤로 비늘을 긁어내고 깨끗이 씻어 조리한다. 손질이 되어 있는 것도 비늘이 남아 있을 수 있으니 다시 한번 꼼꼼히 긁어내는 것이 좋다.

꽁치

깨끗이 손질해 소금을 뿌려둬요

영양

가격에 비해 영양이 우수하다. 단백질 중에서도 필수아미노산 함유량이 매우 높고, 콜레스테롤 수치를 떨어뜨리는 EPA가 풍부하다. 비타민 A와 칼슘, 비타민 B_{12}와 철분도 많이 들어 있다.

고르기

등 부분이 선명한 푸른빛을 띠고 전체적으로 탄력 있으며 윤기가 나는 것이 신선하다.

보관하기

손질한 뒤 토막 내서 소금을 뿌린 뒤 밀폐용기에 담아 냉장실에 둔다. 오래 두고 먹으려면 냉동실에 보관한다. 내장을 빼내면 산패를 막아 좀 더 신선하게 유지할 수 있다.

손질하기

1 지느러미와 머리, 꼬리를 잘라낸다.
2 배를 가르고 내장을 긁어낸다.
3 물에 헹군 뒤 물기를 닦는다.
4 토막 내서 소금을 뿌린다.

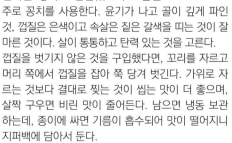

plus

과메기

꽁치를 얼리고 녹이기를 반복하며 바닷바람에 말린 겨울철 별미다. 원래는 청어로 만들었으나 요즘은 주로 꽁치를 사용한다. 윤기가 나고 골이 깊게 파인 것, 껍질은 은색이고 속살은 짙은 갈색을 띠는 것이 잘 마른 것이다. 살이 통통하고 탄력 있는 것을 고른다. 껍질을 벗기지 않은 것을 구입했다면, 꼬리를 자르고 머리 쪽에서 껍질을 잡아 쭉 당겨 벗긴다. 가위로 자르는 것보다 결대로 찢는 것이 씹는 맛이 더 좋으며, 살짝 구우면 비린 맛이 줄어든다. 남으면 냉동 보관하는데, 종이에 싸면 기름이 흡수되어 맛이 떨어지니 지퍼백에 담아서 둔다.

연어

회는 뱃살, 구이는 등살이 맛있어요

영양

EPA, DHA 등 오메가-3 지방산이 들어 있어 고혈압, 동맥경화, 심장병, 뇌졸중 등 혈관 질환을 예방하고 뇌 기능을 개선하는 효과가 있다. 연어의 붉은색을 내는 아스타잔틴은 강력한 항산화 성분으로 콜레스테롤을 줄이는 데 도움을 준다. 뼈 건강에 필요한 비타민 D가 풍부하고 소화 흡수도 잘돼 성장기 어린이와 여성, 노인에게 좋다.

고르기

진한 주황색을 띠고, 지방인 흰색 줄이 고르게 섞여 있는 것이 맛있다. 살이 탄력 있고, 포장지에 물이 생기지 않은 것을 고른다. 얇은 뱃살은 고소해 구이보다 회나 초밥으로 먹는 것이 좋으며, 통통한 몸통은 구이, 연어장 등에 어울린다. 꼬릿살은 쫄깃해 회덮밥이나 샐러드에 넣으면 맛있다.

보관하기

당일에 바로 먹는 것이 좋으며, 밀폐용기나 지퍼백에 종이타월을 깔고 담아 냉장실에 두면 1~2일 정도 보관할 수 있다. 빨리 먹지 못한다면 씻어 한 번 먹을 만큼씩 비닐랩으로 싸서 지퍼백에 담아 냉동 보관한다. 구워서 냉동해도 된다.

손질하기

1 연어를 소금물에 씻는다.
2 흐르는 물에 헹궈서 종이타월로 가볍게 두들겨 물기를 닦는다.

 tip 회를 뜰 때는 칼을 살짝 뉘어 비스듬히 저민다.

냉동 참치

냉장실에서 서서히 해동해요

영양

양질의 단백질이 많고 칼로리와 지방이 적어 '바다의 닭고기'로 불린다. DHA와 EPA가 풍부해 동맥경화, 고지혈증, 고혈압 등의 성인병을 예방하고 뇌 기능 강화를 돕는다. 항산화작용이 있는 셀레늄이 들어 있어 노화 방지, 면역력 향상, 항암 등의 효과가 있으며, 나트륨을 배출하는 칼륨도 많다. 참치의 붉은 살에는 간에 좋은 타우린이 풍부하다.

고르기

색이 선명하고 육질이 고른 것이 고른다. 냉장 상태의 참치는 살짝 눌러보아 단단하고 탄력이 있는 것이 좋다. 참치는 부위마다 지방 함유량이 달라 맛과 질감이 다양하다. 붉은색의 속살과 등살은 지방이 적어 담백하다. 회나 초밥, 덮밥, 스테이크로 많이 쓴다. 분홍빛을 띠는 뱃살은 지방이 많아 고소하다. 회나 초밥으로 먹는다. 뱃살 중에서도 마블링이 특징인 대뱃살이 가장 인기 있다.

보관하기

한 번 먹을 만큼씩 비닐랩으로 싸서 지퍼백에 담아 냉동실에 둔다. 한 번 해동한 참치는 다시 냉동하지 않는다.

손질하기

1 미지근한 물 1L에 소금 2~3큰술을 넣어 바닷물 농도 정도의 소금물을 만든 뒤, 냉동 참치를 10분 정도 담근다.
2 겉면이 조금 녹으면 꺼내 흐르는 물에 씻은 뒤 종이타월로 물기를 닦는다.
3 껍질이 아래쪽으로 가게 놓고 칼을 뉘어 바깥쪽으로 밀면서 껍질을 벗긴다.
4 깨끗한 면 보자기나 종이타월로 참치를 감싸 냉장실에서 30분 정도 해동한다.

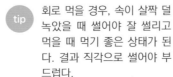

tip 회로 먹을 경우, 속이 살짝 덜 녹았을 때 썰어야 잘 썰리고 먹을 때 먹기 좋은 상태가 된다. 결과 직각으로 썰어야 부드럽다.

낙지

밀가루를 뿌려 바락바락 주물러 씻어요

영양

단백질과 미네랄이 풍부하다. 타우린이 스트레스를 완화하고 심장과 간의 기능을 좋게 한다. 인슐린의 분비를 촉진해 당뇨병을 예방한다.

고르기

눈이 튀어나오고 빨판이 단단한 것이 신선하다. 탄력이 있고 껍질에 흠이 없으며 미끈거리지 않는 것이 좋다. 비린내가 나는 것은 피한다. 큰 것보다 중간 크기의 것이 맛있다.

보관하기

깨끗하게 손질해 한 번 먹을 만큼씩 지퍼백에 담아 냉동실에 둔다. 물을 조금 같이 넣어두면 수분이 빠져나가는 것을 막을 수 있다.

손질하기

1 머리를 뒤집어 먹물과 내장을 뗀다.
2 다리 쪽의 눈 부분을 잘라낸다.
3 다리 안쪽에 있는 입을 손으로 꾹 눌러 뺀다.
4 밀가루나 소금을 뿌리고 바락바락 주물러 씻어 불순물을 말끔히 없앤 뒤, 빨판을 훑어가며 구석구석 깨끗이 헹궈 소금기를 완전히 뺀다.

 tip 냉동 낙지는 사용하기 전날 냉장실로 옮겨놓거나 찬물에 20~30분간 담가 해동한 뒤 손질한다. 중간에 물을 갈아주면 더 빨리 녹는다.

오징어

다리를 잡아당기면 내장이 빠져나와요

영양

질 좋은 단백질이 풍부하고 지방이 적다. 콜레스테롤이 많지만, 타우린이 콜레스테롤의 체내 흡수를 억제한다. 심장병과 당뇨병 예방에 좋으며 혈압을 내리고 피를 맑게 하는 효능도 있다. 다른 해물에 비해 질긴 편이라서 부드럽게 조리하고, 강한 산성 식품이므로 채소와 함께 먹는 것이 좋다.

고르기

몸통이 두툼하고 눌러보아 살이 탱탱한 것, 빛깔이 투명한 적갈색을 띠고 껍질에 흠이 없는 것을 고른다. 눈이 튀어나오고 단단하게 뭉쳐 있는 것이 좋다.

보관하기

깨끗이 손질해 한 번 먹을 만큼씩 지퍼백에 담아 냉동한다. 살짝 데쳐서 냉동하면 조리하기 편하다. 몸통을 펴서 얼려야 해동하기 좋다.

손질하기

1 다리를 잡아당겨 먹물과 내장을 뺀다.
2 몸통을 가른 뒤 속의 뼈를 떼어낸다.
3 다리에 붙은 내장을 잘라내고 눈을 뗀다.
4 다리를 뒤집어 가운데에 있는 입을 빼낸다. 손으로 꾹 누르면 빠져나온다.
5 껍질을 벗길 때는 껍질에 소금을 묻히거나 종이타월로 귀를 잡고 아래로 잡아당기면 쉽게 벗겨진다. 신선한 것일수록 껍질이 잘 벗겨진다.
6 오징어는 열을 가하면 바로 오그라들기 때문에 안쪽에 칼집을 넣어야 음식이 볼품 있다. 사선으로 엇갈리게 넣거나 세로로 넣은 뒤 알맞게 썬다.

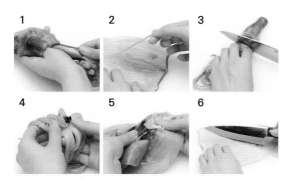

tip 데칠 때 소금을 넣으면 단백질이 빠르게 응고되어 영양소가 빠져나가는 것을 막을 수 있다.

새우

내장을 빼야 쓴맛이 안 나요

영양

풍미가 좋고 단백질, 칼슘, 각종 비타민이 풍부한 영양 식품이다. 필수아미노산과 몸에 좋은 키토산 성분이 많이 들어 있다. 콜레스테롤이 많지만, 불포화지방산이 함께 들어 있어 중화작용을 한다. 머리와 껍데기에도 영양이 많으므로 버리지 말고 국물 낼 때 쓴다.

고르기

껍데기에 윤기가 있고 투명한 느낌이 들며 만져보아 탄력이 있는 것이 신선한 것이다. 머리와 수염, 다리가 온전히 붙어 있는지 살펴본다.

보관하기

씻지 말고 밀폐용기에 담아 냉동실에 둔다. 사이사이에 비닐랩을 깔고 담으면 꺼내 쓸 때 잘 떨어져 편하다. 껍데기째 살짝 데쳐서 물기를 닦아 냉동 보관해도 좋다.

손질하기

1 등 쪽 마디 사이에 꼬치를 넣어 내장을 뺀다. 큰 새우는 등에 칼집을 내어 훑어낸다. 내장을 빼야 쓴맛이 나지 않는다.
2 껍데기를 벗길 때는 배 쪽에서부터 돌려가며 벗긴다.
3 꼬리 안쪽의 까만 부분을 칼로 긁어낸다.
4 튀김을 할 때는 꼬리의 물집을 없애야 기름이 튀지 않는다. 꼬리 위쪽에 있는 삼각형의 물집을 잘라낸다.

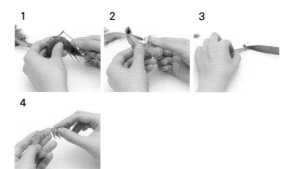

 tip 냉동 칵테일 새우는 손질해서 살짝 찐 것으로 소금물에 헹궈 물기를 뺀다.

게

솔로 구석구석 문질러 씻어요

영양

고단백 저지방 식품이면서 미네랄이 풍부하고 소화 흡수도 잘된다. 특히 알코올 해독작용이 뛰어나다. 게의 단백질은 질 좋은 필수아미노산으로 구성되어 있는 것이 특징이다. 특유의 감칠맛이 있어 찜을 하거나 게장을 담가 먹으면 별미다. 게장은 봄에 알이 꽉 찬 암게로 담그는 것이 맛있고, 꽃게무침은 가을철 살이 통통하게 오른 수게로 만드는 것이 맛있다.

고르기

묵직하고 껍데기가 딱딱한 것이 살이 많고 맛있다. 다리가 모두 달려 있어야 하며, 건드려봐서 다리가 활발하게 움직이는지도 확인한다. 다리는 가늘고 길며 불그스름한 빛을 띠는 것이 좋다. 배 부분이 검거나 눌러보아 말랑말랑한 것은 피한다. 암게는 배에 있는 딱지가 넓고 둥글며, 수게는 딱지가 좁고 길다.

보관하기

손질해 씻어 물기를 뺀 뒤 밀폐용기에 담아 냉동실에 둔다. 살짝 삶아 냉동해도 좋다.

손질하기

1 솔로 구석구석 문질러 깨끗이 씻는다.
2 배에 있는 삼각형의 딱지를 들어 올려 등딱지를 뗀다.
3 몸통 양쪽에 붙어 있는 아가미를 떼고, 그 자리에 끼어 있는 이물질을 종이타월로 깨끗이 닦는다. 물로 씻으면 맛과 영양 성분이 빠져나간다.
4 집게다리를 떼고, 나머지 다리는 끝부분을 자른다.
5 몸통을 세워놓고 칼로 반 자른 뒤, 먹기 좋게 토막 낸다. 다리가 위로 가게 세워놓고 자르면 살이 빠지지 않는다.
6 등딱지의 모래주머니와 지저분한 내장을 뗀다. 모래주머니는 살짝 눌렀다가 잡아당겨야 잘 떨어진다.

전복

숟가락으로 긁어내듯이 살을 떼요

영양

비타민 B₁과 B₁₂, 각종 미네랄이 풍부하다. 단백질이 생선 이상으로 많이 들어 있으면서 지방은 적어 다이어트에 좋다. 간을 보호하고 피로를 풀며 시력 보호에도 효과가 있다. 내장은 죽에 넣으면 쌉쌀한 맛과 향이 좋다.

고르기

통통하고 탄력 있는 것, 윤기가 나고 흠이 없는 것을 고른다. 뒤집었을 때 살이 오므라드는 것이 신선하다. 횟감으로는 살이 단단한 수컷이, 익혀 먹기에는 살이 연한 암컷이 맛있다. 수컷은 발 뒤쪽이 짙은 녹색을, 암컷은 엷은 갈색을 띤다. 내장의 색깔도 달라서 수컷은 노란색, 암컷은 녹색이다.

보관하기

살아 있는 전복은 냉장실에서 3일 정도 간다. 오래 두려면 손질해서 살과 내장을 따로 담아 냉동 보관한다.

손질하기

1 솔로 문질러 깨끗이 씻는다.
2 살과 껍데기 사이에 숟가락을 넣어 긁어내듯이 살을 뗀다.
3 내장을 떼어낸다. 내장을 손으로 쥐면 터지기 쉬우니 조심한다.
4 입 부분을 잘라낸다.
5 썰어서 조리하려면 어슷하게 썰어야 질기지 않다.
6 통째로 조리하려면 사선으로 엇갈리게 칼집을 넣는다.

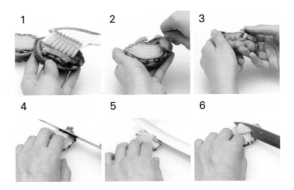

굴

엷은 소금물에 가볍게 헹궈요

영양

질 좋은 단백질과 칼슘, 철분, 비타민이 풍부해 '바다의 우유'로 불린다. 영양 면에서 우수하고 소화가 잘돼 어린이나 노인에게 좋다. 풍부한 타우린이 간 기능을 좋게 하고 혈압을 정상으로 조절하며, 아연과 각종 아미노산이 많아 정력을 강화하는 효과도 있다. 레몬과 궁합이 잘 맞는다.

고르기

살이 연해 상하기 쉬우므로 잘 골라야 한다. 빛깔이 선명하고 유백색을 띠며 윤기가 도는 것이 신선한 굴이다.

보관하기

씻어서 물기를 쪽 뺀 뒤 냉장실에 넣어둔다. 상하기 쉬우므로 이틀 이상 두지 않는다.

손질하기

1 체에 담아 엷은 소금물에 가볍게 흔들어 씻은 뒤, 손으로 체를 톡톡 쳐 불순물을 털면서 헹군다.
2 체에 밭쳐 물기를 뺀다.
3 굴에 붙어 있는 껍데기 부스러기를 말끔히 골라낸다.

 무즙에 5분 정도 담갔다가 건지면 맛이 좋아진다.

조개

껍데기끼리 비벼 씻고 해감을 빼요

영양

단백질 중에서도 타우린, 메티오닌, 글리코겐 등 필수아미노산이 풍부하고, 비타민 B군과 칼슘도 많다. 간 기능을 회복시키고 소화가 잘 안 되는 사람, 당뇨병 환자에게 효과가 있다. 쑥갓과 궁합이 잘 맞는다.

고르기

껍데기가 벌어진 틈을 건드렸을 때 바로 닫히면 살아 있는 신선한 것이다. 비린내가 심한 것은 신선하지 않다.

보관하기

해감을 빼고 깨끗이 씻어 지퍼백에 담아 냉동 보관한다. 조갯살은 소금물에 씻어 물기를 빼고 1줌씩 비닐봉지에 담아 냉동한다.

손질하기

1 모시조개, 바지락 등의 바닷조개는 소금물에, 재첩 같은 민물조개는 맹물에 껍데기끼리 비벼 씻는다. 껍데기에 불순물이 남아 있으면 비린내가 난다.
2 조개 속에는 찌꺼기(해감)가 들어 있다. 바닷조개는 엷은 소금물에, 민물조개는 맹물에 담가 해감을 뺀다. 신문지로 덮어 서늘한 곳에 하룻밤 두면 해감을 토한다. 봉지에 담겨 있는 조개는 따로 해감을 빼지 않아도 된다.

 조개를 삶을 때는 82~83℃의 낮은 온도에서 서서히 익힌다. 너무 높은 온도에서 익히면 살이 단단해져 질기다.

홍합 씻기

껍데기에 물려 있는 털을 잡아당겨 뗀 뒤, 껍데기끼리 박박 비벼 씻는다.

조갯살 씻기

1 엷은 소금물에 살살 흔들어 헹군다.
2 체에 밭쳐 물기를 뺀다.

조개관자

결과 직각으로 썰어야 질기지 않아요

영양

큰 가리비, 키조개 등의 패각근으로 패주라고도 한다. 쫄깃하고 담백하면서 단맛이 난다. 단백질은 풍부하고 지방은 적어 비만 예방에 좋으며, 비타민 B₂와 미네랄도 풍부하다. 비타민 C가 부족하므로 레몬과 함께 조리하면 좋다.

고르기

도톰하고 윤기가 있으며 반투명한 것이 신선하다. 퀴퀴한 냄새가 나는 것은 신선하지 않은 것이니 피한다.

보관하기

깨끗이 손질해 씻어 물기를 뺀 뒤 지퍼백이나 밀폐용기에 담아 냉동실에 둔다.

손질하기

1 겉에 붙어 있는 얇은 살과 내장을 뗀다. 내장은 잘라버리고 얇은 살은 손질해 냉동해둔다. 국이나 찌개에 넣으면 좋다.
2 조개관자를 둘러싼 얇고 투명한 막을 벗긴 뒤 소금물에 씻는다.
3 동그란 모양을 살려 결과 직각으로 썬다. 결대로 썰면 질기다.

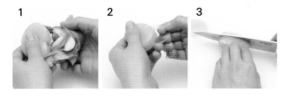

tip 조개관자를 손질하면서 떼어낸 얇은 살은 굵은 소금과 밀가루를 넣고 주물러 깨끗이 헹군다.

북어

젖은 행주로 감싸 불려요

영양

명태를 바짝 말린 것으로, 오랜 기간 얼리고 말리기를 반복해 만든 황태를 가장 고급으로 친다. 명태는 포화지방산이 거의 없는 고단백 저지방 식품이다. 명태의 단백질은 필수아미노산이 풍부한 완전 단백질로, 명태가 말라 북어가 되면 단백질 함량이 더 높아진다. 메티오닌과 아스파라긴산 같은 아미노산이 풍부해 피로 해소와 간의 해독에 좋기 때문에 해장국 재료로 많이 쓴다.

고르기

신선한 상태에서 잘 말라 살이 포슬포슬하고 연하며 껍질에 윤기가 있고 살빛이 노란 것을 고른다. 오래된 것은 지방이 산화되어 묵은내가 난다.

보관하기

북어는 습기에 약해 곰팡이가 생기기 쉽다. 물이 닿지 않게 조심하고 바람이 잘 통하는 서늘한 곳에 두거나 비닐봉지에 담아 밀봉해서 냉동실에 둔다.

손질하기

1 머리와 꼬리를 잘라낸 뒤 물에 적신다. 물에 담가 불리면 맛과 영양 성분이 빠져나가므로 담갔다가 바로 건진다.
2 북어가 부드러워지면 마른행주로 물기를 닦는다.
3 먹기 좋은 크기로 자른다.

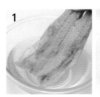

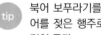 **tip** 북어 보푸라기를 만들 때는 북어를 젖은 행주로 감싸 불리는 것이 좋다.

북어채 불리기

찬물에 담갔다가 건져 물기를 꼭 짠다. 긴 것은 먹기 좋게 자른다.

마른멸치

배가 노르스름한 게 맛있어요

영양

뼈째 먹는 생선의 대표로 칼슘의 보고이다. 특히 멸치의 칼슘은 다른 식품보다 흡수율이 높고, 고추 등 비타민 C가 풍부한 채소와 함께 먹으면 흡수율이 더 높아진다. 각종 미네랄이 풍부하고 DHA와 EPA, 타우린, 핵산 등도 많이 들어 있다. 잔멸치부터 굵은 멸치까지 크기가 다양한데 굵은 멸치는 주로 국물을 내는 데 쓴다.

고르기

살이 단단하고 뽀얀 빛이 나는 것, 머리가 붙어 있고 배가 부서지지 않은 것을 고른다. 배가 노르스름한 것은 산란기에 잡은 것으로 지방이 많아 맛이 좋지만, 몸 전체가 누런 것은 지방이 산화된 것일 수 있으니 피한다. 굵은 멸치는 크고 푸르스름한 빛이 나는 것이 좋다.

보관하기

밀폐용기에 담아 냉동실에 둔다. 굵은 멸치는 머리와 내장을 떼고 보관하는 것이 쓰기 편하다.

손질하기

굵은 멸치
중간 크기 이상의 것은 내장을 떼고 손질한다. 내장을 떼지 않고 조리하면 씁쓸한 맛이 난다.

잔멸치
체에 담아 손으로 톡톡 치면서 흔들어 잔 가루를 털어낸다.

---

plus

건어물 손질 요령

마른새우 체에 담고 흔들어 가루를 털어낸다. 지퍼백이나 밀폐용기에 담아 냉동실에 둔다.

마른오징어 오랫동안 불려야 딱딱하지 않다. 미리 충분히 불려서 한 번 쓸 만큼씩 지퍼백에 담아 냉동해두면 편하다. 조갯살, 홍합살 등도 불려서 조리해야 부드럽다.

미역

거품이 안 나올 때까지 주물러 씻어요

영양

각종 미네랄과 비타민이 풍부한 알칼리성 식품이다. 칼로리가 거의 없고, 수용성 식이섬유인 알긴산이 풍부하다. 알긴산은 혈중 콜레스테롤을 줄여 고혈압과 동맥경화를 막고 피를 깨끗하게 하는 효과가 있다. 풍부한 요오드는 신진대사를 활발하게 하고 유방암을 예방한다.

고르기

마른미역은 가늘고 윤기가 있으며 바짝 마른 것을 고른다. 물미역은 검은색이나 암갈색이 선명하고 윤기와 탄력이 있는 것, 비린내가 나지 않고 끝부분이 노랗게 변하지 않은 것이 좋다. 중국산 미역은 노란색을 많이 띠고 품질이 고르지 않다.

보관하기

마른미역은 햇빛이 안 들고 건조한 곳에 둔다. 물미역은 시간이 지나면 맛이 떨어지므로 바로 썰어서 냉동한다.

손질하기

1 마른미역을 찬물에 1시간 정도 담가 충분히 불린다. 마른미역을 물에 불리면 10배 정도 늘어나므로 너무 많이 불리지 않도록 양에 주의한다.
2 바락바락 주물러 씻는다. 거품이 나오지 않을 때까지 주무른 뒤 깨끗이 헹군다.
3 먹기 좋게 썬다.

데치기
초무침이나 냉국을 만들 때는 데쳐서 쓴다. 불려서 물기를 짠 뒤 끓는 물에 파르스름하게 살짝 데쳐 찬물에 헹군다.

tip 염장한 미역줄기는 찬물에 1시간 정도 담가 짠맛을 완전히 뺀 뒤 헹궈서 조리한다.

다시마

하얀 가루가 있는 것이 좋아요

영양

심장과 혈관 활동에 관여하며 신진대사를 활발하게 하는 요오드가 해조류 중 가장 많이 들어 있다. 미끈거리는 성분인 알긴산이 풍부해 소화를 돕고 변비를 막는다. 칼슘이 뼈를 튼튼하게 하고, 아미노산의 하나인 라미닌이 혈압을 내려 고혈압을 예방한다.

고르기

두껍고 윤기가 있으며 겉에 하얀 가루가 있는 것이 좋다. 모양이 반듯한 것이 국산이다.

보관하기

습기만 조심하면 오래 둘 수 있다. 적당히 잘라서 바람이 잘 통하는 곳에 두거나 밀폐용기에 담아 냉동실에 둔다.

손질하기

마른 다시마

1 물기를 꼭 짠 행주로 먼지를 닦는다.
2 먹기 좋은 크기로 자른다.

염장 다시마

1 물에 헹궈 소금기를 씻어낸다.
2 찬물에 30분 정도 담가 짠맛을 뺀다.

파래

소금으로 주물러 씻어야 비린내가 없어요

영양

비타민 A와 니아신이 많아 피부 미용과 스트레스 해소에 도움이 된다. 풍부한 엽록소가 신진대사를 돕고, 칼슘은 골다공증을 예방한다. 식이섬유도 많다. 특히 메틸 메티오닌이라는 성분은 니코틴을 해독하는 작용이 있다. 구취를 없애는 데도 효과가 있다.

고르기

녹색이 선명하고 윤기가 나며 향긋한 냄새가 나는 것을 고른다. 불순물이 없는 것이 좋다.

보관하기

깨끗이 씻어 물기를 빼고 냉장실에 둔다. 금방 먹지 않을 거면 햇볕에 바싹 말려두었다가 물에 불려 조리한다.

손질하기

1 소금을 넣고 손으로 주물러 씻어 비린내를 없앤다.
2 3~4번 헹궈 소금기를 뺀다. 떠내려가기 쉬우므로 체에 담아 헹구는 것이 좋다.
3 물기를 꼭 짠다.

---

plus

톳

톡톡 터지는 맛이 좋은 해조로 무침, 비빔밥 등으로 즐기거나 밥에 두어 먹는다. 칼슘, 요오드 등의 미네랄이 풍부하며, 특히 철분이 많아 빈혈에 효과가 있다. 식이섬유도 풍부하다.

윤기가 있고 굵기가 고른 것이 좋은 톳인데, 적은 양이지만 무기비소가 들어 있어 데쳐서 먹는 것이 안전하다. 깨끗이 씻어 찬물에 30분 정도 불린 뒤, 끓는 물에 데쳐 헹궈서 조리한다. 데칠 때 식초를 조금 넣으면 비린 맛을 줄일 수 있다.

매생이

떠내려갈 수 있으니 체에 담아 씻으세요

영양

비타민 A와 C, 철분, 칼슘, 칼륨, 엽산 등이 풍부하다. 신경을 안정시키고 피로와 스트레스를 풀며, 피를 맑게 해 성인병을 예방한다. 특히 골다공증 예방에 효과가 있어 여자들에게 좋다. 소화가 잘되고, 식이섬유가 풍부해 변비를 해소한다.

고르기

검은빛을 띠는 녹색으로 결이 곱고 매끄러운 것이 좋다. 잡티가 섞이지 않을 것을 고른다.

보관하기

깨끗이 씻어 물기를 빼고 냉장실에 둔다. 오래 두려면 물기를 꽉 짜서 지퍼백에 담아 공기를 빼고 납작하게 만들어 냉동한다.

손질하기

물에 살살 흔들어 씻는다. 쉽게 떠내려가므로 체에 담아 씻는 것이 좋다. 3~4번 헹궈 물기를 뺀다.

plus

감태

파래보다 가늘고 매생이보다 굵은 해조로 특유의 향과 쌉쌀한 맛이 입맛을 돋운다. 칼슘, 칼륨, 철분, 요오드 등의 미네랄이 풍부하고 비타민 C와 E, 베타카로틴도 많다. 항산화 물질인 폴리페놀은 세포의 손상을 막고 혈액순환을 좋게 하며 면역력을 높인다. 암의 예방과 치료에도 도움을 준다.
녹색이 선명하고 윤기가 나는 것이 좋으며, 줄기가 검은색을 띠면 신선도가 떨어지는 것이다. 김처럼 말려서 먹거나 물에 살살 흔들어 씻어 무침, 전 등을 만들어 먹는다.

김

손으로 비벼 불순물을 털어요

영양

미네랄 중에서 가장 결핍되기 쉬운 요오드의 공급원이며, 칼슘, 철분, 인 등 각종 미네랄과 비타민도 풍부하다. 특히 비타민 A는 1장에 달걀 2개와 비슷한 양이 들어 있다. 알칼리성 식품이어서 산성 식품과 함께 먹으면 좋다.

고르기

흑자색을 띠고 부드러우며 두께가 고른 것이 좋다. 불에 구우면 청록색으로 변하는 것이 맛있는 김이다.

보관하기

물기가 닿지 않게 조심한다. 해가 들지 않고 바람이 잘 통하는 곳이나 냉동실에 둔다.

손질하기

2장씩 겹쳐서 두 손으로 싹싹 비벼 불순물을 털어낸다.

굽기

김밥 쌀 때 김을 그대로 쓰면 비린맛이 나고 질기다. 2장씩 겹쳐서 마른 팬에 살짝 굽는다.

김가루 만들기

김을 타지 않게 바싹 구워 비닐봉지에 담아서 부수면 가루가 날리지 않아 깔끔하다.

단백질, 철분 등이 풍부한 고기는 우리 몸에 꼭 필요한 영양 공급원이에요.
부위별 특징과 손질법을 알면 고기 요리의 제맛을 낼 수 있어요.

쇠고기

칼끝으로 가볍게 두들기면 연해져요

영양

필수아미노산이 풍부한 양질의 단백질과 비타민 B군, 철분 등 여러 영양소가 고르게 들어 있지만, 포화지방산이 많다. 조리할 때 참기름을 넣으면 참기름의 필수지방산이 혈관에 콜레스테롤이 쌓이는 것을 막아준다. 산성 식품이어서 채소와 함께 먹어 균형을 맞추는 것이 좋다.

부위별 쓰임새

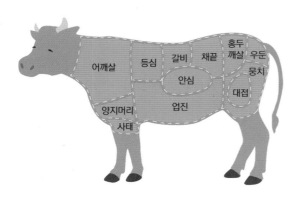

안심 갈비뼈 안쪽에 붙은 고기로 소 한 마리에 2~2.5kg 정도밖에 없는 최고급 부위다. 거의 쓰지 않는 근육이기 때문에 결이 곱고 부드러우며 지방층이 알맞게 형성되어 있다. 구이나 스테이크에 잘 어울린다.

등심 갈비뼈 바깥쪽에 붙은 고기로 살코기에 지방이 알맞게 섞여 있어 맛이 좋다. 서리가 내린 것처럼 지방이 고르게 퍼진 것을 질 좋은 등심으로 친다. 구이나 스테이크에 잘 어울린다.

채끝 등심에서 이어지는 허리 부분의 고기로 등심의 윗부분에 해당한다. 고기의 결이 곱고 살이 연하며 풍미가 좋다. 구이를 하면 맛있다.

갈비 등심과 채끝 사이 뼈와 함께 있는 고기다. 지방이 많지만 육질이 부드럽고 풍미가 있다. 구이나 찜을 하면 맛있다.

양지머리 가슴 부분의 고기로 지방과 근육막으로 이루어져 있다. 근육은 질기지만 오래 끓이면 맛이 좋아지므로 찜이나 국거리로 알맞다.

사태 몸과 다리가 이어지는 부분을 둘러싸고 있는 살로 지방이 없어 담백하면서도 깊은 맛이 난다. 힘줄이 많아 질기지만 오래 끓이면 연해진다. 국, 찜, 조림 등에 많이 쓴다.

우둔 볼기 부분에 붙은 붉은 살코기다. 지방의 양이 적당하고 근육막이 적어 비교적 연하고 맛이 좋다. 주로 육회나 잡채, 산적 등에 쓰며 다진 고기용으로 알맞다.

홍두깨살 아래쪽 우둔과 뒷다리 바깥쪽 관절 사이에 붙어 있는 살로 살코기와 지방이 알맞은 비율로 섞여 있어 결이 곱고 육질도 부드럽다. 주로 장조림, 육회, 육포 등에 쓰며, 결대로 곱게 썰기가 좋아 채를 썰 때 많이 쓴다.

어깨살 질기지만 지방이 적고 맛이 진하다. 국, 조림, 편육 등에 쓴다.

업진 배 부분의 고기로 살코기와 지방이 층을 이뤄 맛이 진하다. 찜을 하면 맛있다.

대접 기름기가 적어 담백하다. 구이, 조림 등에 쓴다.

뭉치 볼기 아랫부분의 고기로 지방이 적고 깊은 맛이 난다. 운동량이 많아 고깃결이 거칠고 질기지만 오래 끓이면 콜라겐이 젤라틴으로 바뀌어 부드러워진다. 국, 편육 등에 쓴다.

고르기

품종, 성별, 연령, 성숙도, 영양 상태, 부위에 따라 품질과 맛 차이가 크다. 갓 잡았을 때보다는 일정 기간 숙성시켜야 맛이 더 좋다. 알맞게 숙성된 고기는 색소의 일종인 미오글로빈의 함량이 높아 선홍색을 띠고, 근육이 섬세하고 탄력 있으며 윤기가 난다. 색깔이 흐리면 맛이 덜하고, 너무 빨가면 늙거나 건강이 좋지 않은 소일 수 있다.

지방은 흰색으로 끈끈하고 탄력이 있어야 한다. 지방이 살코기 사이사이에 고루 퍼져 서리와 같은 것을 최상급으로 친다. 지방이 노랗거나 질긴 기름이 붙어 있는 것은 신선하지 않은 것이다.

썰어놓은 고기는 자른 면의 결이 곱고 탱탱하며 윤기가 있는 것이 금방 썬 것이다. 하지만 미리 썰어놓으면 신선도가 떨어지고 육즙이 빠져나와 맛이 없으므로 덩어리 고기를 사서 조리 직전에 써는 것이 좋다. 집에서 써기가 번거로우면 필요한 부위를 덩어리로 사서 썰거나 갈아달라고 한다.

보관하기

쇠고기는 다른 고기보다 수분이 적은 편이어서 냉장실에 둘 경우 여름에는 3일, 겨울에는 7일 정도 간다. 오래 보관하려면 사 온 즉시 비닐랩으로 잘 싸서 다시 밀폐용기에 담아 냉동실에 둔다.

덩어리 고기는 통째로 두고 그때그때 썰어 쓰는 것이 좋다. 공기와 닿는 면이 많을수록 빨리 상하기 때문에 덩어리 고기가 썰거나 다진 고기보다 오래간다. 덩어리가 크면 한 번에 쓸 만큼씩 나눠서 얼린다. 녹였다가 다시 얼리면 맛이 급격히 떨어진다.

썰거나 다진 고기도 한 번 먹을 만큼씩 지퍼백에 담아 냉동실에 둔다. 쓰기 하루 전에 냉장실로 옮겨놓으면 알맞게 녹는다. 얼린 고기는 저온에서 천천히 녹여야 육즙이 빠져나오지 않아 고기 맛이 유지된다.

1주일 안에 먹을 것은 아예 양념해서 한 번에 먹을 만큼씩 나눠 담아 냉동하면 편하다. 간장이나 소금으로 밑간하거나 청주를 뿌려두어도 좋다.

손질하기

1 불필요한 지방을 잘라낸다.
2 질긴 고기는 고기망치나 칼끝으로 가볍게 두들겨 섬유질을 끊는다.
3 썰 때는 고깃결과 직각이 되게 썰어야 연하다.
4 채 썰 때는 고깃결과 나란히 썰어야 익었을 때 모양이 좋다. 고기에 물을 조금 뿌리고 썰면 고기가 칼에 달라붙는 것을 막을 수 있다.

연하게 하기

양념하기 전에 배, 파인애플 등의 과일을 갈아 30분 이상 잰다. 키위는 연육작용이 뛰어나 오래 재면 고기가 삭아버리므로 10~15분 정도만 잰다.

양파, 파슬리, 셀러리 등을 얇게 썰어 올리고 식물성 기름을 뿌려 2시간 정도 잰다.

누린내 없애기

양파즙에 재어둔다. 누린내가 없어지고 고기도 연해진다.

후춧가루와 청주를 뿌려둔다. 와인을 뿌려도 좋다.

plus

간 손질 요령

간은 철분, 비타민 등이 풍부하다. 특히 비타민 A는 당근의 10배나 되며, 간 기능을 좋게 하는 효과도 있다. 붉은색을 띠고 탄력 있는 것이 신선하다. 생으로 먹으면 기생충 감염의 위험이 있으므로 익혀 먹는 것이 좋다. 구이, 볶음, 전 등을 하면 맛있다.

1 얇은 막을 벗겨내고 소금물에 씻는다.
2 우유에 30분 정도 담가두어 냄새를 없앤다.
3 향신채소를 넣고 한 번 삶아내는 것도 좋다.

돼지고기
생강즙이나 술에 재어 누린내를 없애요

영양

값이 싸고 육질이 연하며 구이, 보쌈, 편육 등 조리법도 다양해 누구나 좋아한다. 주된 영양소는 단백질과 지방으로, 풍부한 단백질은 근육을 구성하고 지방은 에너지를 내며 피부를 윤기 있게 가꿔준다. 특히 비타민 B_1이 쇠고기의 10배나 들어 있는데, 비타민 B_1이 대체로 열에 약한 데 비해 돼지고기의 비타민 B_1은 열에 강한 것이 특징이다. 쇠고기와 달리 기생충에 감염될 우려가 있으므로 완전히 익히고, 비타민이 풍부한 채소와 함께 먹는 것이 좋다.

부위별 쓰임새

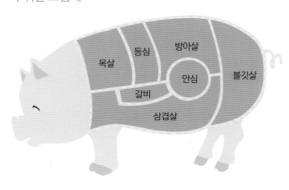

삼겹살 배 쪽에 붙은 고기로 살코기와 지방이 3겹의 층을 이룬다. 지방이 많아 맛이 고소하고 부드럽다. 구이, 찜, 편육을 하면 맛있다.

목살 목심 또는 목삽겹살이라고도 부르며 삼겹살보다 지방이 적다. 부드럽고 맛이 진해 구이, 편육을 하면 좋다.

안심 등뼈의 배 쪽에 붙은 살코기로 지방이 가장 적다. 비타민 B_1이 가장 많고 칼로리가 낮다. 연하고 담백해 튀김, 구이 등에 쓴다.

등심 등 쪽 갈비뼈에 붙은 고기로 살코기 겉에 지방이 덮여 있어 풍미가 좋다. 익히기 전에 힘줄을 잘라야 오그라들지 않는다. 튀김, 구이, 볶음 등에 쓴다.

갈비 배 주변의 뼈와 고기로 뼈 사이사이에 살코기와 지방이 끼어 있다. 육질이 안심 못지않게 부드럽고 풍미가 좋다. 돼지고기 특유의 누린내만 없으면 소갈비보다 더 연하고 맛있다. 구이, 찜, 찌개 등에 쓴다.

방아살 힘줄과 지방이 없으며 고깃결이 곱고 육질이 부드럽다. 얇게 썰어 구이나 전골을 하면 맛있다.

볼깃살 지방이 거의 없어 담백하다. 고깃결이 거칠고 질기지만 익히면 연해진다. 조림, 볶음, 찌개 등 다양하게 조리한다.

고르기

신선한 돼지고기는 연분홍색을 띠고 고깃결이 매끈하며 겉에 붙은 지방이 하얗고 손으로 만져보면 탄력이 있다. 반면 빛깔이 선명하지 않고 탁해 보이며 지방이 누렇고 윤기가 없으면 오래된 것이다. 고기의 색이 너무 붉으면 늙은 돼지일 수 있다.

특히 지방이 많아 신선도가 중요한 삼겹살은 하얀 지방과 붉은 살코기가 선명하게 줄을 이루고 있는 것을 고른다. 지방에 끈기가 있어서 칼로 썰 때 묻어나는 것이 좋다. 지방이 흐물흐물하고 물기가 많은 것, 부분적으로 색이 변한 것은 오래된 것이다.

미리 썰어놓은 것보다 덩어리 고기를 사서 조리 직전에 써는 것이 육즙이 덜 빠져 맛있다.

보관하기

돼지고기는 쇠고기보다 빨리 상하기 때문에 냉동 보관이 기본이다. 특히 지방이 많은 부위는 더 쉽게 상하고 맛도 금방 변하니 주의한다. 구이용, 찌갯거리, 다진 고기 등 종류별로 나눠 한 번에 먹을 만큼씩 비닐랩으로 싸서 냉동실에 둔다.

얼린 고기는 조리하기 하루 전에 냉장실로 옮겨 천천히 녹인다. 급하다고 뜨거운 물에 담그면 맛과 영양이 손실된다.

냉장실에 둘 경우, 얇게 썬 고기는 2~3일, 덩어리 고기는 1주일 정도 간다.

손질하기

1 지방과 힘줄을 잘라낸다. 성인병이 걱정된다면 지방을 떼어내고 조리하는 것이 좋지만, 지방이 너무 없으면 고기 맛이 떨어진다.
2 고깃결과 직각이 되게 썬다.
3 채 썰 때는 고깃결과 나란히 썬다.
4 도톰하게 썬 고기는 고기망치나 칼끝으로 가볍게 두들겨 섬유질을 끊는다. 고기가 연하고 부드러워지며 수축을 막아 모양도 좋다.
5 덩어리 고기를 삶을 때는 모양이 흐트러지지 않게 면실로 묶는다.

연하게 하기

양념하기 전에 파인애플, 양파 등 단백질 분해 효소가 있는 과일이나 채소를 갈아 30분 이상 잰다. 키위는 오래 재면 고기가 삭아버리므로 10~15분 정도만 잰다.

누린내 없애기

돼지고기는 쇠고기보다 누린내가 많이 난다. 생강즙이나 술에 재어두면 누린내가 없어진다.

삶을 때 된장을 풀어 넣는다. 누린내가 없어지고 고기 맛도 좋아진다.

---

plus

고기 반조리 냉동 방법

양념해두면 간이 배어 맛있다

고기를 채 썰거나 네모나게 썰어서 소금, 후춧가루로 밑간해 냉동하면 볶음 등 다양한 요리에 쓰기 좋다. 한 번 쓸 만큼씩 비닐랩으로 싸서 지퍼백에 담아 냉동한다.

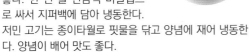
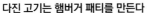

저민 고기는 종이타월로 핏물을 닦고 양념에 재어 냉동한다. 양념이 배어 맛도 좋다.

다진 고기는 햄버거 패티를 만든다

다진 고기가 남으면 햄버거 패티를 만들어두면 좋다. 다진 양파와 피망을 소금으로 간해 볶아 다진 고기, 다진 파, 다진 마늘, 소금, 후춧가루, 달걀, 빵가루를 넣

고 치대어 반죽한 뒤 둥글넓적하게 빚어 1개씩 비닐랩으로 싸서 지퍼백에 담아 냉동한다. 떡갈비나 동그랑땡 등도 양념해 반죽해서 냉동하면 좋다.

돈가스는 튀김옷을 입혀둔다

돈가스는 튀김옷을 입혀 냉동해두면 편하다. 돼지고기를 도톰하게 썰어 소금, 후춧가루로 밑간한 뒤 밀가루, 달걀물, 빵가루를 묻히고 가볍게 털어 서로 붙지 않도

록 사이사이에 비닐랩을 끼우면서 밀폐용기에 담아 냉동한다. 눌러 담으면 빵가루가 눌려 바삭한 맛이 떨어지므로 여유 있게 담는다. 닭봉, 닭날개 등 닭튀김용도 손질해 칼집을 넣고 밑간한 뒤 튀김옷을 입혀 냉동한다.

탕수육 고기는 튀겨서 냉동한다

돼지고기를 한 번 튀겨서 냉동해두면 탕수육을 쉽게 만들 수 있다. 간장, 청주로 밑간한 뒤 튀김옷을 입혀 한 번 튀겨 기름을 뺀다. 먹을 때 한 번 더 튀겨야 하므

로 완전히 익히지 않는다. 식으면 비닐랩으로 싸서 지퍼백에 담아 냉동실에 둔다. 나중에 한 번만 살짝 튀겨 소스에 버무리면 바삭한 탕수육을 즐길 수 있다.

닭고기
꼼꼼하게 씻어야 잡냄새가 안 나요

영양

담백하고 부드러워 소화 흡수가 잘된다. 필수아미노산이
풍부한 양질의 단백질이 많이 들어 있고, 비타민 A로 바뀌
기 쉬운 레티놀도 풍부하다. 날개와 다리에는 콜라겐이 많
아 노화를 막는 효과가 있다. 쇠고기나 돼지고기와 달리
지방이 근육 속에 섞여 있지 않아 껍질만 벗겨내면 지방 섭
취를 피할 수 있다.

부위별 쓰임새

가슴살 지방이 적어 맛이 담백하다. 단백질이 풍부해 운동
하고 나서 먹으면 근육 발달에 도움이 된다. 두뇌 성장과
세포 조직의 생성도 돕는다. 튀김, 무침, 샐러드 등에 쓴다.

안심 가슴살에 붙어 있는 부위로 날개 안쪽에 1개씩 2개가
있다. 살이 부드럽고 담백하며, 닭고기 부위 중 단백질이
가장 많고 지방은 거의 없다. 오래 익히면 살이 단단해져
퍽퍽하니 살짝 익힌다. 살을 가늘게 찢어 냉채나 샐러드에
넣으면 좋다.

다리살 운동량이 많은 부위로 살이 탄력 있고 단단하다.
단백질과 지방이 많고 콜라겐이 알맞게 들어 있어 노화 방
지에 효과가 있다. 고소하면서도 깊은 맛이 나 오븐에 굽
는 등 구이, 튀김, 조림을 하면 맛있다.

날갯죽지살 흔히 닭봉이라고 하는 부위로 지방이 적고 단백
질이 많아 담백하고 육질이 부드럽다. 찜이나 튀김으로 좋다.

날개살
윙이라고도 한다. 뼈가 대부분이고 살은 얼마 되지 않지

만, 세포의 노화를 막는 콜라겐과 항산화 성분이 많다. 부
드러운 맛이 일품이어서 조림, 튀김에 알맞다.

고르기

생후 1년 이하의 고기가 가장 맛있다. 숙성시켜 먹는 쇠고
기, 돼지고기와 달리 닭고기는 갓 잡은 것이 좋으므로 유
통이 빠른 곳에서 산다. 색이 선명하고 손으로 눌러보아
탱탱한 것을 고른다. 털구멍이 솟아올라 있는 것, 육즙이
적은 것이 신선하다.
냉동육보다는 냉장육을 사는 것이 맛도 좋고 영양 손실도
적다. 얼린 닭고기를 해동하면 조리할 때 육즙이 빠져나와
질겨지고 누린내가 나기도 난다.

보관하기

닭고기는 수분이 많아 상하기 쉽다. 냉장 보관은 하루 정
도이며, 일단 냉장고에서 꺼낸 것은 되도록 빨리 먹는다.
남은 닭고기는 냉동 보관한다. 술을 조금 넣고 쪄서 냉동
하면 냄새도 없어지고 더 오래간다. 익혀서 살코기만 발라
두면 쓰기 편하다.

손질하기

1 흐르는 물에 씻는다. 특히 배 속을 신경 써서 씻는다. 뼈
사이사이에 엉겨 있는 피와 내장 찌꺼기를 깨끗이 씻어
내야 잡냄새가 나지 않는다.

2 꽁지 안쪽에 붙어 있는 노란 지방 덩어리를 잘라낸다.

3 토막 낼 때는 배를 길게 반 갈라 엎어놓고 반으로 자른
뒤 뼈와 뼈 사이를 자른다.

4 껍질 쪽에 포크로 몇 군데 찔러 구멍을 낸다. 껍질이 오
그라드는 것을 막고 간도 잘 밴다.

5 닭다리처럼 살이 두툼한 부위는 앞뒤로 2~3군데 칼집
을 깊숙이 넣는다.

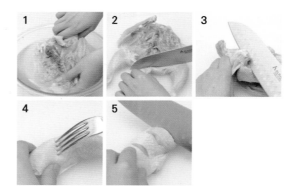

 가슴살과 안심은 굵고 질긴 힘줄을 떼어내야 질기지
않다. 익힐 때는 고기를 눌러보아 탄력이 느껴질 때
불에서 내린다. 너무 익으면 퍽퍽해져서 맛이 없다.

껍질 벗기기
칼집을 넣고 껍질을 잡아당겨 벗겨
낸다. 껍질과 살코기 사이에 끼어
있는 지방도 뗀다.

누린내 없애기
레몬을 잘라 문지른다. 로즈메리 등
의 허브를 뿌려두어도 좋다.

술에 무즙을 섞어 뿌려둔다. 살균
효과도 있다.

삶을 때 통마늘이나 저민 생강 등을
넣는다.

---

plus

효과적인 고기 냉동 요령

장 본 뒤 바로 냉동한다
고기는 신선도가 빠르게 떨어진다. 바로 먹을 것이 아니
면 사 온 즉시 손질해 냉동실에 넣어둔다.

반조리해 냉동한다
반조리해서 냉동하면 나중에 조리 시간을 줄일 수 있을
뿐 아니라 보관 기간도 늘어난다. 용도에 맞게 나눠 양
념하거나 살짝 익혀서 냉동한다.

이중으로 싸서 둔다
비닐랩으로만 싸서 두면 고기 냄새가 나거나 다른 재료
의 냄새가 밸 수 있다. 비닐랩으로 싼 뒤 지퍼백이나 밀
폐용기에 담아두면 냄새 차단은 물론 고기가 마르는 것
도 막을 수 있다.

진공 지퍼백을 이용한다
고기의 지방이 산화되면 맛과 영양이 떨어진다. 진공포
장을 할 수 있는 지퍼백을 이용하면 신선도를 더 오래
유지할 수 있다.

투명한 통에 담아둔다
필요한 재료를 쉽게 찾을 수 있도록 투명한 통이나 봉지
에 담아둔다. 냉동한 날짜와 용도도 적어두면 좋다.

달걀
알끈을 떼고 요리하면 훨씬 부드러워요

영양
흰자에는 단백질과 비타민 B_2가 많고, 노른자에는 단백질,
지방, 철분, 비타민 A 등이 많다. 필수아미노산이 풍부하
고, 노른자에 들어 있는 레시틴은 혈관 벽에 달라붙어 있
는 콜레스테롤을 녹이고 혈액순환을 돕는다. 영양이 뛰어
나지만 비타민 C와 식이섬유가 부족하므로 채소와 함께
먹는 것이 좋다. 익혀서 먹어야 소화율이 높아지며, 완숙
보다 반숙이 소화 흡수가 더 잘된다.

고르기
온도의 영향을 받으므로 햇빛이 닿지 않는 곳에 놓여 있는
것을 산다. 신선한 달걀은 물에 넣으면 가라앉고, 오래된
달걀은 수분을 잃어 가벼워져서 물에 뜬다. 또 깨뜨렸을
때 노른자가 봉긋하고, 흰자는 황색을 띠고 퍼지지 않아야
한다. 시간이 지날수록 노른자는 탄력을 잃어 납작하게 퍼
지고, 흰자는 묽고 투명해진다. 노른자나 껍데기의 색깔은
맛과 영양 면에서 차이가 없다.

보관하기
숨구멍이 있는 뭉툭한 쪽이 위로 가게 담아 냉장실 안쪽에
넣어둔다. 문 쪽에 꽂아두면 문을 여닫을 때마다 흔들리고
온도 차가 생겨 신선도를 유지하기 어렵다. 냉장고에 넣었
다 꺼내기를 반복해도 온도 변화 때문에 신선도가 급격히
떨어진다. 냄새를 흡수하므로 냄새가 강한 식품과 가까이
두지 않는다.

손질하기

알끈 떼기 알끈을 떼어내면 달걀 요
리가 한결 부드럽다. 나무젓가락으
로 집어내면 잘 집힌다.

흰자와 노른자 나누기
1 달걀을 깨뜨려 껍데기를 살며시 벌리면 흰자가 흘러내린
다. 한쪽 껍데기를 비운다.
2 노른자를 반대쪽 빈 껍데기로 가만히 옮기면서 남은 흰
자를 흘려 노른자만 남긴다.

같은 재료, 같은 조리법으로 만들었는데 맛이 안 난다고요? 같은 조리법이라도 어떻게 하느냐에 따라 음식 맛이 달라져요. 다양한 조리법의 맛 내기 비결을 알려드립니다. 기억해두면 훨씬 더 맛있는 요리를 즐길 수 있어요.

Part 3

조리별
맛내기 비법

어느 조리법보다 손맛이 느껴지는 음식이에요.
손질을 잘해서 재료의 맛과 향을 살리는 게 무엇보다 중요합니다.

생채

깨끗이 씻는다
익히지 않고 생으로 먹는 음식이기 때문에 채소를 깨끗하게 손질하는 일이 무엇보다 중요하다. 깔끔하게 다듬어 흐르는 물에 여러 번 씻어서 무친다.

채소의 물기를 뺀다
채소에 물기가 많으면 양념이 겉돌아 음식이 지저분해 보이고 맛이 없다. 씻어서 물기를 탈탈 털어 무친다. 오이, 무 등 딱딱한 채소는 썰어서 소금에 살짝 절여 물기를 꼭 짠다. 부드러워져서 무치기 쉽고 간이 배어 한결 맛있다.

먹기 직전에 무친다
미리 무쳐두면 물기가 생겨 양념이 겉돌고 싱거워진다. 양념장을 미리 만들어두었다가 상에 내기 직전에 무친다. 양념장을 따로 내어 식탁에서 바로 버무려 먹는 것도 좋은 방법이다.

양념도 넣는 순서가 있다
양념을 순서에 맞게 넣어야 맛이 잘 산다. 초무침은 설탕과 식초를 먼저 넣어 무친 뒤 고춧가루, 간장 순으로 넣는다. 간장이나 소금을 먼저 넣으면 다른 양념이 잘 배지 않는다. 무 생채는 먼저 고춧가루만 넣고 버무려 물을 들인 뒤에 다른 양념을 넣어야 색이 곱다. 초고추장무침은 양념장을 한꺼번에 섞어 넣고 무쳐도 된다.

숙채

콩나물은 뚜껑을 닫고 익힌다
콩나물은 소금을 조금 넣고 물을 부어 뚜껑을 닫고 익힌다. 뚜껑을 열면 비린내가 난다. 숙주는 콩나물과 달리 끓는 물에 데쳐서 무친다.

녹색 채소는 살짝 데친다

잎이 푸른 채소는 연해서 빨리 익는다. 끓는 물에 넣고 살짝 부드러워질 정도로만 데쳐야 맛과 영양이 보존된다. 데칠 때 소금을 조금 넣으면 색깔이 더 파래진다.

물기를 너무 짜지 않는다

채소를 데쳐 물기를 짤 때 80% 정도만 짠다. 너무 꼭 짜면 부드러운 맛이 떨어지고 간도 잘 배지 않는다. 콩나물, 숙주, 가지 등은 삶거나 데쳐 물기를 짜지 않고 건져놓았다가 식으면 그대로 무친다.

양념을 강하지 않게 한다
너무 짜거나 달면 제맛이 나지 않는다. 양념보다 재료 자체의 맛과 향을 살린다. 살짝 데쳐서 강하지 않게 양념해 골고루 배어들도록 무친다.

계절 채소는 된장이나 고추장에 무친다
두릅, 냉이 등의 계절 채소를 된장이나 고추장으로 무치면 칼칼하고 구수해 입맛을 살린다. 깨소금과 참기름을 조금 넣고 살살 무치면 맛깔스럽다. 씀바귀같이 향이 강한 채소는 초고추장에 무친다. 쓴맛이 줄어 제맛을 느낄 수 있다.

손으로 조물조물 무친다

나물은 손맛이다. 손에 묻는 것이 싫어 젓가락으로 무치면 간이 속까지 배지 않아 깊은 맛이 나지 않는다. 양념이 골고루 배어들 수 있게 손끝으로 조물조물 무쳐야 맛이 제대로 든다. 단, 무른 채소는 젓가락으로 살살 뒤적인다.

마른 나물

물에 담가 냄새를 없앤다
시래기, 토란대, 고사리, 취 등의 마른 나물은 따뜻한 물에 불려서 부드러워질 때까지 푹 삶아 볶는데, 삶은 뒤에도 다시 한번 물에 담가두어야 냄새가 나지 않는다.

물기가 있어야 부드럽다
삶아서 물기를 꽉 짜지 말고 어느 정도 촉촉하게 남겨서 볶아야 부드럽고 간이 잘 밴다. 70% 정도만 짠다.

질긴 나물은 껍질을 벗긴다
시래기나 토란대처럼 질긴 나물은 삶은 뒤에 껍질을 벗겨내야 부드럽다. 긴 것은 먹기 좋게 5cm 길이로 자른다.

양념해서 볶는다
볶으면서 바로 양념하면 잘 배어들지 않아 깊은 맛이 나지 않는다. 삶아서 물기를 짠 뒤 양념에 조물조물 무쳐서 볶아야 간이 잘 배어 맛있다.

국간장으로 간을 한다
국간장으로 간을 해야 감칠맛이 난다. 국간장은 짠맛이 강하므로 많이 넣지 않도록 주의하고, 색이 너무 진해질 것 같으면 소금과 섞어 쓴다. 들기름도 마른 나물과 잘 어울린다.

물을 붓고 뚜껑 덮어 뜸을 들인다
마른 나물은 무르게 익혀야 맛있다. 양념한 나물을 볶다가 냄비 가장자리로 물을 조금 둘러 붓고 뚜껑을 덮어 뜸을 들인다. 부드럽게 익으면 뚜껑을 열고 불을 약하게 줄여 물기를 날린다.

plus

샐러드를 맛있게 만들려면?

채소는 소금과 식초를 탄 물에 담가둔다
채소는 흐르는 물에 씻은 뒤 소금과 식초를 엷게 탄 물에 1~2분간 담가둔다. 삼투압 현상으로 잔류 농약 성분을 없앨 수 있다. 유기농 채소도 안심할 수 없다. 퇴비에서도 발암성 물질을 만드는 질산염이 나오므로 잘 씻어야 한다. 베이킹소다로 씻어도 좋다.

얼음물에 담가 싱싱함을 유지한다
채소를 씻은 뒤 찬물이나 얼음물에 잠시 담가두면 아삭거리고 싱싱함이 유지된다. 특히 양파는 얼음물에 담가두면 아삭함이 살아날 뿐 아니라 매운맛이 빠져 생으로 먹기 좋다.

채소의 물기를 뺀다
채소가 주재료인 샐러드는 채소의 물기를 빼는 일이 가장 중요하다. 물기가 많으면 드레싱이 묽어지고, 특히 오일드레싱을 뿌릴 경우에는 맛은 물론 보기에도 좋지 않다. 물기 빼는 도구인 샐러드 스피너를 쓰면 편하다.

재료의 양과 크기를 비슷하게 맞춘다
샐러드는 여러 재료가 섞인 음식이어서 재료들의 크기가 비슷해야 보기 좋다. 주재료와 부재료의 양도 비슷하게 넣어 맛이 어우러지게 한다. 단, 맛이 강한 재료는 지나치게 많이 넣지 않는다.

드레싱은 잘 섞이는 재료부터 섞는다
샐러드드레싱을 만들 때 섞는 순서를 지켜야 고르게 섞인다. 먼저 잘 섞이는 액체에 가루, 반고형 재료를 충분히 녹여 섞은 뒤 다진 마늘, 올리브유 등 잘 섞이지 않는 재료를 넣는다. 후춧가루 등 향이 나는 재료는 믹서로 섞지 말고 마지막에 넣는다.

먹기 직전에 드레싱을 뿌린다
샐러드드레싱을 미리 뿌려두면 채소의 숨이 죽고 물이 생길 수 있다. 상에 내기 직전에 뿌리거나 따로 내어 바로 뿌려 먹을 수 있게 한다. 재료는 한꺼번에 만들어 냉장고에 넣어두고 조금씩 덜어 먹으면 편하다.

간간한 조림은 밑반찬으로 좋아요. 찜은 찜솥에 찌는 찜과 양념찜이 있지요.
조리법은 다르지만, 포인트는 양념이 잘 배게 하는 것입니다.

조림의 기본 요령

넓은 냄비에 조린다

조림 냄비는 넓은 것이 좋다. 재료에 간이 잘 배게 하려면 뒤적이지 말아야 하는데, 넓은 냄비를 쓰면 재료를 죽 늘어놓을 수 있어 뒤적거릴 필요가 없다.

조림장에 물을 섞는다

조림은 서서히 오래 끓이는 음식이어서 간장만으로 조리면 너무 짜진다. 조림장을 만들 때 간장과 물을 같은 양으로 섞는다. 양념한 재료를 냄비에 담고 물을 자작하게 붓기도 한다.

물은 냄비의 가장자리로 붓는다

양념이 간간하게 배어들어야 제맛이다. 물을 부을 때 냄비의 가장자리로 재료가 잠길 듯 말 듯하게 붓는다. 물을 재료 위에 부으면 양념이 씻겨 내려가 맛이 떨어진다.

센 불에서 끓이다가 불을 줄인다

불 조절을 잘못하면 타거나 졸아든다. 센 불로 한소끔 끓인 뒤 불을 줄이고 뚜껑을 덮어 조리다가 국물이 바특해지면 불을 세게 올린다. 바로 뚜껑을 열고 재빨리 뒤적이면 수분이 날아가 윤기가 난다.

채소조림

단단한 채소가 좋다

콩, 연근, 우엉 등 단단한 채소가 조리기 좋고 오래 두고 먹을 수 있다. 무나 감자, 두부 등을 조려도 맛있는데, 부드러운 재료는 그때그때 조려 먹는 것이 좋다.

양념을 나눠 넣는다

처음부터 양념을 다 넣고 조리면 짜질 수 있다. 양념을 절반만 넣고 중간 불로 끓이다가 국물이 끓어오르면 나머지 양념을 넣고 불을 약하게 줄여 재료가 다 익고 국물이 졸아들 때까지 조린다.

생선조림

등 푸른 생선이 어울린다

고등어나 꽁치, 삼치 등의 등 푸른 생선은 양념을 진하게 해서 조리면 비린내가 나지 않는다. 갈치, 병어, 조기 등을 조려도 맛있다.

생선을 어슷하게 썬다

생선을 어슷하게 썰면 단면적이 넓어져 간이 잘 밴다. 통째로 조릴 때는 칼집을 넣는다.

무를 깔고 생선을 올린다

생선조림은 뒤적이지 말아야 하는데 그러다 보면 냄비 바닥에 눌어붙어 꺼낼 때 살이 부서질 수 있다. 냄비에 무를 깔고 생선을 올리면 생선이 바닥에 눌어붙지 않고 맛도 더 좋다.

비린내를 없앤다

향신채소나 양념으로 비린내를 없앤다. 등 푸른 생선은 양념에 고추장이나 된장을 섞으면 좋다. 깻잎이나 마늘, 생강 등을 넣는 것도 냄새를 없애는 데 효과가 있다.

국물을 자주 끼얹는다

생선에 간이 배게 하려고 자주 뒤적이면 살이 부서지기 쉽다. 뒤적이는 대신 국물을 자주 끼얹는다. 간이 골고루 배고 모양도 산다.

고기 조림

지방을 떼어낸다
고기에 붙어 있는 지방을 떼고 조려야 깔끔하다. 돼지고기는 지방을 칼끝으로 도려내고, 닭고기는 껍질과 함께 떼어낸다.

밑간해 누린내를 없앤다
고기를 밑간해 누린내를 없애는 것이 포인트다. 쇠고기는 마늘과 후춧가루, 돼지고기는 생강에 1시간 이상 재어두었다가 조리면 누린내가 없고 질기지 않아 맛있다. 두꺼운 고기는 칼집을 내면 양념이 잘 밴다.

팬에 지져 기름을 뺀다
닭고기와 돼지고기는 조리기 전에 팬에 한 번 지지면 좋다. 색이 먹음직스러워지고 기름도 빠진다. 고기를 살짝 데쳐 조리는 것도 기름을 빼고 누린내를 없애는 좋은 방법이다.

고기에 따라 불의 세기가 다르다
고기에 따라 불의 세기를 조절한다. 질긴 고기는 약한 불에서 물이나 국물을 부어가며 천천히 조리고, 연한 살코기는 센 불에서 살짝 조려야 고기의 풍부한 맛을 즐길 수 있다.

고기가 익은 뒤에 채소를 넣는다
고기와 채소를 함께 조릴 때는 고기가 어느 정도 익은 뒤에 채소를 넣는다. 채소가 뭉개지지 않아 모양이 예쁘다. 특히 녹색 채소는 맨 마지막에 넣어야 색깔을 살릴 수 있다.

찜솥에 찌는 찜

부서지기 쉬운 음식에 알맞다
재료를 그대로 익히기 때문에 모양이 흐트러지지 않는다. 두부찜, 어선 등 부서지기 쉽거나 모양이 얌전한 음식을 만들 때 좋다.

물은 절반 정도 붓는다
찜솥에 붓는 물의 양은 절반 정도가 알맞다. 물이 너무 많으면 끓어 넘칠 수 있고, 물이 적으면 탈 수 있다. 중간에 물을 보충하려면 뜨거운 물을 부어 찜솥의 온도가 내려가지 않게 한다.

재료에 미리 간을 한다
찌는 도중에 간을 할 수 없으므로 처음부터 재료에 간을 해서 안친다. 생선은 간이 고루 밸 수 있도록 칼집을 넣는다.

김이 오르면 재료를 넣는다
찜솥의 물이 팔팔 끓어 김이 오르면 재료를 넣는다. 면 보자기를 깔고 올리면 수증기가 재료에 바로 닿아 모양이 망가지는 것을 막을 수 있다.

물방울이 음식에 떨어지지 않게 한다
찌는 동안 찜솥 뚜껑에 맺힌 물방울이 음식에 떨어지면 모양이 흐트러질 뿐 아니라 맛도 떨어진다. 뚜껑을 면 보자기로 감싸 물방울이 음식에 떨어지지 않게 한다.

그릇에 담아 찌면 편하다
재료를 그릇에 담아 그릇째 찜솥에 넣어 찌면 그대로 상에 내면 되어 편하다. 특히 생선찜 등 옮겨 담으면서 흐트러지기 쉬운 음식은 양념해 그릇에 담은 채로 찌면 좋다.

양념찜

단단한 채소를 쓴다
찜은 양념이 속까지 배어야 맛있는데, 연한 채소는 금세 뭉그러져 푹 찌기가 어렵다. 감자, 당근, 무, 연근 등 오래 익혀야 하는 단단한 재료를 써야 깊은 맛을 낼 수 있다.

모서리를 다듬으면 부서지지 않는다
채소를 오래 끓이면 모서리가 부서져 음식이 지저분해질 수 있다. 채소의 모서리를 다듬어서 넣으면 부서지지 않아 음식 모양이 깔끔하다.

센 불로 끓이다가 불을 줄여 서서히 익힌다
처음에 센 불에서 끓이다가 한소끔 끓으면 불을 줄이고 뚜껑을 덮어 서서히 익힌다. 간이 속속들이 배어 깊은 맛이 난다. 특히 생선찜은 센 불에서 익혀야 살이 부서지지 않고 단백질이 응고되어 맛과 영양이 빠져나가지 않는다.

복잡한 과정 없이 간단하게 할 수 있는 요리예요.
단시간에 익히므로 미리 양념해서 간이 잘 배게 하고, 너무 태우지 마세요.

생선구이

생강즙과 청주로 비린내를 없앤다

생선 비린내를 없애는 것이 기본이다. 생선을 흐르는 물에 핏기 없이 깨끗이 씻고 생강즙이나 청주, 레몬즙 등을 부려두면 비린내를 없앨 수 있다.

소금을 뿌려 밑간한다

생선에 미리 소금을 살살 뿌려 밑간한다. 간이 배어 맛있을 뿐 아니라 삼투압 작용으로 생선살이 단단해진다. 굽기 20분 전에 소금을 뿌려두고 물기가 배어 나오면 종이타월로 찍어낸 뒤 굽는다.

칼집을 내면 간이 잘 밴다

통째로 굽는 생선은 미리 칼집을 내거나 포크 등으로 콕콕 찍어 구멍을 내면 좋다. 속까지 간이 배고, 껍질이 부풀어 오르지 않아 모양도 깔끔하다.

밀가루를 뿌리면 비린내가 줄어든다

비린내가 많이 나는 생선은 밀가루를 뿌려 지지듯이 구우면 비린내가 줄고 고소하다. 밀가루는 굽기 직전에 물기가 없어질 정도로만 뿌린다. 시간이 지나면 밀가루가 물기를 빨아들여 끈적거리고 쉽게 탄다. 밀가루를 체에 담아 흔들어 뿌리면 골고루 묻어 모양이 좋다.

팬과 기름을 충분히 달군다

생선의 맛과 모양을 잘 살리려면 프라이팬을 충분히 달궈서 구워야 한다. 달군 팬에 기름을 두르고 기름이 뜨거워지면 생선을 올린다. 석쇠에 구울 때도 석쇠를 충분히 달군 뒤 기름을 발라 생선 껍질이 달라붙지 않게 한다.

센 불에서 굽다가 중간 불로 줄인다

우선 센 불에서 굽다가 색이 노릇해지면 불을 중간으로 줄이고 속까지 익혀 뒤집는다. 반대쪽도 마찬가지로 센 불에서 굽다가 불을 줄여 마저 익힌다. 겉면을 먼저 익혀야 살이 단단해져 부서지지 않는다. 등 푸른 생선은 바싹 구워야 풍미가 있고, 흰 살 생선은 은근하게 구워야 부드럽고 맛있다.

양념구이는 먼저 애벌구이한다

양념구이는 간이 잘 배게 하면서 양념이 타지 않게 골고루 익혀야 한다. 먼저 생선을 애벌구이로 거의 익힌 뒤 양념장을 발라둔다. 20분 정도 지나 간이 배면 살짝 구워 마무리한다. 장어나 연어 같은 생선은 기름장을 발라 애벌로 구운 뒤 양념해 굽는다.

등 푸른 생선은 양념장을 곁들인다

꽁치, 청어, 전갱이 등은 주로 통째로 구워 먹는 생선들이다. 고등어, 삼치, 갈치, 병어 등도 구이에 잘 어울린다. 꽁치, 고등어 등의 등 푸른 생선은 구워서 양념장을 찍어 먹으면 맛있고, 갈치, 병어 등은 소금을 뿌려 구우면 담백한 맛을 즐길 수 있다.

그릴에 굽는 게 좋다

생선은 그릴에 굽는 것이 좋다. 팬에 구우면 질척해서 제 맛이 나지 않고, 석쇠에 구우면 기름이 떨어져 레인지가 지저분해지고 불이 붙기도 한다. 그릴에 구우면 깔끔할 뿐 아니라, 온도가 고르게 전달되어 골고루 바삭하게 구워진다.

고기구이

등심과 안심 등이 어울린다
구워 먹으면 특히 맛있는 고기 부위들이 있다. 쇠고기 등심과 안심, 채끝, 갈비는 결이 부드러워 구워 먹으면 맛이 더 좋다. 돼지고기 삼겹살은 소금구이로 좋으며, 돼지갈비는 양념장에 재어 구워야 누린내가 나지 않는다. 닭다리는 오븐구이를 하면 맛있다.

고깃결과 반대로 칼집을 넣는다
고기를 구우면 바짝 오그라들어 모양이 제대로 나지 않는 경우가 있다. 고깃결과 직각이 되게 칼집을 넣으면 오그라드는 것을 막을 수 있다. 썰 때도 고깃결과 직각으로 썬다. 돼지고기는 지방이 있는 쪽에 칼집을 넣어야 오그라들지 않는다.

다져서 구울 때는 살코기가 좋다
고기를 다져서 구울 때는 고기에 끈기가 있어야 잘 엉겨서 떨어지지 않는다. 지방이 많으면 기름기 때문에 잘 부스러진다.

향신채소로 누린내를 없앤다
고기 자체의 맛을 즐기는 구이는 누린내를 없애는 것이 무엇보다 중요하다. 양파, 마늘, 생강 등 향이 강한 채소를 다지거나 즙을 내어 재어둔다. 후춧가루와 청주도 누린내를 없애는 데 효과적이다. 단, 생강은 쇠고기에 쓰지 않는다. 닭고기는 청주나 레몬즙을 뿌려둔다.

배나 키위에 재어 연하게 만든다
처음부터 소금이나 간장으로 양념하면 고기가 질겨지기 쉽다. 양념하기 전에 배, 키위, 파인애플, 양파 등에 재어 고기를 연하게 만든다. 두꺼운 고기는 군데군데 칼집을 내면 구웠을 때 질기지 않고 양념도 잘 밴다.

홍차를 뿌려두면 연해진다
고기가 질기면 센 불에서 갈색이 나게 구운 뒤 진한 홍차를 뿌려둔다. 양파, 파슬리, 셀러리, 당근 등의 채소를 얇게 저며 고기 위에 올리고 식물성 기름을 뿌려 2시간 정도 재어두는 것도 좋다. 기름을 너무 많이 뿌리면 느끼해지므로 주의한다.

고기는 30분, 갈비는 반나절 잰다
고기를 양념에 재어 바로 구우면 양념이 겉돌아 맛이 없다. 뼈가 없는 고기는 30분 이상 재고, 갈비 등 뼈가 있는 고기는 반나절 정도 재야 간이 잘 밴다.

팬을 달군 뒤 고기를 올린다
프라이팬을 달구지 않고 고기를 올리면 눌어붙어 맛이 떨어진다. 팬이나 석쇠를 뜨겁게 달군 뒤에 고기를 올린다. 오븐에 구울 때는 지방이 많은 쪽이 위로 가게 놓아야 기름이 고루 배어 맛있다.

센 불에서 재빨리 익힌 뒤 불을 줄인다
고기는 센 불에서 재빨리 구워야 육즙이 빠지지 않아 맛있다. 스테이크든 양념한 고기든 먼저 센 불에서 재빨리 익혀 겉면의 단백질을 응고시킨 뒤 불을 줄여 속까지 익힌다. 닭고기는 껍질 쪽부터 굽다가 색깔이 나면 뒤집어 살 쪽을 익힌다.

한 번만 뒤집는다
고기를 구울 때는 한 번만 뒤집는 것이 좋다. 자주 뒤적이면 고기가 마르고 고유의 맛이 변한다. 달군 팬에 고기를 올리고 센 불에서 굽다가 윗면에 핏물이 고이면 뒤집어 익힌다.

쇠고기는 70%, 돼지고기는 완전히 익힌다
쇠고기는 너무 바짝 익히면 퍽퍽하고 질겨진다. 70% 정도만 익히는 것이 부드럽고 맛있다. 반면 돼지고기는 완전히 익혀야 맛있고 기생충의 우려도 없다. 살에 탄력이 있고 젓가락으로 찔러보아 맑은 즙이 나오면 알맞게 익은 것이다.

구우면서 생기는 기름은 닦아낸다
돼지고기처럼 기름이 많은 고기를 팬에 구우면 기름이 생긴다. 이 기름을 그대로 두면 고기가 느끼해지므로 중간중간 종이타월이나 식빵 조각으로 닦아낸다.

<table>
<tr><td>

볶음
</td><td>

짧은 시간에 조리할 수 있는 게 특징이에요.
기름을 알맞게 두르고 물이 생기지 않도록 센 불에 재빨리 볶아내세요.
</td></tr>
</table>

기본 요령

바닥이 넓고 두꺼운 팬에 볶는다

볶음은 재료에 열을 고루 전달해 빠르게 볶는 것이 중요하다. 프라이팬의 바닥이 넓으면 열이 재료에 골고루 전달되고, 두꺼우면 한 번 달궈진 열이 잘 식지 않아 음식이 빠르게 익는다.

재료와 양념을 미리 준비한다

재료와 양념들을 준비하다가 볶는 시간이 길어지면 맛있는 볶음을 만들 수 없다. 미리 준비해 볶는 시간이 늘어지지 않도록 한다. 잘 익지 않는 재료는 데쳐놓는 것도 좋다.

올리브유로 볶으면 고소하다

올리브유는 산뜻하고 고소한 맛이 깊다. 기름이 겉돌지 않고 콜레스테롤 수치도 낮출 수 있다. 생으로 먹는 샐러드에는 최상급인 엑스트라 버진 오일을 쓰지만, 볶음에는 그보다 낮은 등급인 퓨어 오일을 쓰면 된다.

향신채소를 가장 먼저 볶는다

기름을 두른 팬이 뜨거워지면 가장 먼저 마늘, 마른고추 등의 향신채소를 볶는다. 향이 기름에 우러나 다른 재료에 배면서 음식의 풍미가 깊어지고 고기의 누린내도 없어진다.

팬을 충분히 달궈 재빨리 볶는다

빠르게 볶을수록 영양소 파괴가 적고 모양도 좋다. 프라이팬을 연기가 나기 직전까지 충분히 달군 뒤 기름을 두르고 기름이 뜨거워지면 재료를 넣어 재빨리 볶는다. 기름이 뜨겁지 않으면 볶는 시간이 길어져 맛과 영양이 떨어지고 모양도 좋지 않다.

재료 넣는 순서가 중요하다

여러 재료를 함께 볶을 때는 재료 넣는 순서를 지키는 것이 좋다. 먼저 마늘 등을 볶아 향을 낸 뒤 고기를 넣어 볶다가 채소를 넣어 마저 볶는다. 당근과 양파가 들어가면 단단한 당근을 먼저 넣고 양파를 나중에 넣는다. 재료들이 다 익으면 마지막에 피망같이 색을 살려야 하는 채소를 넣어 살짝 볶는다.

채소볶음

당근, 호박 등이 어울린다

볶음에는 당근이나 피망, 호박처럼 비타민 A가 풍부한 채소가 좋다. 비타민 A는 지용성 비타민이어서 기름에 볶으면 흡수가 잘돼 영양 효율이 높아진다.

비슷한 크기로 썬다

함께 볶는 채소들을 비슷한 크기로 썰면 짧은 시간에 고르게 익힐 수 있고 보기에도 좋다. 볶기 전에 채소들을 모두 볶기만 하면 되게 손질해놓는다.

채소의 물기를 뺀다

채소에 물기가 남아 있는 채로 볶으면 기름이 튀기 쉽다. 물기를 잘 뺀 뒤 팬을 달궈 기름을 두르고 재빨리 볶는다.

절이거나 양념해 볶으면 맛있다

감자, 당근, 호박, 도라지 등 비교적 단단한 채소는 소금에 절여서 볶아야 간이 잘 밴다. 나물은 양념에 조물조물 무쳐서 볶으면 맛있다.

데쳐서 볶으면 기름을 덜 먹는다

가지처럼 기름을 많이 흡수하는 채소는 볶아놓으면 기름 맛이 많이 나고 칼로리도 높아진다. 끓는 물에 살짝 데쳐서 볶으면 기름을 덜 먹는다.

채소에 따라 어울리는 기름이 다르다

당근, 피망처럼 비타민 A가 풍부한 채소는 식용유에 참기름을 조금 섞어 볶으면 맛이 좋다. 고사리나 토란대 같은 묵은 나물은 들기름이 잘 어울린다.

빠르게 볶아야 물이 생기지 않는다

오래 볶으면 물이 생겨 보기에 좋지 않을 뿐 아니라 기름을 많이 흡수해 느끼하고 영양소도 파괴된다. 팬이 뜨겁게 달궈지면 채소를 넣고 재빨리 볶는다.

뚜껑을 열고 볶는다

뚜껑을 덮으면 채소의 색깔이 누렇게 변한다. 뚜껑을 열고 중간 불에서 볶는다. 호박이나 당근, 피망, 양파 등 비타민이 풍부한 채소는 푹 익히지 말고 살캉거릴 정도로 볶아야 영양소 파괴도 적다.

녹색 채소는 마지막에 넣는다

여러 채소를 함께 볶을 때는 더디 익는 것부터 넣어 볶는다. 특히 연한 녹색 채소나 오이처럼 수분이 많은 채소는 맨 마지막에 넣어야 색이 선명하고 물이 생기지 않는다.

마지막에 간을 한다

볶으면서 간을 할 때는 마지막에 간을 맞춰 바로 먹을 수 있게 한다. 미리 간을 하면 채소에서 물기가 생겨 맛도 모양도 떨어진다.

감자나 고구마는 물에 담가 녹말을 뺀다

감자, 고구마같이 녹말이 많은 채소는 볶을 때 서로 달라붙거나 팬에 눌어붙기 쉽다. 용도에 맞게 썬 뒤 물에 담가 녹말을 빼고 물기를 닦아 볶는다. 달라붙거나 눌어붙지 않고 깔끔하게 볶을 수 있다.

고기볶음

잔 칼집을 넣는다

센 불에서 재빨리 볶아야 해서 고기가 두꺼우면 속이 덜 익을 수 있다. 고기를 얇게 썰거나 잔 칼집을 많이 넣어 속까지 충분히 익힌다.

기름을 조금만 쓴다

기름을 많이 두르고 볶으면 고기의 맛을 제대로 느낄 수 없고 칼로리가 지나치게 높아진다. 고기에서 나오는 기름으로도 충분하므로 조금만 넣는다.

센 불에서 재빨리 볶는다

센 불에서 나무주걱이나 나무젓가락으로 재빨리 저으면서 볶는다. 센 불에서 볶으면 육즙이 흘러나오지 않아 맛있고, 빠르게 저으면 재료에서 나오는 물기가 증발한다. 중국요리를 하듯이 팬을 흔들면서 주걱으로 저으면 효과가 크다.

양념한 고기는 따로 볶는다

양념한 고기를 채소와 함께 볶을 때는 따로 볶아서 섞어야 골고루 잘 익고 채소의 색이 선명하다. 고기를 먼저 볶아낸 뒤, 채소를 볶다가 볶은 고기를 다시 넣어 함께 볶는다.

수분이 많은 채소는 데쳐서 넣는다

수분이 많은 채소를 고기와 함께 볶을 때는 채소를 미리 데쳐 물기를 짜둔다. 그러지 않으면 채소에서 물이 나와 음식 맛과 모양이 떨어진다. 고기를 볶다가 마지막에 데친 채소를 넣어 재빨리 볶아내면 물이 나오지 않아 맛있다.

재료가 80% 익었을 때 간을 한다

불고기처럼 미리 양념에 재어둔 고기는 그대로 볶기만 하면 되지만, 볶으면서 간을 할 경우에는 재료가 80% 정도 익었을 때 간을 맞춘다. 소금은 골고루 뿌리고, 간장은 팬의 가장자리에 떨어뜨려 섞는 것이 요령이다.

전

옷을 입혀 부치기도 하고, 한꺼번에 반죽해 부치기도 해요.
어느 것이든 기름을 넉넉히 두르고 노릇하게 부치는 게 맛의 비결이에요.

옷을 입혀서 부치는 전

물기를 뺀다
재료에 물기가 있으면 밀가루가 너무 많이 묻어 맛이 없을 뿐 아니라 부칠 때 기름이 튈 수 있다. 씻어서 탈탈 털거나 종이타월로 눌러 물기를 닦는다.

두부는 소금을 뿌려둔다
두부는 기름이 많이 튀므로 물기를 쪽 빼야 한다. 넓적하게 썰어 소금을 뿌려두었다가 물기가 배어 나오면 종이타월로 가만히 눌러 물기를 닦는다. 밀가루를 조금 뿌려두었다가 부치면 좋다.

생선전은 흰 살 생선을 쓴다
생선전은 동태, 대구, 가자미 등 흰 살 생선을 써야 담백하고 맛있다. 포를 떠서 한입 크기로 저며 부친다.

고기는 익혀서 부친다
고기처럼 누린내가 나거나 질긴 재료는 미리 익혀서 부쳐야 제맛이 난다. 너무 많이 익히면 질겨지므로 부칠 때는 전옷이 익을 정도로만 살짝 부친다.

밑간을 한다
양념장에 찍어 먹더라도 재료를 소금 등으로 밑간해 부쳐야 맛있다. 특히 고기는 간이 배도록 잠시 재는 것이 좋다.

소의 재료를 미리 익힌다
피망전, 오징어전 등 소를 채워 부치는 전은 소의 재료를 미리 익혀서 넣어야 겉 재료와 잘 어우러지고 조리 시간도 줄어든다. 한 면에만 달걀옷을 입혀 소를 채운 면부터 살짝 부친다.

밀가루를 바르고 소를 채운다
소를 넣을 때는 겉 재료에 밀가루를 살짝 바르고 넣어야 소가 잘 붙는다. 썰었을 때 보기 좋도록 소의 색에도 신경 쓴다.

적을 만들 때는 고기를 조금 길게 썬다
꼬치에 꿰어 부치는 적은 재료의 길이를 똑같이 맞춰야 보기 좋다. 보통 1cm 두께, 6~7cm 길이로 써는데, 고기는 익으면서 줄어들기 때문에 다른 재료보다 조금 길게 썰어야 한다.

꼬치 양쪽 끝에 고기를 꿴다
꼬치에 재료를 꿸 때는 양쪽 끝에 고기를 꿴다. 고기가 익으면서 오그라들어 꼬치를 꽉 물기 때문에 재료가 꼬치에서 빠지지 않는다.

전옷을 골고루 입힌다
전옷을 고루 입혀야 모양이 예쁘다. 밀가루를 앞뒤로 골고루 묻혀 여분의 가루를 털어낸 뒤 달걀을 입힌다. 밀가루 반죽을 입힐 때도 반죽이 뭉치지 않도록 얇게 묻힌다. 특히 적을 부칠 때는 전옷을 얇게 입혀야 각 재료의 색이 살아 보기 좋다.

치자 우린 물로 색을 낸다
달걀옷의 색이 예쁘게 살지 않는 경우, 달걀물에 치자 우린 물을 섞으면 노란빛이 곱게 난다. 치자 2~3개를 1컵 정도의 물에 담가놓아 치자물이 노랗게 우러나면 그 물을 고운체에 밭쳐 쓴다.

식혀서 담는다
전을 뜨거울 때 겹쳐 담으면 서로 달라붙어 전옷이 벗겨지기 쉽다. 넓은 채반에 겹치지 않게 담아 식힌 다음 접시에 담아야 모양이 망가지지 않는다.

반죽해서 부치는 전

재료를 굵게 다진다
재료를 다져서 전을 부칠 때는 굵게 다져 씹는 맛을 살린다. 물기가 많은 재료는 꼭 짜서 반죽해야 타지 않고 깔끔하게 부쳐진다.

빨리 익는 것은 크게, 더디 익는 것은 작게 썬다
재료마다 익는 속도가 다르므로 채소, 해물 등 여러 재료를 섞어 전을 부칠 때는 주의해야 한다. 빨리 익는 것은 크게, 더디 익는 것은 작게 썰어야 고르게 익는다.

걸쭉하게 반죽한다
반죽이 너무 되면 부드러운 맛이 떨어지고, 너무 묽으면 모양을 내기 어렵고 씹는 맛이 없다. 재료를 넣고 고루 섞은 뒤 국자로 반죽을 떨어뜨려 보아 뚝뚝 떨어지는 정도가 알맞다.

기름을 넉넉히 두른다
기름이 고루 배어야 고소하고 색깔도 먹음직스럽다. 팬에 기름을 넉넉히 두르고 충분히 달군 뒤, 반죽을 넣어 꾹꾹 눌러가며 노릇하게 부친다. 도중에 기름을 더 넣을 때는 팬 가장자리로 돌려 넣는다.

두껍지 않게 부친다
전이 너무 두꺼우면 고소한 맛이 제대로 살지 않고, 너무 얇으면 깊은 맛이 나지 않는다. 특히 고기전은 너무 두꺼우면 속까지 익지 않는다. 겉이 노릇노릇하면서 속이 잘 익도록 두께에 신경 쓴다.

두께에 따라 불의 세기를 조절한다
전은 짧은 시간에 색과 맛을 내야 하므로 불 조절이 중요하다. 불의 세기는 전의 두께에 따라 조절한다. 파전같이 도톰하게 부치는 전은 중간 불을 유지해야 속까지 충분히 익는다. 색깔을 살려야 하거나 재료를 미리 익혔다면 약한 불로 부친다.

한쪽 면이 익으면 뒤집는다
한쪽 면이 완전히 익은 뒤에 뒤집어야 기름이 번들거리지 않고 깔끔하다. 여러 번 뒤적이면 기름을 지나치게 흡수해 느끼한 맛이 난다. 한쪽 면이 2/3 정도 익었을 때 뒤집으면 알맞다.

밀전병은 젓가락으로 뒤집는다
얇은 지단이나 밀전병을 부칠 때는 나무젓가락으로 뒤집는다. 뒤집개로 뒤집으면 찢어지기 쉽다. 젓가락으로 전의 가장자리를 살짝 들어 올린 뒤, 젓가락을 끝까지 집어넣고 가운데를 들어 뒤집는다.

---

plus

자주 쓰는 기름의 종류

콩기름
콩은 필수지방산인 리놀산이 50%나 들어 있어 콜레스테롤을 줄이고 성인병을 예방한다. 비타민 E가 풍부해 피부 미용과 노화 방지 효과도 좋다. 안정성이 낮아 오래되면 나쁜 냄새가 나는 단점이 있지만, 맛이 깔끔하고 발연점이 높아 여러 요리에 두루 쓰인다. 특히 전이나 부침에는 다른 기름보다 더 잘 어울린다.

포도씨유
발연점이 250℃로 튀김이나 부침 등 고온 요리에 알맞다. 맛이 산뜻하고 기름 특유의 느끼한 냄새가 없어 음식 맛이 담백하다. 잘 타지 않고 산패 속도가 느려 오래 보관할 수 있다.

올리브유
올리브 열매를 눌러서 짜낸 기름으로 특유의 향과 맛이 있다. 콜레스테롤을 줄이는 단순불포화지방산이 많아 몸에 좋다. 올리브유 중 향이 좋고 발연점이 낮은 엑스트라 버진은 샐러드드레싱에 쓰고, 부침이나 튀김에는 향이 거의 없고 발연점이 높은 퓨어 올리브유를 쓴다.

아보카도유
아보카도의 씨와 껍질, 과육을 압착해 뽑은 기름으로 녹색을 띤다. 불포화지방산인 올레인산이 많이 들어 있어 비만과 성인병 예방 효과가 있고, 칼륨과 비타민이 풍부해 고혈압 예방과 피부 미용에도 좋다. 부침이나 튀김에 적합하며 샐러드드레싱에도 쓴다.

바삭함을 살리는 게 포인트예요.
재료 준비부터 튀김옷 만들기, 기름 빼기까지 눅눅해지지 않도록 신경 써야 합니다.

기본 요령

재료를 밑간해 차게 준비한다
양념장에 찍어 먹더라도 재료에 간이 고루 배어야 맛있다.
소금과 후춧가루로 밑간을 한다. 또 재료를 냉장고에 넣어
차게 준비해 튀기면 한결 바삭하다.

물기를 없앤다
재료에 물기가 있으면 튀기는 동안
튀김옷이 벗겨지고 눅눅해질 뿐 아니
라 기름이 튀기 쉽다. 특히 소금으로
밑간하면 재료에서 물기가 나오므로
꼭 닦아내고 튀겨야 한다. 종이타월
로 물기를 닦고, 튀김옷을 입히기 전에 밀가루를 묻힌다.

튀김옷은 튀기기 직전에 만든다
튀김옷을 미리 만들어두면 끈기가
생겨 튀김이 눅눅해질 수 있다. 튀기
기 전에 바로 만들어야 바삭하게 튀
겨진다. 튀김옷이 너무 되면 두껍게
입혀지므로 조금 흐를 정도로 만든다.

달걀옷은 물을 섞는다
달걀옷을 입힐 때 달걀만 풀면 뭉치고 미끈거려 잘 묻지 않
는다. 물을 조금 섞으면 골고루 잘 묻는다.

튀김옷을 얇게 입힌다
튀김옷이 두꺼우면 기름을 많이 흡
수해 바삭한 맛이 떨어진다. 튀김옷
을 얇게 골고루 묻힌다. 밀가루 등을
묻힐 때는 빈틈없이 꼼꼼하게 묻힌
뒤 여분의 가루를 털어낸다. 달걀도
골고루 적셔야 빵가루가 고르게 잘 붙어 맛있게 튀겨진다.

빵가루를 입힐 때는 잠시 두었다가 튀긴다
빵가루를 묻혀 튀길 때 기름에 바로 넣으면 빵가루가 다 떨
어진다. 빵가루가 촉촉하게 붙을 때까지 잠시 두었다가 튀
긴다.

기름은 넉넉히, 재료는 조금씩 넣는다
재료를 한꺼번에 많이 넣으면 기름
온도가 내려가 눅눅하게 튀겨진다.
기름을 넉넉히 붓고 기름을 절반 정
도 덮을 만큼만 재료를 넣는다. 특히
냉동식품은 기름의 온도를 많이 떨
어뜨리므로 아주 조금씩만 넣어 튀긴다. 재료를 넣을 때는
가장자리로 하나씩 밀어 넣는다.

기름 온도는 160~180℃가 알맞다
튀김의 맛은 기름 온도에 달렸다고 해도 과언이 아니다.
온도가 높으면 속이 익지 않고, 온도가 낮으면 기름을 많
이 흡수해 느끼해진다. 기름 온도는 재료에 따라 조금씩
다르지만 보통 160~180℃가 알맞다. 튀김옷을 넣어보아
바로 떠오르면 적당한 온도가 된 것이다.

기름 온도를 유지한다
기름 온도를 일정하게 유지해야 튀김이 맛있다. 한 번 튀
겨낸 뒤에는 잠시 기다렸다가 온도가 다시 올라가면 재료
를 넣는다. 반대로 기름 온도가 너무 올라가면 새 기름을
부어 온도를 낮춘다.

두 번 튀긴다
한 번에 속까지 익히려다 보면 속이 익기 전에 튀김옷이 타
버릴 수 있다. 처음에 70% 정도만 익혀 기름을 뺀 뒤 다시
한번 튀기면 겉은 바삭하고 속은 부드러운 튀김이 된다.
특히 고기는 꼭 두 번 튀긴다. 미리 한 번 튀겨두었다가 상
에 내기 직전에 다시 튀기는 것이 좋다.

기름을 뺀다
튀김은 기름을 잘 빼야 바삭함이 오
래간다. 기름을 빼지 않으면 눅눅해
진다. 튀겨서 망이나 종이타월에 올
려둔다.

재료 준비하기

깻잎 씻어 물기를 뺀 뒤 종이타월로 눌러 물기를 닦는다.

고추 통째로 튀길 때는 이쑤시개로 찔러 구멍을 낸다. 그러지 않으면 속의 공기가 빠져나오지 못해 기름이 튄다.

감자·고구마 물에 담가 녹말을 뺀 뒤 물기를 닦는다.

두부 소금을 뿌려두었다가 물기가 배어 나오면 종이타월로 가만히 눌러 닦는다.

생선 우유에 담가 비린내를 뺀 뒤 물기를 닦는다.

오징어 껍질과 살 사이에 물이 고여 있다. 껍질을 벗기고 안쪽의 얇은 막도 깨끗이 벗겨낸다.

새우 꼬리 위쪽의 뾰족한 물집을 잘라내고 꼬리 끝부분도 긁어낸다.

닭다리 살이 두꺼우므로 속까지 잘 익도록 칼집을 깊숙이 넣는다.

쇠고기·돼지고기 두툼한 고기는 방망이로 자근자근 두들겨 편 뒤 튀김옷을 입힌다.

튀김옷 만들기

얼음물로 갠다
튀김옷을 얼음물로 개면 바삭한 튀김을 만들 수 있다. 달걀 1개에 얼음물을 섞어 1컵을 만든 뒤 밀가루 1컵을 넣어 섞으면 알맞다. 밀가루도 냉장고에 넣어 차게 준비한다.

밀가루를 마지막에 섞는다
밀가루를 미리 넣으면 많이 휘젓게 되어 끈기가 생긴다. 달걀을 완전히 푼 뒤 물을 섞고 마지막에 밀가루를 조금씩 섞는다. 글루텐이 적은 박력분을 쓰면 끈기가 덜 생긴다.

밀가루를 체에 친다
밀가루를 체에 치면 공기 함유량이 많아져 한결 바삭해진다. 녹말가루를 섞으면 더 바삭하다. 튀김옷을 입힐 때 밀가루 대신 녹말가루를 살짝 묻혀도 좋다.

대강 섞는다
밀가루가 듬성듬성 보일 정도로 젓가락으로 툭툭 치듯이 가볍게 섞는다. 너무 휘저으면 끈기가 생겨 튀김이 눅눅해진다.

기름 온도 맞추기

채소는 160~170℃에서 튀긴다
채소는 저온에서 튀긴다. 튀김옷을 떨어뜨렸을 때 거품이 적고 튀김옷이 바닥까지 가라앉았다가 떠오르면 160℃ 정도의 저온이다.

생선, 고기는 170~180℃에서 튀긴다
생선과 고기는 중온에서 튀겨야 속까지 잘 익는다. 튀김옷을 떨어뜨렸을 때 중간까지 가라앉았다가 떠오르면 170℃ 정도의 중온이다.

굴은 200℃에서 튀긴다
굴처럼 잘 익는 재료는 고온에서 튀겨야 기름을 많이 흡수하지 않아 맛있다. 튀김옷을 떨어뜨리자마자 소리가 크게 나면서 곧바로 떠오르면 190℃ 이상의 고온이다.

맛있고 영양 많고 만들기도 쉬워 누구에게나 사랑받는 요리예요.
기본 조리법을 알아두면 다양하게 응용할 수 있어요.

삶은 달걀

실온에 두었다가 삶는다
달걀을 냉장고에서 꺼내 바로 삶으면 온도가 급격히 올라가면서 껍데기가 깨진다. 미리 꺼내두거나 물에 잠시 담가두었다가 삶는다.

소금이나 식초를 넣는다
물을 충분히 붓고 소금이나 식초를 넣어 삶는다. 소금과 식초는 단백질을 응고시키기 때문에 껍데기에 금이 가도 흰자가 금방 굳어 흘러나오지 않는다.

굴리면서 삶는다
잘랐을 때 노른자가 가운데에 있어야 보기 좋다. 물이 끓어 흰자가 어느 정도 단단해질 때까지 살살 굴리면서 삶는다.

반숙은 5분, 완숙은 8분 삶는다
달걀은 얼마나 익었는지 보이지 않기 때문에 시간을 재면서 삶아야 실패하지 않는다. 반숙은 물이 끓기 시작해 5분, 완숙은 8분 정도 삶는다.

찬물에 식혀야 잘 벗겨진다
달걀을 삶으면 달걀 속의 탄산가스 때문에 부풀어 흰자와 껍데기가 붙어버린다. 시간이 지나면 떨어지지만, 삶아서 곧바로 찬물에 담가 식히면 더 잘 벗겨진다. 달걀이 잔열로 더 익지 않고 하고, 노른자 주위가 거무스름하게 변하는 것도 막을 수 있다.

수란

끓는 물에 식초를 넣는다
달걀을 깨뜨려 끓는 물에 담가 익히는 수란은 흰자가 퍼져 모양을 잡기가 쉽지 않다. 끓는 물에 식초를 넣으면 흰자가 흩어지기 전에 단단해져 모양이 예쁘게 된다. 3분 정도 익힌 뒤 꺼내어 찬물에 담가 식힌다.

국자에 담아 익히면 쉽다
달걀을 국자에 담아 익히면 쉽다. 처음에는 국자 밑면만 담가 익히다가 흰자가 엉기기 시작하면 달걀이 완전히 잠기게 담가 마저 익힌다.

달걀찜

알끈을 떼어낸다
달걀의 알끈을 떼어내면 한결 부드럽다. 숟가락으로 떠내거나 나무젓가락으로 건진다.

지나치게 많이 젓지 않는다
달걀을 풀 때 너무 많이 저으면 끈기가 없어져 충분히 부풀어 오르지 않고 거품이 생겨 질감도 거칠다. 거품이 일지 않도록 얌전히 저어 푼다.

다시마국물을 섞는다
달걀에 다시마국물을 섞으면 더 맛있다. 달걀과 국물을 1:3으로 섞는다. 국물을 너무 조금 넣으면 달걀찜이 단단하고, 너무 많이 넣으면 묽어진다.

체에 내린다
달걀을 잘 풀어 두 번 정도 체에 내리면 달걀찜이 매끄럽게 된다. 체에 남은 미끈미끈한 점액은 버린다.

중간 불에서 뚜껑을 조금 열고 찐다

센 불에 찌면 기포가 생기고, 이 기포가 빠져나가지 못해 구멍이 생긴 채로 익는다. 물이 팔팔 끓지 않는 정도로 불을 유지해 100℃의 증기로 찐다. 뚜껑을 조금 열어 찜솥 안의 온도가 지나치게 올라가지 않도록 조절하는 것도 좋다.

달걀 그릇에 뚜껑을 덮는다

달걀을 찔 때 찜솥 뚜껑에 맺힌 물방울이 달걀에 떨어지면 윗면이 거칠어져 예쁘지 않다. 달걀을 담은 그릇에 뚜껑이나 종이타월을 덮는다.

달걀말이

나눠 부으면 고르게 익는다

달걀을 처음에 다 붓지 말고 말면서 끝부분에 조금씩 더 부어 여러 번 만다. 전체가 고르게 익어 도톰하고 부드러운 달걀말이가 된다.

반쯤 익으면 만다

달걀이 완전히 익은 다음에 말면 말린 면이 붙지 않아 달걀말이가 풀어진다. 윗면이 반 정도 익으면 말기 시작한다.

뜨거울 때 모양을 잡는다

달걀말이를 반듯하게 만들려면 뜨거울 때 김발에 말아 모양을 잡아야 한다. 식으면 모양을 잡기 어렵다.

지단

팬을 충분히 달군다

달걀을 부었을 때 온도가 지나치게 내려가지 않도록 팬을 충분히 달군다. 젓가락에 달걀을 묻혀 팬에 대보아 달걀이 바로 익으면 알맞게 달궈진 것이다.

기름을 닦아낸다

팬에 기름이 많으면 부친 면이 울퉁불퉁 거칠어진다. 달군 팬에 기름을 두르고 종이타월로 살짝 닦아낸다. 기름을 얇고 고르게 둘러야 매끄럽게 부쳐진다.

젓가락으로 뒤집는다

윗면이 반쯤 익으면 뒤집는데, 뒤집개로 뒤집으면 찢어지기 쉽다. 젓가락으로 지단의 가장자리를 돌려 들춘 뒤, 밑으로 넣고 가만히 들어 올려 뒤집는다.

스크램블드에그

약한 불에서 익힌다

달군 팬에 버터를 녹이고 달걀을 풀어 넣어 약한 불에서 익힌다. 코팅된 팬을 써야 눌어붙지 않는다.

익기 전에 휘젓는다

달걀을 붓고 젓가락으로 재빨리 휘저으면서 익힌다. 반 정도만 익혀야 부드럽다.

오믈렛

우유를 섞는다

달걀에 우유를 섞으면 부드럽고 촉촉하다. 달걀 1개에 우유 1숟가락 정도를 섞으면 알맞다. 소금을 넣으면 단단해지고, 설탕을 넣으면 폭신해진다.

익기 전에 모양을 잡는다

달걀을 붓고 젓가락으로 휘저어 몽글몽글해지면 재빨리 팬을 기울여 가장자리로 모으면서 반달 모양으로 접는다. 약한 불에서 앞뒤로 서서히 익혀야 맛있다.

---

plus

온천달걀처럼 삶으려면?

달걀의 흰자와 노른자는 응고하는 온도가 다르다. 흰자는 약 60℃에서 응고하기 시작해 80℃에서 완전히 굳고, 노른자는 약 65℃에서 응고하기 시작해 70℃ 이상 되어야 완전히 굳는다. 이것이 일본 온천달걀의 원리다. 달걀을 70℃ 정도의 물에 30분간 넣어 두면 노른자는 반숙처럼 되고, 흰자는 반만 응고해 부드러운 온천달걀의 맛을 느낄 수 있다.

맛있는 국에 밥을 말아 먹으면 반찬이 없어도 충분해요.
국물 음식이니 국물은 넉넉하게, 간은 조금 약하게 하는 게 좋아요.

된장국

쌀뜨물로 끓인다
된장국은 국물이 말갛게 겉돌면 맛이 없어 보인다. 쌀뜨물로 끓이면 쌀뜨물의 녹말이 된장 입자와 결합해 된장이 국물에 잘 어우러진다. 쌀을 비벼 씻어 두 번 정도 헹군 뒤 받은 물을 쓴다. 쌀뜨물 대신 밀가루를 조금 풀어도 비슷한 효과가 난다.

된장과 고추장을 섞어 넣는다
된장과 고추장을 5:1 정도로 섞으면 맛있다. 고추장은 구수함을 살리지만, 너무 많이 넣으면 된장 맛이 나지 않고 텁텁해지므로 조금만 넣는다. 된장을 푼 뒤 고추장을 넣는다.

된장을 체에 걸러 푼다
된장을 체에 걸러 풀면 국물 맛이 깔끔하다. 체를 국물에 담그고 숟가락으로 으깨면서 푼 뒤 찌꺼기는 버린다. 반면 구수한 맛을 내려면 체에 거르지 않는다. 그릇에 국물을 조금 덜어 된장을 고루 푼 뒤 국물에 넣어 섞는다.

재료에 따라 된장을 넣는 때가 다르다
빨리 끓여야 하는 연한 채소로 끓일 때는 된장을 풀어 국물을 낸 뒤 채소를 넣어야 국물이 맛있다. 반면 오래 끓여야 하는 채소로 끓일 때는 채소를 먼저 넣어 끓이다가 어느 정도 익으면 된장을 푼다.

약한 불에서 은근하게 끓인다
국물이 끓기 시작하면 불을 약하게 줄이고 구수한 냄새가 나면 불을 끈다. 너무 오래 끓이거나 센 불에서 끓이면 된장 맛이 사라진다.

맑은장국

국물을 넉넉하게 붓는다
콩나물국, 미역국 등의 맑은장국은 시원한 국물 맛이 중요하다. 건더기는 국의 맛을 낼 정도로 넣고 국물을 넉넉히 부어 끓이는 것이 좋다. 1인분에 1컵 반 정도 잡으면 알맞다.

국간장을 쓴다
국을 끓일 때는 국간장을 쓴다. 조림 등에 쓰는 양조간장은 단맛이 있어 국물 맛이 들척지근해지고 국물의 색도 진해져 좋지 않다. 국간장이 없으면 멸치액젓을 조금 넣어도 된다.

간장으로 색을 내고, 소금으로 간한다
맑은장국은 간장이 알맞게 들어가야 국물의 맛과 색이 좋다. 간장은 국물이 끓기 시작할 때 넣는데, 많이 넣으면 국물 색이 어두워지므로 색깔이 날 정도만 넣고, 부족한 간은 다 끓인 뒤 소금으로 맞춘다.

간을 조금 싱겁게 맞춘다
뜨거운 국물은 싱겁게 느껴지기 때문에 팔팔 끓을 때 알맞다고 느껴지게 간을 하면 막상 먹을 때는 짜다. 끓일 때 조금 싱겁게 간을 한다.

매운맛을 내려면 고추를 넣는다
얼큰한 맛을 내기 위해 고춧가루를 넣으면 국물이 탁해진다. 국이 거의 다 끓었을 때 청양고추나 붉은 고추를 넣으면 깔끔하면서 칼칼한 맛을 낼 수 있다.

곰국

고기를 찬물에 담가 핏물을 뺀다
고기나 사골에 핏물이 배어 있으면 국물이 탁하고 누린내가 난다. 찬물에 30분 정도 담가 핏물을 빼낸 뒤 끓인다.

고기를 덩어리째 끓인다
곰국용 고기는 덩어리째 손질해서 끓여야 충분히 우러나와 국물이 맛있고 고기도 연하다. 젓가락으로 찔러서 핏물이 나오지 않으면 건져서 찢거나 썰어 국에 다시 넣는다.

처음 삶은 물은 버린다
한 번 삶아서 고기만 건져내고 국물을 버린다. 그런 다음 다시 새 물을 붓고 끓여야 국물이 깨끗하고 뽀얗다.

향신채소를 넉넉히 넣는다
대파, 마늘, 양파 등의 향신채소를 넉넉히 넣고 끓이면 누린내를 없앨 수 있다. 시원한 맛을 더하려면 무를 큼직하게 썰어 넣는다. 돼지 뼈로 끓일 때는 생강을 넣기도 한다.

3시간 이상 푹 끓인다
곰국은 3시간 이상 푹 고아 우려내야 한다. 처음에는 센 불에서 끓이다가 국이 팔팔 끓으면 불을 줄여 뭉근히 끓인다. 불이 너무 세면 위아래가 뒤섞여 국물이 탁해지고, 너무 약하면 고기가 충분히 우러나지 않는다.

끓이는 동안 거품을 떠낸다
끓이는 도중에 떠오르는 거품은 떠서 버린다. 거품을 자주 떠내야 누린내가 나지 않는다.

국물을 식혀 기름을 걷어낸다
기름이 많으면 국이 끈적이고 지저분하다. 고기의 지방을 떼어내고 끓여도 끓으면서 기름이 또 생긴다. 다 우린 뒤에 차게 식히면 기름이 굳는데 이때 걷어내면 쉽게 없앨 수 있다.

따뜻하게 상에 낸다
국물이 너무 뜨겁거나 차면 제맛을 즐길 수 없다. 후후 불어가면서 먹을 수 있을 만큼 따뜻한 정도가 가장 알맞다.

냉국

간장, 식초, 설탕으로 맛을 낸다
새콤달콤한 냉국은 간장, 식초, 설탕을 잘 섞어 국물 맛을 낸다. 간장과 식초는 같은 양을 넣고 설탕은 그 양의 반 정도 넣으면 알맞다. 물은 한 번 끓여서 식힌 물을 쓰고, 간장은 국간장과 양조간장을 섞어 쓴다.

건더기를 따로 간해 섞는다
냉국은 국물에 건더기를 넣고 함께 끓이는 국과 달라 국물에만 간을 해서는 건더기에 맛이 잘 배지 않는다. 건더기를 따로 간장, 참기름, 마늘 등으로 양념해 간을 한 국물과 섞는다. 건더기에도 간이 있으니 국물은 조금 싱겁게 만든다.

차게 먹으려면 국물을 살짝 얼린다
냉국을 더 시원하기 먹기 위해 얼음을 넣으면 얼음이 녹으면서 국물이 싱거워진다. 얼음을 넣는 대신 간을 맞춘 국물을 냉동실에 넣어 살짝 얼렸다가 건더기를 섞으면, 시간이 지나도 시원하면서 간이 맞는 냉국을 즐길 수 있다.

plus

해장국을 시원하게 끓이려면?

생선 해장국은 무를 우려 끓인다
생선으로 해장국을 끓일 때는 무를 먼저 넣고 끓이는 것이 요령이다. 두툼하게 썬 무를 우려 국물을 낸 뒤 생선을 넣으면 국물이 한결 시원하다.

북어는 부드럽게 만들어 찢는다
북어는 해장국에 많이 쓰는 재료다. 북어포는 물에 담가 불리고, 통북어는 방망이로 두들겨 부드럽게 만든 뒤 먹기 좋게 찢는다. 북어를 손질하기 번거로우면 북어채를 쓴다.

청양고추는 마지막에 넣는다
얼큰한 국물 맛을 내려면 매운맛이 강한 청양고추를 조금 넣는다. 국이 거의 끓었을 때 마지막에 넣으면 시원하고 칼칼한 해장국이 된다.

<table>
<tr><td>

찌개·전골

</td><td>

재료와 조리법에 따라 다양한 맛을 즐길 수 있는 국물 요리예요.
조리 포인트를 알면 좀 더 깊은 맛을 낼 수 있어요.

</td></tr>
</table>

기본 요령

바특하게 끓인다

찌개는 국물이 멀거면 맛이 없어 보인다. 건더기를 많이 넣고 건더기가 잠길 듯 말 듯하게 물을 부어 조금 바특하게 끓인다.

센 불로 끓인 뒤 불을 줄인다

처음에 센 불에서 팔팔 끓이다가 끓어오르면 불을 약하게 줄인다. 은근하게 끓이면 국물이 잘 우러난다. 끓으면서 생기는 거품을 수시로 걷어내면 국물이 깔끔하다.

재료가 익은 뒤에 간을 맞춘다

찌개는 끓으면서 국물이 줄고 맛이 점점 변한다. 처음에는 기본 간만 하고 재료들이 어느 정도 익으면 제대로 맞춘다.

고기는 처음부터, 생선은 나중에 넣는다

고기로 끓일 때는 고기를 볶다가 물을 부어 끓여야 국물이 잘 우러난다. 반면 생선은 국물이 끓을 때 넣어야 살이 부서지지 않고 제맛이 산다. 생선에 소금을 살짝 뿌려두었다가 넣으면 살이 단단해져 모양이 좋고 속까지 간이 배어 맛있다.

두부는 불을 끄기 전에 넣는다

두부는 오래 끓이면 고소한 맛이 떨어진다. 불을 끄기 직전에 넣고 휘젓지 않는다. 손바닥에 올려놓고 바로 썰어 넣으면 편하다.

파, 마늘은 마지막에 넣는다

파와 마늘은 찌개가 거의 다 끓었을 때 넣는다. 향이 날아가기 때문이다.

된장찌개

쌀뜨물로 끓인다

쌀뜨물로 끓이면 된장 입자가 잘 엉겨 더 구수하다. 두세 번 씻은 깨끗한 쌀뜨물을 쓴다.

된장을 알맞게 푼다

된장을 너무 많이 넣으면 짜고 너무 적게 넣으면 묽어서 맛이 없다. 보통 물 1컵에 된장 2작은술 정도면 알맞다.

국물을 내서 끓이면 깊은 맛이 난다

멸치나 조개, 다시마, 쇠고기로 국물을 낸 다음 된장을 풀어 끓이면 깊은 맛이 난다. 미리 만들어둔 국물을 써도 좋다.

뚝배기에 끓이면 좋다

찌개가 식으면 맛이 떨어진다. 열이 천천히 식는 뚝배기에 끓이면 오랫동안 맛있게 먹을 수 있다.

고추장찌개

짧게 끓여야 개운하다

고추장찌개는 푹 끓이면 텁텁한 맛이 난다. 팔팔 끓여 재료가 국물에 잠길 정도로 익으면 불에서 내린다. 된장찌개와 마찬가지로 쌀뜨물로 끓이면 구수하다.

고추장을 미리 양념하면 맛있다

고추장에 파, 마늘 등을 넣어 미리 양념하면 찌개 맛이 한결 좋다. 고추장을 많이 넣으면 텁텁하므로 고추장은 간이 맞을 정도로만 풀고 매운맛은 고춧가루로 낸다.

매운탕

신선한 재료를 쓴다
생선이나 해물로 끓이는 매운탕은
재료가 신선해야 잡냄새가 없고 단
맛이 난다. 재료를 말끔히 손질하는
것도 중요하다.

고춧가루로 매운맛을 낸다
고춧가루로 매운맛을 내야 개운하고 얼큰하다. 입맛에 따
라 고추장과 함께 넣기도 한다.

향신채소를 넉넉히 넣는다
쑥갓, 미나리, 대파 등의 향신채소와
무를 넣으면 국물이 개운하다. 마늘
과 생강을 넣으면 양념 맛이 진해지
고 비린내도 없어진다. 양파는 달착
지근한 맛이 얼큰하고 시원한 맛을
방해하므로 넣지 않는다.

맑은탕

기름이 적은 생선을 쓴다
맑고 개운한 국물 맛을 내는 게 중요하다. 대구, 도미 등 기
름이 적은 생선으로 끓인다.

거품을 걷어낸다
끓으면서 생기는 거품을 수시로 걷
어내야 깨끗한 맛을 낼 수 있다. 뚜
껑을 연 채 끓이면 비린내가 날아가
며, 청주나 생강즙을 넣는 것도 비린
내를 없애는 데 도움이 된다.

마늘을 넣지 않는다
마늘, 간장, 고춧가루 등 자극적이거나 색깔이 있는 양념
을 넣지 말아야 깔끔하고 시원하다. 간도 소금으로 한다.

김치찌개

신 김치로 끓여야 맛있다
김치찌개가 맛있으려면 김치가 맛있어야 한다. 조금 시어
진 김치로 끓이는 것이 맛있다.

돼지고기와 잘 어울린다
지방이 알맞게 붙어 있는 돼지고기를
넣고 끓이면 맛이 잘 어우러진다. 돼
지등뼈국물을 쓰면 진한 맛이 나는데,
이때 향신채소와 청주를 넉넉히 넣어
잡냄새를 없애는 것이 중요하다. 참치

통조림을 넣을 때는 통조림에 들어 있는 기름으로 김치를 볶
다가 국물을 부어 끓이면 부드럽고 감칠맛이 난다.

전골

전골냄비를 준비한다
전골은 갖가지 재료를 가지런히 담
아 끓이는 요리다. 여러 재료를 둘러
담을 수 있도록 넓고 깊지 않은 냄비
를 쓰는 것이 좋다.

재료의 크기를 맞춘다
여러 재료를 옆옆이 담기 때문에 재
료의 크기를 고르게 맞춰야 보기 좋
다. 4~5cm 길이로 썰면 알맞다.

여린 채소는 나중에 넣는다
재료마다 익는 시간이 다르다. 단단해 잘 익지 않는 재료
는 미리 넣거나 살짝 데쳐서 넣고 쑥갓, 미나리 등 빨리 익
는 재료는 먹기 직전에 넣는다.

고기는 양념해서 넣는다
고기를 미리 양념해 넣으면 국물 맛이 더
좋다. 국물 낸 고기도 양념해서 넣는다.

미나리, 미더덕으로 시원한 맛을 낸다
해물전골에 미나리와 콩나물, 미더덕을 넣으면 시원하다.
콩나물을 전골에 넣을 때는 머리와 꼬리를 떼어야 깔끔하
며, 뚜껑을 덮고 끓여야 비린내가 나지 않는다.

재료에 따라 어울리는 국물이 다르다
주재료가 고기나 채소이면 쇠고기나 사골로 국물을 우리
는 것이 맛있다. 주재료가 해물이면 다시마나 멸치, 조개
로 국물을 내야 개운하고 담백하다. 국물은 요리하기 직전
에 만들어야 맛과 향이 진하다.

끓이면서 먹는다
식탁에서 바로 끓이면서 먹어야 전골의 제맛을 즐길 수
있다. 간을 싱겁게 하고 소스를 준비해 건더기를 찍어 먹는다.

재료 손질부터 절이기, 담그기, 익히기까지 어느 하나라도 소홀히 하면 제맛이 안 나요.
한국의 전통 손맛을 배워볼까요?

김치 담그기

step 1 재료 고르기

배추 속이 꽉 차서 묵직하고 단단한 것, 겉잎의 색이 선명하고 속이 노란 것을 고른다. 잎의 색깔이 흰색과 녹색으로 뚜렷하게 구분되는 것이 좋으며, 흰 부분이 푸석푸석하고 탄력이 없으면 속이 덜 찬 것이다.

무 모양이 곧고 통통하며, 단단하고 묵직한 것이 좋다. 울퉁불퉁한 것은 바람이 든 것일 수 있다. 진흙이 묻어 있고 무청이 달려 있는 것이 싱싱하고 맛있다. 위쪽이 푸른 것이 단맛이 나고, 그렇지 않은 것은 매운맛이 난다.

총각무 무청이 파랗고 싱싱하며 무가 단단한 것을 고른다. 총각무는 특히 단단해야 맛있다. 너무 크지도 작지도 않은 중간 크기의 것이 바람이 들지 않고 맛도 좋다.

대파 흰 줄기 부분이 탄력 있고, 푸른 잎 부분이 길고 팽팽한 것을 고른다. 너무 굵은 것보다 적당히 길쭉한 것이 좋다.

쪽파·실파 밑동이 통통하고 둥근 것, 잎이 짧고 가는 것이 맛있다. 색깔이 선명하고 들어보아 잎이 처지지 않는 것을 고른다.

미나리 줄기가 곧고 너무 굵지 않은 것, 색깔이 선명하고 잎이 싱싱한 것이 좋다. 줄기가 탄력 있는 것이 속이 꽉 차 아삭아삭하다. 마디에 붉은빛이 도는 종이 향이 짙다.

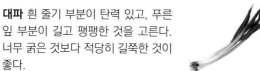

마늘 알이 굵고 크기와 모양이 고른 육쪽마늘이 맛있다. 하얗고 통통하며 단단한 것, 껍질이 얇고 불그스름하며 잘 마른 것을 고른다.

생강 알이 굵고 단단하며 끝부분에 옹이가 없는 것, 촉촉하고 향이 강한 것을 고른다. 마디를 끊었을 때 실이 없는 것이 좋다.

고춧가루 마른고추를 사서 빻을 경우에는 붉은색이 곱고 선명하며 꼭지가 가늘고 노란 고추를 고른다. 가을 햇볕에 자연 건조한 태양초가 최상품으로 꼽힌다. 고춧가루는 곱고 밝은 선홍색인 것을 고른다.

굵은 소금 물기가 적고 입자가 부드러우며 잡티 없이 깨끗한 것이 좋다. 너무 희거나 윤이 나는 것은 표백한 것일 확률이 높고, 지나치게 검은 것은 쓴맛이 나기 쉽다. 검은빛을 살짝 띠는 자연스러운 빛깔의 천일염을 고른다.

멸치액젓 비린내나 쿰쿰한 냄새가 심하지 않고 단 냄새가 나는 것을 고른다. 붉은빛이 도는 맑은 고동색인 것이 좋은 멸치액젓이다.

새우젓 새우가 굵고 뽀야면서 붉은빛이 나는 것이 좋은 새우젓이다. 잡어가 많이 섞여 있는 것은 좋지 않다.

굴 통통하면서 탄력이 있는 것, 크기가 고르고 싱싱한 것을 고른다. 알이 굵은 남해 굴과 알이 작은 서해 굴이 있는데, 김치에는 조선굴이라고 하는 서해 굴을 넣는 게 더 맛있다.

step 2 다듬기 & 준비하기

배추는 밑동에 칼집을 넣어 쪼갠다

배추는 시든 겉잎을 떼어내고 밑동에 칼집을 깊이 넣은 뒤 양쪽으로 벌려 쪼갠다. 큰 것은 4등분, 작은 것은 2등분한다. 물을 받아 씻는데, 생배추를 너무 많이 씻으면 풋내가 나고 잎이 떨어지기 쉬우므로 한두 번만 씻는다. 굵은 소금에 절여서 말끔히 씻어야 잎이 부서지지 않는다. 겉절이를 담글 때는 잎을 하나씩 떼어 먹기 좋게 뚝뚝 썰고, 나박김치를 담글 때는 사방 3cm 정도로 고르게 썬다.

무는 솔이나 수세미로 문질러 씻는다

무는 파인 곳을 칼로 도려내고 솔이나 수세미로 문질러 씻어 깨끗한 물에 헹군다. 김칫소로 쓰려면 둥글고 얄팍하게 썰어 비스듬히 겹쳐놓고 고르게 채 썬다. 채칼을 쓰면 편하다. 깍두기는 사방 2cm 정도로 깍둑썰기하고, 나박김치는 사방 3cm 정도로 납작하게 썬다. 동치미는 작고 단단한 무를 골라 통째로 담근다.

파는 어슷하게 썰고, 마늘과 생강은 다진다

대파는 굵고 어슷하게 썰고 쪽파나 실파, 갓은 3~4cm 길이로 썬다. 마늘과 생강은 곱게 다진다.

고춧가루를 미지근한 물에 불린다

고춧가루는 물에 불려서 준비한다. 미지근한 물에 불리면 색이 붉어지고 매운맛이 강해진다. 고춧가루 5컵에 물 1컵 정도를 부어 잘 섞는다.

찹쌀풀을 덩어리 없이 쑨다

김칫소에 찹쌀풀을 넣으면 재료가 잘 어우러져 감칠맛이 난다. 물과 찹쌀가루를 10:1의 비율로 개어 덩어리지지 않고 냄비 바닥에 눋지 않도록 잘 저어가며 풀을 쑤어 식힌다.

굴은 소금물에 씻고, 새우젓은 다진다

굴은 소금물에 살살 흔들어 씻어 체에 밭쳐 물기를 빼고, 새우젓은 다진다. 잘 삭은 새우젓은 손으로 비벼 넣어도 된다.

step 3 절이기

통배추는 소금물에 담가 절인다

통배추는 소금을 뿌려 절이면 고루 절여지지 않으므로 소금물에 담가 절인다. 소금의 양은 배추 1포기당 1컵 정도가 알맞으며, 굵은 소금에 10배의 물을 섞어 소금물을 만든다.

보통 3~4시간 절이는데, 숨이 덜 죽으면 사이사이에 굵은 소금을 더 뿌린다.

1 굵은 소금과 물을 1:10의 비율로 섞어 잘 녹인다.
2 배추를 소금물에 푹 담그고 배춧잎 사이사이에 굵은 소금을 조금씩 뿌려 3~4시간 절인다.
3 배추가 숨이 죽으면 건져서 물을 받아놓고 흔들어 씻는다. 서너 번 물을 갈아 헹군 뒤 채반에 차곡차곡 엎어 물기를 뺀다.

소금을 뿌리고 물을 끼얹으면 잘 절여진다

겉절이, 섞박지, 나박김치 등 썰어서 담그는 김치는 소금을 뿌려 30분에서 1시간 정도 절인다. 배추나 무를 먹기 좋게 썰어 굵은 소금을 뿌리고 물을 훌훌 끼얹으면 소금이 골고루 스며든다.

step 4 담그기

포기김치는 찹쌀풀을 넣는다

통배추로 담그는 포기김치에 찹쌀풀을 쑤어 넣으면 감칠맛이 난다. 무, 쪽파, 갓 등에 불린 고춧가루, 다진 마늘, 생강, 멸치액젓 등의 양념과 찹쌀풀을 넣고 골고루 버무려 김칫소를 만든 뒤 절인 배추 사이사이에 집어넣는다. 단, 찹쌀풀을 넣으면 김치가 빨리 시어지므로 오래 두고 먹을 김치에는 넣지 않는 것이 좋다.

겉절이는 설탕과 통깨로 맛을 낸다

절인 배추에 실파, 갓, 고춧가루, 다진 마늘, 생강, 멸치액젓 등을 넣고 버무려 먹는 겉절이는 신선한 맛이 좋다. 무쳐서 바로 먹을 거라면 설탕과 통깨를 넣어 맛을 더한다. 식초를 넣어 새콤달콤하게 무쳐도 맛있다.

깍두기는 먼저 고춧물을 들인다

깍두기의 색을 예쁘게 내리려면 무에 먼저 고춧물을 들인다. 깍둑깍둑 썬 무에 고춧가루를 넣고 버무려 빨갛게 물을 들인 뒤 멸치액젓과 소금, 다진 마늘, 생강, 실파 등을 넣어 버무린다. 굴을 넣을 경우에는 맨 마지막에 넣어 가볍게 버무린다. 깍두기는 풋내가 심해 푹 익혀 먹는 게 맛있는데, 굴깍두기는 푹 익히면 굴이 물러질 수 있어 빨리 먹는 것이 좋다.

물김치는 국물에 신경 쓴다

나박김치는 고춧가루를 면 보자기에 싸서 물에 흔들어 고춧물을 우린 뒤 양념한 무에 부어 익힌다. 열무물김치는 밀가루풀을 묽게 쑤어 국물에 섞으면 시원하고 담백하다.

김치가 짜게 담가졌다면 무를 넣는다

배추김치가 짜게 담가졌을 때는 단맛이 나는 무를 큼직하게 썰어 배추 사이사이에 끼워 넣는다. 무에 간이 배어들어 김치의 짠맛이 어느 정도 줄어든다.

step 5 통에 담아 익히기

겉잎으로 감싸 담는다

포기김치를 김치통에 담을 때는 겉잎으로 감싸서 자른 면이 위로 가게 차곡차곡 쌓아야 양념이 흘러내리지 않는다.

우거지로 덮어둔다

김치를 꼭꼭 눌러 담아 공기와 닿는 면을 줄이고, 절인 겉잎이나 비닐종이로 덮어 꼭꼭 누른다. 넓적한 돌로 눌러두면 양념이 더 잘 밴다. 김치를 꺼내 먹은 뒤에도 반드시 꼭꼭 누르고 잘 덮어두어야 김치가 쉽게 시어지지 않는다.

김치통의 80%만 담는다

김치를 통에 가득 담으면 익으면서 김칫국물이 끓어올라 흘러넘친다. 김치통의 80% 정도만 담아야 국물이 넘치지 않는다.

---

plus

제철에 맛있는 김치는?

1월 나박김치, 동치미

2월 굴깍두기

3월 봄동 물김치, 봄동 겉절이

4월 돌나물 물김치, 달래김치, 더덕김치

5월 열무 물김치

6월 오이소박이, 열무 오이 물김치

7월 깻잎김치

8월 가지김치

9월 부추김치, 파김치

10월 갓김치, 우엉김치

11월 배추김치, 총각김치, 깍두기

12월 보쌈김치

장아찌 담그기

step 1 재료 준비하기

오이 백오이 또는 조선오이라고도 하는 백다다기오이로 담가야 맛있다. 너무 굵지 않고 상처가 없는 오이를 골라서 소금으로 문질러 씻어 통째로 담근다.

무 가을에 나오는 동치미 무로 담가야 맛있다. 상처가 없는 것을 골라 솔이나 수세미로 문질러 씻은 뒤 길이로 반 갈라 담근다.

고추 껍질이 연하고 매콤한 고추를 고른다. 꼭지가 붙은 채로 깨끗이 씻은 뒤, 물기를 닦고 절임물이 스며들도록 꼬치로 찌른다.

마늘 매운맛이 강하므로 연한 소금물에 1주일 정도 삭혔다가 담근다.

양파 알이 작고 단단한 양파를 준비해 껍질을 벗기고 길이로 2~4등분한다. 링으로 썰기도 한다.

step 2 담그기

단단한 재료로 담근다
쉽게 물러지는 재료보다 단단하거나 물에 담가도 모양이 일그러지지 않는 재료로 담가야 보기 좋고 아삭아삭하다.

굵은 소금으로 담근다
굵은 소금으로 담가야 맛있다. 잘 부스러지고 단맛이 나는 소금이 좋다. 특히 3년 정도 두어 간수가 빠진 소금을 쓰면 장아찌가 단단하고 단맛이 더 난다.

초장아찌는 과일식초로 담근다
초장아찌를 담글 때는 양조식초보다 사과식초나 레몬식초 등 과일식초를 쓰는 게 좋다. 새콤달콤한 맛과 향이 더 살아난다.

step 3 병에 담아 익히기

유리병을 열탕 소독한다
장아찌를 담을 유리병은 열탕 소독해 물기 없이 말려야 한다. 유리병이 완전히 마르면 준비한 재료를 차곡차곡 담고, 끓여서 식힌 국물을 재료가 푹 잠기게 부어 밀봉해둔다.

국물을 다시 끓여 붓는다
담근 지 2~3일 뒤에 국물만 따라서 팔팔 끓여 식힌 뒤 다시 병에 붓는다. 가끔 국물을 끓여 식혀 부어야 오래간다.

---

plus

피클을 맛있게 담그려면?

피클물은 식초, 설탕, 물을 똑같이 섞어 만든다
피클물을 만들 때 식초와 설탕, 물을 같은 양으로 섞거나 설탕을 식초와 물의 반만 섞으면 알맞다. 여기에 소금과 향신료를 넣고 팔팔 끓여 식힌다. 식초는 끓이면 신맛과 향이 날아가므로 먼저 나머지 재료를 한 번 끓인 뒤에 넣는다.

향신료를 넣는다
피클에는 월계수 잎, 정향, 통계피, 통후추 등의 향신료를 넣어야 제맛이 난다. 방부 효과도 있어 오래 두고 먹을 수 있다.

셀러리를 넣으면 향이 좋다
피클을 담글 때 셀러리를 함께 넣으면 아삭하고 향이 좋다. 셀러리는 잎을 떼고 껍질을 벗긴 뒤, 깨끗이 씻어 줄기만 4~5cm 길이로 썰거나 어슷하게 썬다.

유리병에 담는다
피클은 산이 들어 있는 음식이기 때문에 유리병에 담는 것이 좋다. 특히 금속으로 만든 통에 담으면 녹이 슬 수 있다. 장아찌를 담글 때와 마찬가지로 유리병을 열탕 소독해 바짝 말려서 쓴다.

맛있는 밥은 한식의 기본이에요. 어떤 요리 솜씨보다 중요하지요.
종류별 밥 짓기와 밥 요리의 맛 비결을 알려드립니다.

밥 짓기 기본 요령

step 1 쌀 씻기

물로 4~5회 씻는다

밥을 짓는 첫 단계는 쌀 씻기다. 쌀을 씻는 것은 도정과 유통 중에 들어간 이물질과 찌꺼기 등을 없애기 위해서다. 쌀에 붙어 있는 겨를 씻어내어 묵은 냄새를 없애고 혹시 남아 있을지 모르는 잔류 농약도 없앤다.

1 쌀을 큰 그릇에 담고 물을 가득 부은 뒤 손으로 대충 휘저어 헹군다.
2 물을 적게 붓고 박박 문질러 씻어 쌀에 묻은 겨를 없앤 뒤, 깨끗한 물을 붓고 휘휘 저어 헹군다. 물이 맑아질 때까지 4~5회 반복한다.

step 2 불리기

체에 밭쳐 불린다

쌀을 씻어 바로 밥을 지어도 되지만, 불려서 지으면 쌀의 녹말이 소화 흡수가 잘되는 상태로 바뀌어 밥맛이 더 좋다. 보통 체에 밭쳐 30분에서 1시간 정도 불린다. 물에 담가 불리면 쌀알이 부서지기 쉽다. 압력솥에 지을 때는 불리지 않아도 된다.

step 3 밥물 정하기

밥물은 쌀의 1.2배로 잡는다

밥물은 대개 손을 넣어보아 손등까지 차는 정도로 붓는 것이 알맞다고 하지만, 이는 쌀의 상태나 잡곡의 유무 등에 따라 달라진다. 보통 마른 쌀은 1.2배, 불린 쌀은 같은 양으로 잡으

면 되는데, 갓 찧은 햅쌀일수록 적게, 묵은쌀일수록 넉넉히 부어야 한다. 솥은 깊고 바닥이 두꺼운 것이 좋다.

step 4 불 조절하기

센 불로 지어 약한 불로 뜸 들인다

전기밥솥에 지으면 불 조절에 신경 쓸 필요가 없지만, 일반 솥에 지을 경우에는 불 조절이 밥맛을 좌우한다. 처음에 센 불에서 끓여 열이 골고루 가게 한 뒤, 밥물이 끓어 넘치

면 불을 서서히 줄인다. 약한 불로 줄이고 3~5분 정도 지나 물기가 없어지면 불을 끄고 15분 정도 뜸을 들인다.

step 5 밥 뒤섞기

밥이 되면 주걱으로 뒤섞는다

밥이 다 되면 주걱으로 휘휘 저어 속에 차 있는 뜨거운 김을 날려보내야 고슬고슬해진다. 다 된 밥을 뒤섞지 않고 그대로 두면 떡처럼 뭉치고 끈적거려 맛이 없다.

종류별 밥 짓기

잡곡밥

콩은 불리고, 팥은 삶아둔다

오곡밥 등 잡곡밥을 지을 때 가장 주의해야 할 것은 잡곡의 익는 속도가 다르기 때문에 불리는 시간, 삶는 시간 등도 모두 다르게 잡아야 한다는 점이다. 딱딱한 콩은 전날부터 물에

불려두고, 조와 수수는 쌀과 함께 30분 정도 불린다. 팥은 미리 삶아두는 것이 좋다. 물을 넉넉히 부어 팥알이 터지

지 않도록 삶고, 팥 삶은 물은 버리지 말고 밥물로 쓴다. 차조는 처음부터 넣으면 물러지므로 뜸 들일 때 넣는다.

물을 쌀밥의 80%만 붓는다
밥물은 쌀밥을 지을 때보다 적게 잡는다. 쌀밥 밥물의 80% 정도면 알맞다. 찹쌀밥이나 잡곡밥은 소금 간을 해도 된다. 압력솥으로 잡곡밥을 하면 잡곡의 낟알이 터지는 경우가 있으니 주의한다.

현미밥

오래 불리고, 밥물을 더 잡는다

현미밥은 까끌까끌한 느낌 때문에 꺼리는 사람이 있지만, 불리기와 물 조절을 잘하면 한결 부드럽게 지을 수 있다. 물에 불리는 시간을 쌀밥보다 길게 잡고, 밥물도 불린 현미의 1.2배 정도 붓는다. 찹쌀현미나 발아현미로 지으면 까칠한 느낌이 덜하고, 압력솥에 지으면 한결 차지고 부드럽다.

영양밥

재료에 따라 밥물을 조절한다

영양밥은 콩나물, 버섯, 단호박, 해물, 굴, 고구마 등 다양한 재료를 넣어 지을 수 있다. 쌀은 씻어 불려 물기를 빼고, 채소와 해물같이 수분이 많은 재료를 넣을 때는 밥물을 쌀밥보다 20~50% 적게 붓는다.

초밥용 밥

물을 적게 붓는다
김밥이나 초밥을 만들 때는 밥을 고슬고슬하게 지어야 한다. 밥물을 평소보다 1/3 정도 적게 붓는다. 청주를 조금 떨어뜨리면 밥알에 탄력이 생기고 윤기가 나며, 찹쌀을 조금 섞어도 찰기가 생겨 고슬고슬해진다.

다시마로 맛을 더한다
밥을 지을 때 다시마를 넣어 맛을 더하기도 한다. 밥을 안칠 때 다시마를 넣어 끓이다가 밥물이 끓기 시작하면 다시마를 꺼낸다.

밥 요리 맛내기

비빔밥

재료를 싱겁게 간한다

양념장을 넣어 비벼 먹기 때문에 짜지기 쉽다. 함께 넣는 재료를 조금 싱겁게 준비하고 양념장으로 간을 맞추는 게 맛있다.

채소를 많이 넣는다

채소를 많이 넣어야 맛있다. 양념장을 너무 많이 넣어 짜졌을 경우에도 밥을 더 넣기보다 채소를 더 넣는 것이 좋다.

볶음밥

된밥으로 만든다
윤기 나게 지은 밥보다 조금 된 듯 고슬고슬한 밥으로 만드는 것이 맛있다. 특히 압력솥으로 지은 밥은 차져서 볶을 때 뭉치고 으깨어져 좋지 않다. 압력솥에 밥을 지으려면 물을 조금 적게 넣는다.

재료를 따로 볶아 섞는다

밥과 다른 재료를 처음부터 함께 볶으면 제대로 익지 않을 뿐 아니라 고슬고슬한 밥맛을 살릴 수 없다. 고기나 채소 등 다른 재료를 따로 간해 볶은 뒤 밥과 섞어 볶고, 마지막에 부족한 간을 맞춘다.

주먹밥

뜨거울 때 뭉친다

식은 밥으로 주먹밥을 만들면 밥알이 잘 뭉쳐지지 않고 먹을 때도 부스러진다. 밥이 뜨거울 때 얼른 모양을 잡아야 잘 뭉쳐지고 고물도 잘 묻는다. 손바닥에 단촛물을 바르고 뭉쳐야 밥알이 달라붙지 않는다.

싱겁지 않게 간한다
반찬 없이 먹는 밥이기 때문에 싱겁지 않게 간하는 것이 좋다. 시간이 지나도 변하지 않는 재료가 좋으며 고기, 채소 등을 골고루 넣어 영양 균형을 맞춘다.

먹기 편하고 소화가 잘돼서 평소에도 즐기기 좋은 한 그릇이에요.
죽을 맛있게 쑤려면 물의 양과 불 조절에 신경 써야 합니다.

기본 요령

두꺼운 냄비를 쓴다

죽은 오래도록 뭉근히 끓여야 하므로 두꺼운 냄비에 쑨다. 알루미늄이나 스테인리스 냄비보다는 두꺼운 돌솥이나 코팅된 냄비, 유리 냄비, 법랑 냄비 등이 좋다. 또 끓어 넘치기 쉬우므로 재료보다 2~3배 정도 큰 냄비를 쓴다. 죽은 시간이 지나면 맛이 떨어지므로 한꺼번에 많이 쑤지 말고 한 번에 먹을 만큼만 쑨다.

쌀을 충분히 불린다

쌀, 찹쌀, 수수, 율무, 보리, 현미 등은 1시간 이상 불려서 끓인다. 쌀을 충분히 불리지 않으면 죽이 다 끓어도 잘 퍼지지 않고 쌀알이 오독오독 씹힐 수 있다. 쌀을 참기름에 볶다가 물을 부어 끓이면 고소한 맛이 좋다.

부재료를 볶다가 끓인다

전복, 쇠고기, 채소 등의 부재료를 먼저 참기름에 볶다가 물과 쌀을 넣어 끓인다. 황기, 계피, 결명자 같은 말린 약재는 끓여서 우려내 그 물을 쓰고 산수유, 수삼 같은 생약재는 바로 넣어 끓인다.

물을 재료의 7배 붓는다

물은 재료의 7배 정도 붓고, 많은 양의 죽을 쑬 때는 물을 조금 줄인다. 현미는 여기에 1컵 정도 더 붓는다. 중간에 물을 더 넣으면 죽이 퍼지고 윤기가 없어지므로 처음부터 정확히 계량해서 넣는다.

센 불로 끓이다가 불을 줄인다

처음에는 센 불로 끓이다 불을 줄여 뭉근히 끓여야 윤기가 나고 넘치지 않는다. 쌀알이 절반 정도 퍼지면 불을 약하게 줄이고 뚜껑을 연 채 나무주걱으로 저으면서 넘치지 않게 서서히 끓인다.

간을 약하게 한다

죽의 간은 불에서 내리기 직전에 소금이나 간장으로 약하게 한다. 간을 먼저 하거나 세게 하면 죽이 금방 삭는다. 먹는 사람이 직접 입맛에 맞게 간해 먹도록 간장, 소금, 꿀 등을 곁들여 낸다.

흰죽 쑤기

재료 쌀 1컵, 물 7컵, 소금 조금
1 쌀을 깨끗이 씻어서 물에 담가 1시간 이상 충분히 불린다.
2 불린 쌀을 두꺼운 냄비에 담고 물을 부어 주걱으로 저어가며 끓인다.
3 쌀이 반 정도 익으면 불을 약하게 줄이고 주걱으로 저어가며 쌀알이 잘 퍼지도록 끓인다. 소금으로 간한다.

---

plus

죽을 간편하게 즐기려면?

밥으로 쑨다
밥을 사용하면 간편하다. 부재료를 참기름에 볶다가 밥을 넣고, 재료가 잘 섞이면 물을 부어 센 불에서 끓인다. 죽이 끓으면 불을 약하게 줄이고 밥이 푹 퍼지도록 끓인 뒤 간을 한다.

쌀을 갈거나 압력솥에 쑨다
불린 쌀에 참기름을 넣고 블렌더로 반쯤 갈아 끓이면 짧은 시간에 부드러운 죽을 쑬 수 있다. 아주 빠르게 죽을 쑤려면 불린 쌀을 압력솥에 끓이다가 추가 달각거리면 불을 줄여 5분 정도 끓인다.

국수 요리에서 가장 중요한 건 국수 삶기예요.
국수를 쫄깃하게 삶는 요령과 몇 가지 맛 내기 비법을 알면 고수가 될 수 있어요.

국수 삶기 기본 요령

step 1 국수 넣기

물을 국수의 10배 이상 붓는다

국수 삶는 물을 넉넉하게 잡아야 한다. 물이 적으면 국수
끼리 들러붙기 쉽고 골고루 익기 어렵다. 국수 양의 10배
이상 붓고 삶아야 하므로 큰 냄비를 써야 나중에 끓어올라
도 넘치지 않는다.

끓는 물에 국수를 펼쳐 넣는다

물을 센 불에 끓이다가 물이 끓어오
르면 국수를 넣는다. 마른국수는 부
채 모양으로 펼쳐 넣고, 생면은 흔들
어 헤쳐 넣는다. 국수를 넣고 나서는
바로 젓가락으로 저어 물에 완전히
잠기게 한다. 끓는 물에 식용유나 소금을 조금 넣고 삶으
면 국수가 더 쫄깃해진다.

step 2 삶기

물이 끓어오르면 찬물을 붓는다

물이 끓어올라 넘칠 것 같으면 불을
끄거나 줄이지 말고 찬물을 반 컵
정도 붓는다. 온도를 급격히 떨어뜨
리면 면발이 쫄깃해진다. 이 과정을
두세 번 반복하면 국수가 알맞게 익
는다.

step 3 헹구기

국수가 투명해지면 찬물에 헹군다

국수가 속까지 익어 투명한 빛이 돌면 한 가닥 건져 헹궈
맛을 본다. 익었으면 재빨리 체에 쏟아 물을 뺀 뒤 찬물에
담가 식힌다. 시간을 오래 끌면 국수가 불어 맛이 없어진
다. 얼음물에 담가두면 더 쫄깃해진다. 물을 두세 번 갈면
서 손으로 살살 비비듯 헹궈 국수에 묻은 미끌미끌한 녹
말을 완전히 씻어낸다. 특히 냉면, 쫄면 등은 차게 해서

먹기 때문에 삶아서 차가운 물에 여
러 번 헹구는 것이 중요하다. 잔치
국수나 칼국수처럼 뜨거운 물국수
를 만들 때는 찬물에 씻어내지 않아
도 좋다.

종류별 국수 삶기

생면

밀가루를 털어내고 삶는다

젖은 국수인 생면은 수분이 많아 국
수가 서로 잘 달라붙기 때문에 이를
막기 위해 밀가루를 뿌려놓는 경우
가 많다. 밀가루가 묻은 채로 국수를
삶으면 국수가 끈적거린다. 밀가루
를 되도록 말끔히 털어낸 뒤 삶는다.

젓가락으로 저어가며 삶는다

끓는 물에 국수를 서로 붙지 않게
흔들어 넣고, 삶는 동안에도 젓가
락으로 가끔 흔들어 달라붙지 않게
한다. 특히 생면은 냄비 바닥에 눌
어붙기 쉬우니 골고루 저어가며 삶
는다.

덩어리진 국수는 풀어서 삶는다

냉면, 쫄면 등 덩어리져 있는 국수는
끓는 물에 넣기 전에 덩어리를 풀어
야 한다. 국수 끝부분을 손바닥으로
비벼 뭉친 국수 가락을 푼다. 냉면,
쫄면 등은 빨리 익으므로 오래 삶지
않도록 주의한다.

칼국수

여러 번 치대어 쫄깃하게 반죽한다

칼국수 반죽은 쫄깃함을 살리는 게 포인트다. 강력분과 박력분을 반씩 섞고 소금을 조금 섞은 물로 반죽해 여러 번 치대어 주무른다. 오래 치대면 치댈수록 끈기가 생겨 쫄깃해진다. 반죽이 질면 국수에 밀가루를 묻힐 때 너무 많이 묻어 국물이 탁해지므로 질게 되지 않도록 주의한다.

1 밀가루에 소금을 넣고 물을 부어가며 되직하게 반죽한다.
2 반죽을 비닐봉지에 넣어 20~30분간 둔다. 반죽이 훨씬 부드럽고 쫄깃해진다.
3 반죽을 꺼내어 오랫동안 치대어 주무른다.
4 반죽에 밀가루를 뿌리가며 밀대로 0.1~0.2cm 두께로 민다.
5 얇게 민 반죽을 5cm 너비로 접어 0.3cm 폭으로 썬다.
6 국수가 서로 달라붙지 않도록 밀가루를 솔솔 뿌리고 고루 털면서 가닥가닥 헤쳐놓는다.

국수를 따로 삶으면 국물이 맑다

칼국수는 보통 국물에 바로 넣어 끓이는데, 이를 제물국수라고 한다. 제물국수는 국물이 걸쭉하고 진한 반면, 국수에 묻은 밀가루 때문에 국물이 탁하고 날밀가루 냄새가 날 수 있다. 밀가루를 털어 넣어도 되지만, 그보다 국수를 따로 삶아 국물에 다시 넣으면 한결 깔끔하다. 이처럼 국수를 따로 삶아 넣은 것을 건진국수라고 한다.

스파게티

소금과 올리브유를 넣고 삶는다

국수와 마찬가지로 10배 이상의 물을 붓고 삶는데, 끓는 물에 소금과

올리브유를 조금 넣는다. 소금은 간을 맞추고 스파게티 겉면을 단단하게 하며, 올리브유는 서로 달라붙지 않게 한다.

스파게티를 방사형으로 펼쳐 넣는다

끓는 물에 스파게티를 넣을 때는 냄비 가운데에 스파게티를 가볍게 비틀어 세운 뒤 손을 떼어 방사형으로 고루 퍼지게 한다. 삶는 동안 젓가락으로 저어 서로 붙지 않고 물에 푹 잠기게 한다.

조금 덜 익은 상태가 좋다

스파게티는 속까지 완전히 익히지 않는 것이 중요하다. 한가운데에 심이 조금 남아 있어야 쫄깃쫄깃한 맛이 난다. 대개 중간 불에서 10~18분 정도 삶으면 알맞다. 가장 맛있게 익은 상태를 알덴테(al'dente)라고 한다.

올리브유에 버무려두면 붙지 않는다

스파게티는 삶아서 찬물에 헹구지 않는다. 삶아 건져서 바로 올리브유에 버무리거나 살짝 볶아두면 붙는 것을 막을 수 있다.

생파스타는 떠오르면 익은 것이다

라비올리나 뇨끼 같은 생파스타는 건조 파스타와 달리 익으면 물 위로 떠오른다. 파스타가 떠오르면 다 삶아진 것이다.

쌀국수

미지근한 물에 불려서 삶는다

쌀국수는 딱딱하고 쉽게 부서지기 때문에 처음부터 끓는 물에 삶지 않는다. 종류에 따라 차이가 있지만 보통 미지근한 물에 10분 정도 담가 부드럽게 불린 뒤 끓는 물에 30초 정도 삶아서 체에 밭쳐 물기를 뺀다.

두부면

삶지 않고 헹군다

두부면은 삶을 필요가 없다. 체에 밭쳐 흐르는 물에 헹군다.

국수 요리 맛내기

비빔국수

국수는 마지막에 삶는다
국수를 미리 삶아놓으면 다른 것을 준비하는 동안 불어버린다. 마지막 단계에 삶는다. 고명과 양념장은 국수의 물기를 빼는 동안 만든다.

국수를 살살 버무린다
국수를 양념에 버무릴 때 골고루 섞는다고 휘저으면 국수가 부서질 수 있다. 양념을 조금씩 넣어가며 털듯이 살살 버무린다.

식초를 넣으면 밀가루 냄새가 덜 난다
간장비빔국수는 맛이 강하지 않아 밀가루 냄새가 느껴질 수 있다. 식초를 조금 넣으면 밀가루 냄새가 중화되어 한결 덜하다.

매운맛은 청양고추로 더한다
매운맛을 내기 위해 고추장이나 고춧가루를 많이 넣으면 맛이 텁텁해진다. 김칫국물이나 청양고추를 넣으면 깔끔하게 매운맛을 즐길 수 있다.

물국수

온면은 토렴을 한다
잔치국수처럼 뜨거운 국물을 부어 먹는 국수는 국수에 국물을 붓기 전에 뜨거운 물을 부었다가 따라내는 토렴을 한다. 국수와 그릇을 데워 국물의 뜨끈함을 유지할 수 있다.

칼국수는 양념장을 따로 낸다
칼국수는 끓이면서 간을 맞춰도 되지만, 양념장을 따로 내어 먹을 때 넣어 먹으면 더 맛있다. 칼국수에 참기름을 한 방울 떨어뜨려도 좋다.

냉면은 삶기 전에 풀어놓는다
냉면은 생각보다 빨리 익는다. 덩어리져 있는 국수를 미리 풀어놓아 삶는 시간이 오래 걸리지 않도록 주의한다.

볶음국수

우동국수나 납작한 국수를 사용한다
볶음국수는 납작한 국수나 생우동국수로 만들어야 양념과 잘 어우러져 맛있다. 마른국수는 조금 덜 익은 정도로 삶고, 생면은 뜨거운 물에 살짝 풀어 서로 달라붙지 않게 준비한다.

파스타 소스에는 생토마토를 넣는다
토마토소스에 생토마토를 넣으면 훨씬 신선하다. 대강 다져 넣어 씹는 맛을 살린다.

---

plus

즐겨 먹는 국수의 종류

소면 밀가루 반죽을 길게 늘여서 말린 국수로 맛이 담백하고 부드러워 채소, 해물, 고기 어느 재료와도 잘 어울린다. 잔치국수, 비빔국수, 콩국수 등에 쓴다.

칼국수 밀가루 반죽을 얇게 민 다음 칼로 썰어 만든 생면. 진한 국물과 잘 어울려 칼국수, 전골 등에 쓴다. 국수를 따로 삶아서 국물에 넣기도 하고, 국물에 바로 넣어 끓이기도 한다.

메밀국수 바닥에 작은 구멍들이 있는 통에 메밀가루 반죽을 넣고 눌러 국수를 뽑는데, 메밀은 찰기가 부족해 밀가루를 섞어서 만들기도 한다. 막국수, 쟁반국수 등에 쓴다.

우동국수 통통한 일본 국수. 손으로 치대어 반죽하는 수타나 발로 밟아 반죽하는 족타로 만든 국수가 쫄깃하다.

냉면 메밀, 감자, 고구마, 칡 등의 가루로 만든다. 메밀가루가 주재료인 평양냉면은 담백하고 끈기가 적으며, 감자나 고구마의 녹말로 만드는 함흥냉면은 쫄깃하다.

쌀국수 쌀가루로 만든 국수로 담백하고 쫄깃하며 단백질이 풍부하다. 굵기가 다양한데, 국물이 있는 국수에는 중간 굵기의 납작한 쌀국수를 주로 쓴다.

당면 녹두, 감자, 고구마 등의 녹말로 만든 마른국수로 잡채, 찜, 전골 등에 두루 쓴다. 찬물에 20분 정도 담가두었다가 조리하면 쫄깃하다.

파스타 이탈리아 국수로 듀럼밀을 굵게 간 세몰리나로 만든다. 스파게티, 링귀니, 펜네, 라자냐 등 종류가 매우 다양하다.

Chapter

2

반찬부터 별식까지 338가지 레시피

매일 차리는 밥상, 늘 같은 반찬만 올릴 수 있나요? 만들기 쉽고 입맛을 돋우는 일상 반찬들을 모두 담았습니다. 나물, 구이, 볶음 등 다양한 반찬으로 1년 내내 맛있는 식사를 즐기세요.

Part 1
매일 반찬

시금치나물

비타민이 풍부한 대표 나물. 국간장으로 무치면 감칠맛이 더 좋아요.

재료 2인분

시금치 150g

무침 양념

국간장 2작은술
다진 파 1/2큰술
다진 마늘 2작은술
참기름·깨소금 1/4큰술씩

1 시금치는 밑동을 잘라내고 다듬어 씻는다.

2 끓는 물에 소금을 넣고 시금치를 살짝 데쳐서 찬물에 헹궈 물기를 꼭 짠다.

3 물기 짠 시금치를 가지런히 놓고 먹기 좋게 썬다.

4 시금치에 무침 양념을 넣어 고루 무친다.

tip
시금치에 많은 수산은 데치면 없어져요. 끓는 물에 소금을 조금 넣고 살짝 데치세요. 뚜껑을 연 채 데쳐야 엽록소가 남고 색깔이 삽니다. 간은 국간장 대신 소금으로 해도 좋아요.

시금치 고추장무침

매콤한 시금치나물. 시금치의 단맛이 고추장과 잘 어울려요.

재료 2인분

시금치 150g

무침 양념

고추장 1/2큰술
국간장 2작은술
다진 파 1/2큰술
다진 마늘 1/4큰술
참기름·깨소금 1/4큰술씩

1 시금치는 밑동을 잘라내고 다듬어 씻는다.

2 끓는 물에 소금을 넣고 시금치를 살짝 데쳐서 찬물에 헹궈 물기를 꼭 짠다.

3 물기 짠 시금치를 가지런히 놓고 먹기 좋게 썬다.

4 시금치에 무침 양념을 넣어 고루 무친다.

tip
봄 시금치는 연해서 샐러드로 먹어도 좋아요. 발사믹 드레싱을 뿌려 먹으면 맛있어요. 반면 여름 시금치는 잎이 크고 억세서 데쳐 나물을 무치거나 국을 끓여 먹는 게 좋습니다.

참나물무침

참나물을 데치지 않고 들깻가루로 무쳐 고소하면서 신선해요.

재료 2인분

참나물 80g
오이 1/4개

무침 양념

간장·고춧가루 1/2큰술씩
다진 파 1/2큰술
다진 마늘 1/2작은술
들깻가루 1큰술
참기름·소금 1/2큰술씩

1 참나물은 깨끗이 씻어 짧게 자른다.

2 오이는 반 갈라 어슷하게 썬다.

3 참나물과 오이에 무침 양념을 넣어 고루 무친다.

tip
참나물은 끓는 물에 데쳐서 소금으로 간해 조물조물 무쳐 먹기도 해요. 데칠 때 소금을 조금 넣으면 푸른색이 살아요.

쑥갓나물

쑥갓을 데쳐 국간장과 참기름으로 무쳤어요. 입안이 개운해져요.

재료 2인분

쑥갓 150g

무침 양념

국간장 1작은술
다진 마늘 1/2작은술
참기름 1/2큰술
통깨 1작은술
소금 조금

1 쑥갓은 억센 줄기를 잘라내고 연한 부분만 끓는 물에 살짝 데친다.

2 데친 쑥갓을 찬물에 헹궈 물기를 꼭 짠 뒤 먹기 좋게 썬다.

3 쑥갓에 무침 양념을 넣어 조물조물 무친다.

tip
쑥갓을 데칠 때는 줄기부터 넣어야 골고루 잘 익어요. 데친 쑥갓은 재빨리 헹궈 물기를 꼭 짜야 양념하고 나서 물이 생기지 않습니다. 나물의 간은 보통 소금이나 국간장으로 하는데, 소금으로 하면 깔끔하고, 국간장으로 하면 감칠맛이 납니다. 고추장이나 된장으로 무쳐도 맛있어요.

콩나물무침

값싸고 영양 많은 국민 나물. 비린내 없이 삶는 게 포인트입니다.

재료 2인분

콩나물 200g
소금 1/4큰술
물 2큰술

무침 양념

국간장 1/4큰술
다진 파 1/2큰술
다진 마늘 1/2작은술
참기름·깨소금 1/2큰술씩
소금 1/2작은술

1 콩나물은 물에 여러 번 흔들어 씻어 껍질을 제거한다.

2 냄비에 콩나물을 담고 소금을 뿌린 뒤, 물을 붓고 뚜껑을 덮어 삶는다. 콩나물이 익으면 불을 끄고 식힌다.

3 콩나물이 식으면 무침 양념을 넣어 고루 무친다.

tip
콩나물은 뚜껑을 덮고 삶아야 비린내가 나지 않아요. 콩나물이 다 익을 때까지 뚜껑을 열지 마세요.

매콤 콩나물무침

매콤하게 즐기는 콩나물이에요. 고춧가루로 칼칼한 맛을 냈어요.

재료 2인분

콩나물 200g
소금 1/4큰술
물 2큰술

무침 양념

국간장 1/2큰술
고춧가루 1/4큰술
다진 파 1/2큰술
다진 마늘 1/2작은술
참기름·깨소금 1/2큰술씩

1 콩나물은 물에 여러 번 흔들어 씻어 껍질을 제거한다.

2 콩나물을 냄비에 담고 소금을 조금 뿌린 뒤, 물을 붓고 뚜껑을 덮어 삶는다. 콩나물이 익으면 불을 끄고 식힌다.

3 콩나물이 식으면 무침 양념을 넣어 고루 무친다.

tip
콩나물을 삶아서 바로 흩트려 식힌 다음 무쳐야 아삭아삭해요.

콩나물 겨자무침

매콤 새콤한 맛이 별미예요. 톡 쏘는 겨자가 입맛을 살려줘요.

재료 2인분

콩나물 200g
당근 15g
피망 1/4개
소금 1/4큰술
물 2큰술

겨자장

연겨자 1큰술
간장 1/2작은술
설탕 1/2큰술
식초 1큰술

1 콩나물은 물에 여러 번 흔들어 씻어 껍질을 제거한다. 당근과 피망은 곱게 채 썬다.

2 냄비에 콩나물을 담고 소금을 뿌린 뒤, 물을 붓고 뚜껑을 덮어 삶는다. 콩나물이 익으면 불을 끄고 식힌다.

3 겨자장 재료를 잘 섞는다.

4 콩나물이 식으면 당근, 피망, 겨자장을 넣어 가볍게 무친다.

tip
겨잣가루는 따뜻한 물에 개어야 톡 쏘는 맛이 잘 살아요. 겨자 개기가 번거로우면 시판하는 연겨자를 사용해도 됩니다.

콩나물볶음

파, 마늘로 향을 내 볶은 색다른 콩나물. 살짝 볶아 아삭아삭해요.

재료 2인분

콩나물 200g
붉은 피망 1/2개
대파 1/4뿌리
마늘 1쪽
간장 1큰술
고춧가루 1/2큰술
참기름 1/2큰술
소금 조금
식용유 1½큰술

1 콩나물은 물에 여러 번 흔들어 씻어 물기를 뺀다.

2 붉은 피망은 곱게 채 썰고, 대파는 3cm 길이로 채 썬다. 마늘은 으깬다.

3 팬에 식용유를 두르고 센 불에서 대파, 마늘을 볶다가 콩나물을 넣고 간장, 고춧가루, 소금을 넣어 볶는다. 마지막에 참기름을 넣는다.

tip
콩나물은 오래 볶으면 질겨져요. 살짝 볶아야 아삭하고 맛있습니다. 고추기름으로 볶아도 맛과 향이 좋아요.

숙주나물

숙주는 담백한 맛이 좋아요. 국간장으로 양념하면 잘 어울립니다.

재료 2인분

숙주 200g
실파 1/2뿌리

무침 양념

국간장 1큰술
다진 파 1/2큰술
다진 마늘 1/2작은술
참기름 1/2큰술
깨소금 1/4큰술
소금 조금

1 숙주를 씻어서 끓는 물에 데쳐 식힌다.

2 데친 숙주에 무침 양념을 넣어 고루 무친다.

3 마지막에 실파를 송송 썰어 넣는다.

tip

숙주나물은 쉽게 상해요. 만들어서 바로 먹고, 냉장고에도 오래 두지 않는 것이 좋습니다.

숙주 미나리 초무침

숙주에 미나리를 넣고 새콤하게 무쳤어요. 입맛 없을 때 좋아요.

재료 2인분

숙주 200g
미나리 10g
붉은 고추 1/2개

무침 양념

간장 1/2큰술
설탕 1/4작은술
식초 1큰술
고춧가루 1/4큰술
다진 파 1/4큰술
다진 마늘 1/4작은술
참기름 1/2큰술
깨소금 1/4큰술

1 숙주는 씻어 끓는 물에 데친 뒤 찬물에 헹궈 식힌다.

2 미나리는 잎을 떼고 다듬어 씻어 끓는 물에 데친 뒤, 찬물에 헹궈 먹기 좋게 썬다. 붉은 고추는 반 갈라 씨를 빼고 곱게 채 썬다.

3 무침 양념 재료를 고루 섞는다.

4 숙주, 미나리, 고추를 한데 담고 무침 양념을 넣어 무친다.

tip

숙주 미나리 초무침은 아삭한 맛을 살리는 게 포인트예요. 살짝 데쳐 식혀서 먹기 직전에 무치세요.

숙주 쇠고기볶음

마늘을 넉넉히 넣고 쇠고기로 맛과 영양을 더한 숙주나물.

재료 2인분

숙주 200g
채 썬 쇠고기 50g
풋고추·붉은 고추 1/4개씩
실파 5뿌리
마늘 2쪽
참기름 1/4큰술
소금·후춧가루 조금씩
식용유 1½큰술

1 숙주는 씻어 물기를 뺀다. 고추는 씨를 뺀 뒤 곱게 채 썰고, 실파는 4cm 길이로 썰고, 마늘은 저민다.

2 달군 팬에 식용유를 두르고 마늘, 고추, 쇠고기를 볶다가 숙주를 넣어 센 불에서 볶는다.

3 실파를 넣고 소금, 후춧가루로 간을 맞춘다. 마지막에 참기름을 넣는다.

tip
숙주는 센 불에서 재빨리 볶아야 물이 생기지 않아요.

숙주 베이컨볶음

굴 소스로 맛을 낸 숙주볶음. 베이컨을 넣어 풍미가 좋아요.

재료 2인분

숙주 200g
베이컨 4장
피망·붉은 피망 1/4개씩
대파 1/4뿌리
마늘 2쪽
굴 소스 1큰술
통깨 1/2큰술
식용유 1큰술

1 숙주는 씻어 물기를 뺀다. 피망과 대파는 채 썰고, 마늘은 저민다. 베이컨은 3cm 길이로 썬다.

2 달군 팬에 베이컨을 볶다가 마늘, 대파를 넣고 볶아 향을 낸다.

3 숙주와 피망을 넣고 굴 소스로 간해 센 불에서 재빨리 볶은 뒤 통깨를 뿌린다.

tip
베이컨 대신 차돌박이를 넣어도 맛있어요. 마른고추를 넣어 매콤한 맛을 더해도 좋습니다.

가지나물

여름 밥상에 자주 오르는 반찬이에요. 양념이 쏙쏙 배어 맛있어요.

재료 2인분

가지 1개
실파 1/2뿌리
소금 조금

무침 양념

간장 1/2큰술
고춧가루 1/2작은술
다진 파 1/4큰술
다진 마늘 1/4작은술
참기름 1/2큰술
깨소금 1/2작은술

1 가지는 꼭지를 떼고 반 갈라 김 오른 찜솥에 부드럽게 찐다. 전자레인지에 '강'으로 1분 정도 쪄도 된다. 한 김 식으면 먹기 좋게 찢는다.

2 실파는 송송 썰어 무침 양념 재료와 섞는다.

3 찐 가지에 무침 양념을 넣어 조물조물 무친다. 부족한 간은 소금으로 맞춘다.

tip

가지를 햇볕에 말려두었다가 불려서 볶거나 무쳐 먹으면 맛있어요. 제철인 늦여름에 넉넉히 사서 어슷하게 썰어 채반에 펼쳐놓고 말리면 됩니다.

가지볶음

가지를 양파와 함께 볶은 부드럽고 고소한 채소 반찬이에요.

재료 2인분

가지 1개
양파 1/4개
실파 1½뿌리
간장 1큰술
설탕 1/2작은술
다진 마늘 1작은술
참기름·깨소금 1/2작은술씩
소금·후춧가루 조금씩
식용유 1½큰술

1 가지는 꼭지를 떼고 반 갈라 어슷하게 썬다. 연한 소금물에 10분 정도 담가 아린 맛을 뺀 뒤 종이타월로 물기를 닦는다.

2 양파는 반 갈라 굵게 채 썰고, 실파는 3cm 길이로 썬다.

3 팬에 식용유를 두르고 양파와 가지를 볶다가 간장, 설탕, 다진 마늘을 넣고 소금으로 간을 맞춘다. 마지막에 후춧가루, 참기름, 깨소금, 실파를 넣어 한 번 더 볶는다.

tip

가지는 떫은맛이 있는 데다 공기와 닿으면 색깔이 변해요. 썰어서 물에 담갔다가 조리해야 떫은맛도 빠지고 보라색을 살릴 수 있어요. 고추장을 넣어 매콤하게 볶아도 맛있습니다.

오이볶음

오이를 소금에 절여 물기를 꼭 짠 뒤 센 불에 볶아 아작아작해요.

재료 2인분

오이 1개
다진 파 1/2큰술
다진 마늘 1/2작은술
실고추 조금
참기름·깨소금 1/4큰술씩
소금 1/2큰술
식용유 1큰술

1 오이를 소금으로 문질러 씻어 얇고 동글동글하게 썬다. 소금을 뿌려 15분 정도 절인 뒤 물기를 꼭 짠다.

2 달군 팬에 식용유를 두르고 오이를 볶다가 다진 파와 마늘을 넣어 좀 더 볶는다.

3 불을 끄고 참기름, 깨소금을 넣어 섞은 뒤 실고추를 올린다.

tip
오이볶음은 센 불에서 재빨리 볶아 얼른 식혀야 파랗고 아작 아작해요. 소금에 절여 물기를 꼭 짜야 볶아놓아도 물이 생기지 않습니다. 다진 쇠고기와 함께 볶아도 맛있어요.

애호박 새우젓볶음

살캉살캉 씹는 맛이 좋고, 새우젓으로 간해 깊은 맛이 나요.

재료 2인분

애호박 1/2개
돼지고기(안심) 40g
다진 파 1/2큰술
다진 마늘 1/2작은술
새우젓국 1큰술
고춧가루 1/4큰술
실고추 조금
참기름·깨소금 1/2큰술씩
식용유 1큰술
물 2큰술

돼지고기 밑간

간장 1작은술
청주 조금
다진 마늘 1/4작은술

1 애호박은 반 갈라 0.5cm 두께로 썬다.

2 돼지고기는 채 썰어 밑간 양념에 무친다.

3 달군 팬에 식용유를 두르고 돼지고기를 볶는다.

4 돼지고기가 살짝 익으면 애호박과 새우젓국을 넣어 가볍게 볶다가 나머지 양념을 모두 넣고 물을 뿌려가며 천천히 볶는다. 마지막에 실고추를 올린다.

tip
돼지고기를 넣지 않고 애호박에 새우젓만 넣어 볶아도 맛있어요. 이때 참기름을 넣으면 좋습니다. 고소한 참기름과 짭짤한 새우젓이 의외로 잘 어울려요.

깻잎나물

여린 깻잎을 들기름으로 양념해 볶아 고소한 맛과 향이 좋아요.

재료 2인분

여린 깻잎 200g
식용유 1큰술
물 1½큰술

깻잎 양념

국간장 1큰술
다진 파 1/2큰술
다진 마늘 1/2작은술
들기름 1큰술
깨소금 1/2큰술

1 깻잎은 끓는 물에 소금을 넣고 살짝 데쳐서 찬물에 헹궈 물기를 꼭 짠다.

2 데친 깻잎에 양념을 넣어 조물조물 무친다.

3 달군 팬에 식용유를 두르고 약한 불에서 깻잎을 볶다가 물을 넣어 부드럽게 볶는다.

tip
깻잎과 들기름은 아주 잘 어울려요. 물을 조금씩 부려가며 볶으면 양념이 잘 배어들고 촉촉해서 더 맛있습니다.

깻잎찜

깻잎에 양념을 발라 살짝 쪘어요. 밥에 올려 먹으면 그만이에요.

재료 2인분

깻잎 25장
풋고추·붉은 고추 1개씩
쪽파 2뿌리

양념장

간장 1½큰술
설탕 조금
고춧가루 2큰술
다진 마늘 1큰술
다진 생강 1/2작은술
통깨 조금
물 1/4컵

1 깻잎은 1장씩 흐르는 물에 깨끗이 씻어 물기를 턴다.

2 고추는 반 갈라 씨를 뺀 뒤 송송 썰고, 쪽파도 송송 썬다.

3 양념장 재료를 고루 섞는다.

4 얕은 냄비에 깻잎을 3~4장씩 겹쳐 양념장을 바르고 쪽파와 고추를 뿌리며 켜켜이 담은 뒤, 물을 붓고 뚜껑을 덮어 살짝 찐다.

tip
양념장 바른 깻잎을 유리그릇에 담아 전자레인지에 3분 정도 쪄도 되고, 생으로 먹어도 맛있어요. 양념장에 멸치액젓을 넣으면 또 다른 맛을 즐길 수 있습니다.

꽈리고추찜

꽈리고추에 밀가루를 입혀 찐 다음 간장 양념에 버무렸어요.

재료 2인분

꽈리고추 20개
밀가루 1/2큰술

무침 양념

간장 1큰술
다진 파 1큰술
다진 마늘 1/2작은술
고춧가루·참기름 1/2큰술씩
깨소금 1/4큰술

1 꽈리고추는 꼭지를 뗀다. 큰 것은 반 갈라 씨를 뺀다.

2 꽈리고추에 밀가루를 뿌려 고루 버무린다.

3 꽈리고추를 찜솥에 넣고 흰 가루가 보이지 않도록 분무기로 물을 뿌려 10분 정도 찐다.

4 무침 양념을 섞은 뒤 찐 꽈리고추를 넣어 고루 무친다.

tip

밀가루가 묻은 꽈리고추를 찜솥에 올릴 때 젖은 면 보자기를 깔아야 고추가 들러붙지 않아요. 오래 찌면 고추의 색과 향이 사라지니 살짝만 쪄내세요.

풋고추 된장무침

구수하면서 매콤한 반찬. 조리법이 간단해 금세 만들 수 있어요.

재료 2인분

풋고추 5개
물엿 1작은술

무침 양념

재래식 된장 1/2큰술
시판 된장 1/2큰술
볶은 들깨 1/2큰술

1 풋고추는 조금 매운 것으로 준비한다. 씻어 꼭지를 떼고 물기를 닦은 뒤 1cm 길이로 썬다.

2 무침 양념 재료를 고루 섞는다.

3 풋고추에 무침 양념을 넣고 고루 버무린 뒤 물엿을 넣어 단맛과 윤기를 더한다.

tip

고추를 썰지 않고 통째로 버무려도 좋아요. 이때는 작은 고추로 준비해 양념이 잘 배도록 꼬치나 칼끝으로 구멍을 내세요. 오이고추를 숭숭 썰어 된장, 참기름으로 무쳐도 맛있어요.

무생채

무를 살짝 절여 고춧가루에 무쳤어요. 무의 시원한 맛이 좋아요.

재료 2인분

무 1/4개(200g)
소금 1/2큰술

무침 양념

고춧가루 1/2큰술
설탕·식초 1큰술씩
다진 파 1큰술
다진 마늘 1/2작은술
소금 1작은술
통깨 조금

1 무를 곱게 채 썰어서 소금을 뿌려 살짝 절인 뒤 물기를 꼭 짠다.

2 절인 무채에 고춧가루를 넣어 버무린다.

3 무채에 고춧물이 들면 나머지 양념을 넣어 조물조물 무친다.

tip
먼저 무에 고춧가루로 붉은 물을 들인 뒤 양념하세요. 한꺼번에 넣고 무치면 고춧가루가 겉돌아 색이 예쁘지 않게 됩니다.

무나물

무채를 볶다가 뚜껑을 덮어 뭉근히 익힌 숙채. 부드럽고 담백해요.

재료 2인분

무 250g
국간장 1/2큰술
다진 파 1/2큰술
다진 마늘 1/2작은술
생강즙 1/2작은술
참기름 1/2큰술
통깨 조금
소금 1/4큰술
식용유 1큰술

1 무를 곱게 채 썬다.

2 냄비에 식용유를 두르고 무채를 볶다가 숨이 죽으면 소금과 국간장으로 간하고 다진 파, 다진 마늘, 생강즙을 넣어 고루 섞는다.

3 뚜껑을 덮어 약한 불에서 부드럽게 익힌 뒤 참기름과 통깨를 넣는다.

tip
무채를 들기름에 볶아 들깻가루를 뿌리면 고소한 맛이 좋아요. 기름에 볶는 대신 냄비에 담고 소금물을 부어 끓이다가 양념해 익혀도 됩니다.

버섯볶음

은은한 향과 쫄깃한 맛이 일품인 버섯 반찬.

재료 2인분

표고버섯 70g
느타리버섯 70g
풋고추 1/2개
다진 파 1/4작은술
다진 마늘 1/4작은술
실고추 조금
참기름 조금
깨소금 1/4작은술
소금 조금
식용유 1큰술
물 1큰술

1 표고버섯은 기둥을 떼고 채 썬다. 느타리버섯은 굵게 찢는다.

2 풋고추는 꼭지를 떼고 반 갈라 씨를 뺀 뒤 채 썬다.

3 달군 팬에 식용유를 두르고 다진 파, 다진 마늘, 표고버섯, 느타리버섯을 볶다가 풋고추를 넣어 기름이 돌도록 볶는다.

4 물을 뿌려 타지 않게 좀 더 볶다가 소금, 참기름, 깨소금으로 맛을 낸다. 마지막에 실고추를 올린다.

tip
마른 표고버섯은 미지근한 물에 불려 물기를 짠 뒤 기둥을 떼고 갓만 사용해요.

표고버섯 고추장볶음

향이 진한 표고버섯을 매콤하게 볶았어요. 씹는 맛도 좋아요.

재료 2인분

표고버섯 100g
당근·양파 1/4개씩
풋고추 1개
고추장 1/4큰술
다진 파 1/4작은술
다진 마늘 1/4작은술
참기름 1/2작은술
깨소금 1/4작은술
소금 조금
식용유 1큰술

1 표고버섯은 기둥을 떼고 저민다.

2 당근과 양파는 곱게 채 썰고, 풋고추는 반 갈라 어슷하게 썬다.

3 달군 팬에 식용유를 두르고 고추장, 다진 파, 다진 마늘을 넣어 볶다가 표고버섯, 당근, 양파를 넣어 볶는다.

4 풋고추를 넣고 부족한 간은 소금으로 한다. 마지막에 참기름, 깨소금으로 맛을 낸다.

tip
매운맛을 좋아하면 청양고추를 1개 정도 더 넣어도 좋아요.

감자볶음

감자와 양파를 함께 볶아 맛이 순해요. 도시락 반찬으로도 좋아요.

재료 2인분

감자 1½개
양파 1/4개
풋고추 1개
깨소금·소금 조금씩
식용유 1큰술

1 감자는 껍질을 벗기고 굵게 채 썰어 찬물에 담갔다가 물기를 뺀다.

2 양파와 풋고추는 채 썬다.

3 달군 팬에 식용유를 두르고 감자를 볶다가 양파를 넣어 잠시 더 볶는다.

4 고추와 깨소금을 넣고 소금으로 간을 맞춰 살캉살캉하게 볶는다.

tip
감자를 채 썰어 찬물에 잠시 담가두면 녹말이 빠져 팬에 눌어붙지 않고 색도 변하지 않아요.

감자 쇠고기볶음

쇠고기를 넣어 맛과 영양을 더한 감자볶음.

재료 2인분

감자(큰 것) 1개
다진 쇠고기 25g
풋고추 1½개
붉은 고추 1/4개
깨소금·소금 조금씩
식용유 1큰술

쇠고기 양념

고추장 1/4큰술
다진 파 1/4큰술
다진 마늘 1/2작은술

1 감자는 껍질을 벗기고 굵게 채 썰어 찬물에 담갔다가 물기를 뺀다. 고추는 채 썬다.

2 다진 쇠고기는 양념에 무친다.

3 달군 팬에 식용유를 두르고 양념한 쇠고기를 볶다가 감자를 넣어 볶는다.

4 고추와 깨소금을 넣고 소금으로 간을 맞춰 살캉살캉하게 볶는다.

tip
쇠고기 대신 소시지를 넣어 볶으면 반찬으로는 물론 빵과 함께 먹어도 잘 어울려요.

피망볶음

청·홍피망을 돼지고기와 함께 볶은 중국풍 반찬이에요.

재료 2인분

피망 1개
붉은 피망 1/4개
돼지고기 50g
대파 1/8뿌리
생강 1톨
간장 1작은술
청주 1/2큰술
참기름 조금
소금 1/4작은술
식용유 1큰술

돼지고기 밑간

청주 1/2큰술
간장 1/2작은술
녹말가루 조금

1 돼지고기는 채 썰어 밑간 양념에 무친다.

2 피망, 대파, 생강도 채 썬다.

3 160℃의 기름에 돼지고기를 넣고 뭉치지 않게 젓가락으로 풀면서 부드럽게 데친다.

4 달군 팬에 식용유를 두르고 대파, 생강을 볶아 향을 낸 뒤 데친 돼지고기를 넣어 볶는다. 청주, 간장으로 간을 한다.

5 피망을 넣고 재빨리 볶아 소금과 참기름으로 맛을 낸다.

tip
피망볶음에 당면을 넣어 피망 잡채를 만들어도 별미예요. 풋고추를 넣어 매운맛을 내도 좋아요.

모둠 채소구이

단호박, 감자, 버섯 등에 발사믹 소스를 뿌려 오븐에 구웠어요.

재료 2인분

단호박 1/6개
감자·당근·양파 1/4개씩
청·홍 파프리카 1/4개씩
새송이버섯 1/2개
양송이버섯 1개

발사믹 소스

발사믹 식초 1½큰술
올리브유 1큰술
소금·후춧가루 조금씩

1 단호박과 당근은 얇게 썰고, 감자는 웨지 모양으로 썬다. 양파와 파프리카도 비슷한 크기로 썬다. 새송이버섯은 반 가르고, 양송이버섯은 기둥을 떼고 저민다.

2 발사믹 소스 재료를 고루 섞는다.

3 오븐 팬에 채소를 담고 발사믹 소스를 골고루 뿌려 120℃로 예열한 오븐에 20분 정도 굽는다.

4 구운 채소를 접시에 담고 발사믹 소스를 뿌린다.

tip
올리브유, 소금, 후춧가루, 프레시 타임, 로즈메리를 섞은 뒤, 채소를 넣고 3~4시간 정도 재웠다가 구워보세요. 허브의 향이 채소에 가득 배어 맛이 더 좋아집니다.

도라지 오징어 초무침

도라지와 오이, 데친 오징어를 함께 무쳐 채소와 해물의 맛을 한입에 느낄 수 있어요.

재료 2인분

도라지 100g
오이 1/2개
오징어 1/2마리

무침 양념

고추장 1/2큰술
고춧가루 1/4큰술
설탕·식초 1/2큰술씩
다진 파 1/2큰술
다진 마늘 1/2작은술
깨소금 1/2작은술

1 도라지는 껍질을 벗겨 가늘게 가르고, 긴 것은 먹기 좋게 썬다. 소금을 1큰술 뿌려 주무른 뒤 충분히 헹궈 물기를 뺀다.

2 오징어는 내장을 빼고 반 갈라 뼈를 떼어낸 뒤, 종이타월로 껍질을 잡고 벗겨 깨끗이 씻는다.

3 오징어 안쪽에 사선으로 촘촘히 칼집을 넣고 몸통은 2×5cm 크기, 다리는 5cm 길이로 썬다. 끓는 물에 데쳐서 찬물에 헹궈 물기를 뺀다.

4 오이는 반 갈라 어슷하게 썬다.

5 무침 양념 재료를 고루 섞는다.

6 도라지와 오이, 오징어를 한데 담고 무침 양념을 넣어 살살 버무린다.

tip
오징어에 칼집을 넣으면 익으면서 오그라드는 것을 막아 모양이 좋을 뿐 아니라 양념이 속까지 배어들어 더 맛있어요.

도라지 오이생채

쌉쌀한 도라지와 시원한 오이를 초고추장에 무쳤어요.

재료 2인분

도라지 100g
오이 1/2개
소금 1큰술

무침 양념

고추장 1/2큰술
고춧가루 1/4큰술
설탕·식초 1/2큰술씩
다진 파 1/2큰술
다진 마늘 1/2작은술
깨소금 1/2작은술

1 도라지는 껍질을 벗기고 가늘게 갈라 먹기
좋게 썬다. 소금을 뿌려 주무른 뒤 충분히
헹궈 물기를 뺀다.

2 오이는 반 갈라 어슷하게 썬 뒤 소금에 절여
가볍게 짠다.

3 무침 양념 재료를 고루 섞는다.

4 도라지와 오이에 무침 양념을 넣어 조물조
물 무친다.

tip

미리 무쳐두면 물이 생겨 맛과 모양이 떨어지니 먹기 직전에
무치세요.

파채무침

대파를 고춧가루에 무친 간단 반찬. 고기에 곁들이면 잘 어울려요.

재료 2인분

대파 1뿌리

무침 양념

고춧가루 1/2큰술
소금·설탕 1/2작은술씩
식초 1/2큰술
참기름·깨소금 1/2작은술씩

1 대파를 10cm 길이로 썰고 반 갈라 가늘게
채 썬다. 파채 칼로 썰면 편하다.

2 채 썬 대파를 찬물에 30분 정도 담가 매운맛
을 뺀 뒤 물기를 뺀다.

3 대파에 무침 양념을 넣어 무친다.

tip

파의 독특한 향을 내는 성분인 알리신은 고기나 생선의 냄새
를 없애고 살균·살충작용을 해요. 몸을 따뜻하게 하고 소화를
돕는 효능도 있어 고기 요리, 생선 요리와 함께 먹으면 좋습
니다.

더덕생채

아작아작한 더덕을 잘게 찢어 소금, 간장, 고추장 3가지 양념으로 맛을 냈어요.

재료 2인분

더덕 300g

소금 양념

설탕·식초 1/2큰술씩
다진 파 1/2큰술
다진 마늘 1/4작은술

간장 양념

간장 1/4큰술
다진 파 1/2큰술
다진 마늘 1/4작은술
참기름 1/2큰술

고추장 양념

고추장·국간장 1/2큰술씩
고춧가루 1/4큰술
설탕·식초 1/2큰술씩
다진 파 1/2큰술
다진 마늘 1/4작은술
참기름 1/2큰술

1 더덕은 씻어서 껍질을 칼로 돌려가며 뜯어내듯 벗긴 뒤, 찬물에 담가 쓴맛을 우려내고 물기를 뺀다.

2 물기 뺀 더덕을 반 갈라서 방망이로 자근자근 두들겨 납작하게 편다.

3 부드러워진 더덕을 잘게 찢어 3등분으로 나눈다.

4 소금 양념, 간장 양념, 고추장 양념을 각각 만든다.

5 3등분한 더덕을 각각의 양념에 조물조물 무친다.

tip
더덕은 껍질이 억세고 주름이 많아 칼로 벗기면 결이 보풀보풀 일어나요. 너무 세게 두드리면
살이 터지기 쉬우니 가볍게 자근자근 두드리세요.

더덕구이

더덕을 자근자근 두들겨 고추장으로 양념해 구운 별미 반찬.

재료 2인분

더덕 200g

기름장

간장 1/2큰술
참기름 1큰술

양념장

고추장 1큰술
고춧가루 1/2큰술
간장 1/4큰술
설탕 1작은술
다진 파 1/2큰술
다진 마늘 1/4작은술
참기름·깨소금 1/2큰술씩

1 더덕은 껍질을 벗기고 찬물에 담가 쓴맛을 뺀 뒤, 반 갈라서 방망이로 두들겨 납작하게 편다.

2 기름장과 양념장을 각각 만든다.

3 부드러워진 더덕에 기름장을 바른다.

4 달군 석쇠에 더덕을 얹어 약한 불에서 앞뒤로 살짝 굽는다. 팬에 구워도 좋다.

5 더덕이 살짝 익으면 양념장을 고루 발라가며 앞뒤로 굽는다.

tip

양념구이를 할 때는 기름장을 발라 애벌구이를 해야 깔끔해요. 안 그러면 재료가 익기도 전에 양념장이 타버립니다.

도라지나물

도라지를 볶다가 물을 넣고 부드럽게 익힌 담백한 나물이에요.

재료 2인분

도라지 100g
참기름 1/2큰술
깨소금 1/4큰술
소금 조금
식용유 1큰술
물 2큰술

도라지 양념

국간장 1/2큰술
다진 파 1/2큰술
다진 마늘 1/4큰술
다진 생강 1/4작은술

1 도라지를 짧게 잘라서 소금을 뿌려 바락바락 주무른 뒤, 찬물에 여러 번 헹궈 쓴맛을 뺀다.

2 도라지를 끓는 물에 데쳐서 찬물에 헹궈 물기를 짠 뒤 양념에 조물조물 무친다.

3 냄비에 식용유를 두르고 도라지를 볶다가 물을 넣고 뚜껑을 덮어 잠시 익힌다.

4 국물이 자작해지면 소금으로 간을 하고 참기름, 깨소금으로 맛을 낸다.

tip

도라지는 쓴맛이 있어 조리하기 전에 소금을 넣고 주무르거나 소금물에 담가두어야 해요. 국간장으로만 간을 하면 색이 검어지니 간은 소금으로 맞추세요.

고구마순 간장볶음

삶은 고구마순을 들기름에 볶아 부드럽고 고소해요.

재료 2인분

고구마순 100g
들기름 1큰술
통깨 조금

고구마순 양념

국간장 1큰술
다진 파 1/2큰술
다진 마늘 1/4큰술
소금 조금

1 고구마순은 끝부분을 꺾어 껍질을 벗기고
  끓는 물에 삶아 찬물에 헹군다. 물기를 꼭
  짜서 5cm 길이로 썬다.

2 삶은 고구마순을 양념에 조물조물 무친다.

3 팬에 들기름을 두르고 고구마순을 볶은 뒤
  통깨를 뿌린다.

tip
고구마순으로 김치를 담가 먹기도 해요. 소금에 살짝 절여 김
치 양념에 버무리면 됩니다. 마른 고구마순은 푹 삶아 불려서
나물을 해 먹어도 맛있어요.

고구마순 들깨볶음

들깨즙을 넣고 볶아 고소한 향이 풍부하고 까끌거리지도 않아요.

재료 2인분

고구마순 100g
들깨 1/4컵
들기름 1큰술
물 2큰술

고구마순 양념

국간장 1큰술
다진 파 1/2큰술
다진 마늘 1/2작은술

1 들깨를 분마기나 믹서에 담고 물을 조금씩
  부어가며 곱게 갈아 체에 내린다.

2 고구마순은 끝부분을 꺾어 껍질을 벗기고 끓
  는 물에 삶아 찬물에 헹군다. 물기를 꼭 짜서
  5cm 길이로 썬다.

3 삶은 고구마순을 양념에 조물조물 무친다.

4 팬에 들기름을 두르고 고구마순을 볶다가
  ①의 들깨즙을 넣어 볶는다. 뚜껑을 덮어 잠
  시 뜸을 들인다.

tip
고구마순은 된장이나 고추장으로 양념해 볶아도 좋고, 고춧
가루나 젓국에 무쳐도 별미예요. 들깨를 가는 것이 번거로우
면 시판 들깻가루를 써도 됩니다.

궁채볶음

오독오독 씹는 맛이 매력인 이색 나물. 들깻가루를 넣어 고소함을 더했어요.

재료 2인분

불린 궁채 150g
붉은 고추 1/2개
들깻가루 1큰술
들기름 1큰술
소금 조금

궁채 양념

국간장 1½큰술
다진 파 1/2큰술
다진 마늘 1/2작은술

1 궁채는 5cm 길이로 썰고, 붉은 고추는 반 갈라 송송 썬다.

2 궁채를 양념에 조물조물 무친다.

3 팬에 들기름을 두르고 뜨거워지면 양념한 궁채와 붉은 고추, 들깻가루를 넣어 볶는다. 부족한 간은 소금으로 맞춘다.

4 뚜껑을 덮고 잠시 뜸을 들여 부드럽게 한다.

tip
궁채는 상추의 일종으로 줄기상추라고도 해요. 말린 상태로 팔거나 말린 것을 불려서 파는데,
마른 궁채를 샀다면 물을 갈아가며 2~3시간 불려서 사용하세요. 맑은 물이 나올 때까지 바락바
락 씻어야 궁채 특유의 냄새가 빠집니다. 기호에 따라 들깻가루를 넉넉히 넣어도 좋아요.

보름나물

정월 대보름에 먹는 시절 음식. 마른 채소로 만드는 구수한 나물 반찬이에요.

취나물

재료 2인분

마른 취 70g
식용유 1큰술
소금물 1/2컵
(소금 1/2큰술, 물 1/2컵)

볶음 양념

국간장 1½큰술
다진 파 1/2큰술
다진 마늘 1/2작은술
참기름(또는 들기름) 1/2큰술
통깨·실고추 조금씩

1 마른 취를 삶아서 물에 1시간 이상 담가 부드럽게 불린 뒤 물기를 가볍게 짠다. 취와 같은 마른 나물은 삶아서 찬물에 충분히 담가두었다가 조리해야 쓴맛이 돌지 않는다.

2 팬에 식용유를 두르고 삶은 취를 볶다가 소금물을 붓는다. 끓으면 볶음 양념을 넣어 자작하게 익힌다.

시래기나물

재료 2인분

시래기 50g
식용유 1큰술
물 2큰술

시래기 양념

국간장·된장 1/2큰술씩
고추장 1/4큰술
다진 파 1/2큰술
다진 마늘 1/2작은술
참기름(또는 들기름) 1/2큰술
깨소금 1/2큰술

1 시래기를 푹 삶아 억센 줄기는 껍질을 벗기고 7cm 길이로 썬다. 따뜻한 물에 담가 쓴맛을 우린 뒤 찬물에 헹궈 물기를 짠다.

2 시래기를 양념에 조물조물 무친다.

3 달군 팬에 식용유를 두르고 시래기를 무르도록 볶다가 물을 자작하게 넣어 더 볶는다.

호박고지나물

재료 2인분

호박고지 50g
식용유 1큰술
소금물 1/2컵
(소금 1/2큰술, 물 1/2컵)

볶음 양념

국간장 1큰술
다진 파 1/2큰술
다진 마늘 1/2작은술
실고추 조금
참기름(또는 들기름) 1/2큰술
깨소금 1/2작은술

1 호박고지를 미지근한 물에 담가 부드럽게 불린 뒤 부서지지 않도록 가볍게 짠다.

2 달군 팬에 식용유를 두르고 호박고지를 볶다가 소금물을 넣는다. 끓으면 파, 마늘, 국간장을 넣어 볶는다.

3 뚜껑을 덮어 잠시 뜸을 들인다. 부드러워지면 참기름, 깨소금, 실고추를 넣어 맛을 낸다.

tip

호박고지는 오래 불리면 흐물흐물하고 감칠맛이 줄어들어요. 적당히 불려 기름에 볶다가 물을 조금 붓고 뜸을 들이는 게 요령입니다. 마른 나물은 물에 불리면 양이 3배 정도로 불어나니 양을 잘 가늠해 만드세요.

고사리나물

삶은 고사리를 국간장으로 양념해 볶았어요. 푹 익혀 부드러워요.

재료 2인분

삶은 고사리 150g
소금·후춧가루 조금씩
식용유 1큰술
물 1½큰술

고사리 양념

국간장 1½큰술
다진 파 1큰술
다진 마늘 1/2큰술
참기름·깨소금 1/2큰술씩

1 고사리를 물에 담가 충분히 우려낸 뒤 물기를 꼭 짠다. 5cm 길이로 썰어서 양념해 간이 배도록 잠시 둔다.

2 팬에 식용유를 두르고 고사리를 볶다가 물을 넣고 뚜껑을 덮어 중약불로 뜸을 들인다.

3 국물이 자작해지면 뚜껑을 열고 소금, 후춧가루로 맛을 낸다.

tip
고사리는 비린 맛이 있어 다른 나물보다 마늘을 넉넉히 넣고 볶아야 해요. 불을 끄고 나서 뚜껑을 덮어 5분쯤 뜸을 들여야 부드럽고 맛있어요.

생취나물

취는 봄에 나는 대표 산나물이에요. 생취를 데쳐서 볶았어요.

재료 2인분

취 80g
식용유 1큰술
물 1½큰술

취 양념

국간장 1/2큰술
다진 파 1/2큰술
다진 마늘 1/2큰술
참기름 1/2작은술
깨소금·소금 조금씩

1 취는 단단한 줄기를 떼어내고 끓는 물에 데쳐서 찬물에 헹궈 꼭 짠다.

2 무침 양념 재료를 고루 섞는다.

3 데친 취에 양념을 넣어 조물조물 무친다.

4 달군 팬에 식용유를 두르고 양념한 취를 볶다가 물을 붓고 뚜껑을 덮어 뜸을 들인다.

tip
나물 양념에 된장을 조금 넣어도 구수하고 맛있어요.

냉이무침

향이 좋은 냉이를 된장과 고추장 2가지 양념으로 무쳤어요.

재료 2인분

냉이 200g

된장 양념

된장 1/2큰술
다진 파 1/2큰술
다진 마늘 1/2작은술
참기름·깨소금 1/2큰술씩

고추장 양념

고추장 1큰술
식초 1/2큰술
다진 파 1/2큰술
다진 마늘 1/2작은술
설탕 1/2작은술
참기름·깨소금 1/2작은술씩

1 냉이를 다듬어 씻어 끓는 물에 데친 뒤, 찬 물에 헹궈 물기를 짠다.

2 된장 양념과 고추장 양념을 각각 만든다.

3 데친 냉이를 반으로 나눠 각각의 양념에 조 물조물 무친다.

tip

냉이를 데칠 때 소금을 조금 넣으면 푸른색을 살릴 수 있어 요. 끓는 물에 넣을 때는 뿌리부터 넣어야 고르게 익어요.

달래무침

상큼한 맛과 향이 입맛을 살리는 봄나물이에요.

재료 2인분

달래 50g

무침 양념

간장·식초 1/2큰술씩
고춧가루 1/2작은술
설탕 1/4큰술
참기름 1/2큰술
깨소금 1/2작은술

1 달래는 뿌리의 껍질을 벗겨내고 흐르는 물 에 꼼꼼히 씻는다.

2 달래를 먹기 좋게 자른다. 알뿌리가 큰 것은 칼 옆면으로 살짝 누른다.

3 무침 양념 재료를 고루 섞는다.

4 달래에 무침 양념을 넣어 가볍게 무친다.

tip

달래에 파, 마늘의 맛과 향이 있으니 무칠 때 파, 마늘은 넣지 마세요. 찌개나 장아찌 등에 달래를 넣어도 좋아요.

미나리무침

미나리를 데쳐 간장으로 양념하고 참기름으로 고소함을 더했어요.

재료 2인분

미나리 150g

무침 양념

간장 1/2큰술
참기름 1/2큰술
깨소금 1/2작은술
소금 조금

1 미나리는 잎을 떼고 다듬어 흐르는 물에 씻은 뒤 끓는 물에 데친다.

2 데친 미나리를 5cm 길이로 썬다.

3 미나리에 무침 양념을 넣어 가볍게 무친다.

tip
미나리강회처럼 미나리만 데쳐서 초고추장을 찍어 먹어도 맛있어요.

미나리 오이 초무침

여러 채소와 초고추장에 무친 미나리나물. 생으로 무쳐 신선해요.

재료 2인분

미나리 50g
오이 1/4개
당근 15g
상추 2장
붉은 고추 1/2개

초고추장

고추장 1½큰술
설탕·물엿 1/2큰술씩
식초 1큰술
다진 마늘 1/2작은술
통깨 1/2작은술

1 미나리는 잎을 떼고 다듬어 씻어 물기를 뺀 뒤 5cm 길이로 썬다.

2 오이는 반 갈라 어슷하게 썰고, 당근과 붉은 고추는 곱게 채 썬다. 상추는 굵게 채 썬다.

3 초고추장 재료를 고루 섞는다.

4 미나리, 오이, 당근, 고추를 한데 담고 초고추장을 넣어 가볍게 무친다.

tip
미나리는 향이 좋아 고기 요리나 생선 요리와 함께 먹으면 잘 어울려요.

미역 오이무침

미역을 파랗게 데쳐 오이, 당근과 함께 새콤달콤하게 무쳤어요.

재료 2인분

마른미역 30g
오이 1/2개
당근 1/8개
소금 조금

무침 양념

설탕·식초 1큰술씩
참기름 1작은술

1 마른미역은 물에 불려 끓는 물에 파르스름하게 데친 뒤, 찬물에 헹궈 물기를 빼고 4cm 길이로 썬다.

2 오이는 반 갈라 어슷하게 썰고, 당근도 오이와 비슷한 크기로 썬다. 각각 소금에 절여 꼭 짠다.

3 미역과 오이, 당근을 한데 담고 무침 양념을 넣어 고루 무친다.

tip

제철 생미역을 무쳐도 맛있는데, 미역 특유의 갯냄새를 좋아한다면 데치지 않고 그대로 양념해도 좋아요. 간장 양념으로 무쳐도 색다른 맛을 즐길 수 있습니다.

미역줄기볶음

꼬들꼬들한 미역줄기를 간장으로 양념해 기름에 볶았어요.

재료 2인분

염장 미역줄기 150g
풋고추 1/2개
식용유 1큰술

미역줄기 양념

간장 1큰술
청주 1/2작은술
다진 마늘 1/2큰술
통깨 조금

1 미역줄기는 물에 담가 짠맛을 완전히 뺀 뒤, 맑은 물에 헹궈 먹기 좋게 썬다.

2 풋고추는 반 갈라 씨를 빼고 채 썬다.

3 미역줄기에 양념을 넣어 조물조물 무친다.

4 달군 팬에 식용유를 두르고 양념한 미역줄기를 볶다가 고추를 넣어 좀 더 볶는다.

tip

염장 미역줄기는 찬물에 담가 짠맛을 빼고 조리해야 해요. 담가두는 시간은 염장 상태에 따라 다른데, 보통 1시간 정도 담그면 빠집니다.

파래무침

파래에 무를 넣고 멸치액젓과 식초로 무쳐 시원하고 산뜻해요.

재료 2인분

파래 100g
무 25g
붉은 고추 1/4개

무침 양념

멸치액젓·식초 1/4큰술씩
다진 파 1큰술
다진 마늘 1/2큰술
참기름·깨소금 1/4큰술씩

1 파래는 끓는 물에 데쳐 찬물에 헹군 뒤, 물기를 꼭 짜서 6cm 길이로 썬다.

2 무는 곱게 채 썰고, 붉은 고추는 반 갈라 씨를 털고 곱게 채 썬다.

3 파래에 무와 고추, 무침 양념을 넣어 고루 무친다.

tip
마른 파래를 찬물에 살짝 불려서 무쳐도 좋아요. 멸치액젓 대신 소금으로 무쳐도 좋고 된장으로 무쳐도 별미입니다.

톳무침

바다 향이 가득한 해초 반찬. 오돌오돌 씹는 맛이 일품입니다.

재료 2인분

톳 150g
무 1/8개
소금 1/4큰술

무침 양념

멸치액젓 1½큰술
고춧가루 1큰술
다진 파 1/2큰술
다진 마늘 1/2작은술
참기름·깨소금 조금씩

1 톳은 깨끗이 주물러 씻은 뒤, 끓는 물에 데쳐 찬물에 2~3번 헹군다. 물기를 빼고 3cm 길이로 썬다.

2 무는 껍질을 벗기고 가늘게 채 썰어 소금에 30분 정도 절인 뒤, 찬물에 헹궈 물기를 꼭 짠다.

3 무침 양념 재료를 고루 섞는다.

4 톳과 무를 한데 담고 무침 양념을 넣어 조물조물 무친다.

tip
톳을 초간장이나 초고추장으로 무쳐도 맛있고, 두부를 으깨어 넣어도 좋아요. 깔끔하게 즐기려면 설탕과 식초, 소금으로만 양념하세요.

도토리묵무침

구수한 도토리묵에 오이, 쑥갓을 넣고 버무린 정겨운 반찬이에요.

재료 2인분

도토리묵 1/2모
오이 1/4개
풋고추 1개
쑥갓 조금

무침 양념

간장 1½큰술
고춧가루 1/2큰술
다진 파 1/2큰술
다진 마늘 1/2작은술
설탕 1작은술
참기름·깨소금 1/2큰술씩

1 도토리묵은 도톰하게 썬다.

2 오이와 풋고추는 반 갈라 어슷하게 썰고, 쑥갓은 적당히 자른다.

3 무침 양념 재료를 고루 섞는다.

4 도토리묵과 오이, 풋고추, 쑥갓을 한데 담고 무침 양념을 넣어 고루 버무린다.

tip
도토리묵이 많으면 묵말랭이를 만들어두세요. 손가락 굵기로 채 썰어서 채반에 넣어 햇볕에 말리면 돼요. 보관하기도 좋고, 물에 불려 볶거나 조리면 쫄깃하고 맛있습니다.

메밀묵무침

메밀묵과 김치가 잘 어울리는 무침. 신 김치로 만들어야 맛있어요.

재료 2인분

메밀묵 1/2모
배추김치 50g
김 1/2장
송송 썬 실파 조금

무침 양념

간장 2작은술
설탕 1/4큰술
다진 파 1/2큰술
다진 마늘 1/4큰술
참기름 1큰술
깨소금 1/2큰술

1 메밀묵은 반 잘라 0.7cm 두께로 썬다.

2 배추김치는 잘 익은 것으로 준비해 소를 털어내고 잘게 썰어 꼭 짠다.

3 김은 파랗게 구워 잘게 부순다.

4 무침 양념 재료를 고루 섞는다.

5 메밀묵과 김치를 한데 담고 김과 실파, 무침 양념을 넣어 버무린다.

tip
손님상에는 메밀묵과 김치를 옆옆이 담고 양념장을 끼얹어 내세요. 버무리는 것보다 보기 좋아요. 메밀묵무침 양념으로 우무를 무쳐도 맛있어요. 우무를 흐르는 물에 헹궈 물기를 뺀 뒤 오이, 당근, 풋고추 등의 채소와 함께 무치면 됩니다.

꼬막 양념무침

꼬막을 삶아 양념장을 올렸어요. 조갯살이 통통하고 쫄깃해요.

재료 2인분

꼬막 1컵
청주 2큰술

양념장

간장 1½큰술
설탕·고춧가루 1/4큰술씩
다진 풋고추 1/2개분
다진 붉은 고추 1/4개분
다진 파 1/2큰술
다진 마늘 1/2작은술
참기름·깨소금 1/4큰술씩

1 꼬막을 소금물에 하룻밤 담가 해감을 뺀 뒤 바락바락 비벼 씻는다.

2 꼬막이 잠길 정도로 물을 붓고 청주를 넣어 꼬막을 삶는다. 꼬막이 벌어지면 살살 흔들어 모래를 빼면서 건져 식힌다.

3 양념장 재료를 고루 섞는다.

4 꼬막을 한쪽 껍데기만 떼어 접시에 담고 양념장을 조금씩 얹는다.

tip

조개는 오래 삶으면 질겨져요. 물이 끓고 조개가 벌어지면 바로 건져야 살이 야들야들합니다. 삶는 물에 청주를 넣으면 비린 맛이 없어져요.

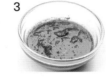

골뱅이 북어포무침

통조림 골뱅이를 매콤달콤하게 무쳐 안주로도 인기예요.

재료 2인분

골뱅이 통조림(큰 것) 1/2개
북어포 25g
오이 1/2개, 양파 1/4개
대파 1/4뿌리
풋고추 1개
붉은 고추 1/2개

무침 양념

고춧가루·식초 1큰술씩
고추장·간장 1/2큰술씩
설탕·물엿 1/2큰술씩
다진 파 1/2큰술
다진 마늘 1/2큰술
참기름 1/4큰술
깨소금·소금 조금씩

1 골뱅이 통조림은 체에 밭쳐 국물을 버린다. 큰 골뱅이는 반 자른다.

2 북어포는 찬물에 담갔다가 물기를 꼭 짠다. 큰 것은 먹기 좋게 자른다.

3 오이는 반 갈라 어슷하게 썰어 소금에 살짝 절이고, 양파는 채 썬다. 고추는 반 갈라 씨를 뺀 뒤 어슷하게 썰고, 대파는 곱게 채 썬다.

4 무침 양념 재료를 섞어 잠시 둔다.

5 준비한 재료를 함께 양념장에 버무린다.

tip

북어포는 물에 담갔다가 물기를 짜거나 골뱅이 통조림 국물에 적셔서 무쳐야 촉촉하고 맛있어요.

뚝배기 달걀찜

달걀을 뚝배기에 익혔어요. 다시마국물을 섞어 야들야들해요.

재료 2인분

달걀 2개
새우젓 1/2큰술
송송 썬 실파 1/2큰술
다진 마늘 1/2작은술
청주 1/2큰술
참기름 1/4큰술
소금 1/2작은술
다시마국물 1½컵

1 달걀을 곱게 푼 뒤 새우젓과 청주, 실파, 다진 마늘, 참기름, 소금을 넣어 고루 섞는다.

2 뚝배기에 다시마국물을 끓이다가 푼 달걀을 넣고 저어가며 약한 불에서 익힌다. 반 정도 엉기면 불을 끈다.

3 뚝배기의 열기로 달걀이 하늘하늘하게 익어 부풀었을 때 바로 먹을 수 있게 준비한다.

tip

달걀에 다시마국물을 섞으면 부드러운 달걀찜을 만들 수 있어요. 다시마국물의 양은 달걀의 3~4배가 적당합니다. 달걀물을 체에 한 번 내리면 더 부드럽고 야들야들해요.

일본식 달걀찜

달걀을 곱게 풀어 찜솥에 쪄내 부드러워요.

재료 2인분

달걀 2개
잔 새우 60g
송송 썬 실파 1/4큰술
소금 1작은술
물 1¼컵

1 달걀에 물, 소금을 넣고 잘 풀어 체에 거른 뒤 거품을 걷어낸다.

2 잔 새우는 소금물에 씻어 물기를 뺀다.

3 작은 그릇에 잔 새우를 담고 달걀물을 부은 뒤 실파를 올린다.

4 김이 오른 찜솥에 달걀 그릇을 넣고 뚜껑을 덮어 중약불에서 15분 동안 찐다. 꼬치로 찔러보아 달걀이 묻어나지 않으면 다 익은 것이다.

tip

새우 외에 파, 버섯, 당근, 닭고기 등을 넣어도 좋아요. 쉽게 만들려면 전자레인지에 10분 정도만 익히세요.

토마토 달걀볶음

영양 많고 부드러워 아이들 반찬으로 좋아요.

재료 2인분

토마토(큰 것) 1개
달걀 2개
대파 1/4뿌리
참기름 1/2큰술
소금 조금
식용유 1큰술

1 토마토는 한입 크기로 썰고, 대파는 송송 썬다.

2 달걀은 알끈을 제거하고 소금으로 간해 곱게 푼다.

3 달군 팬에 식용유를 두르고 대파를 볶아 향을 낸 뒤 토마토를 넣어 볶는다.

4 ③에 달걀물을 부어 익기 시작하면 젓가락으로 저어가며 소금으로 간해 볶는다. 마지막에 참기름으로 맛을 더한다.

tip
달걀이 살짝 덜 익은 상태에서 불을 꺼야 촉촉하고 부드러워요.

채소 달걀말이

달걀말이는 누구나 좋아하는 국민 반찬이에요. 다진 채소를 듬뿍 넣어 맛이 풍성해요.

재료 2인분

달걀 3개
양송이버섯 2개
당근 15g
양파 1/8개
실파 2부리
청주 1/4큰술
소금 1/2큰술
식용유 1/2큰술

1 달걀은 고루 푼다.

2 양송이버섯, 당근, 양파는 다지고, 실파는 송송 썬다.

3 푼 달걀에 채소와 버섯을 넣어 섞고 소금과 청주로 간을 한다.

4 달군 팬에 식용유를 두르고 달걀물을 반만 붓는다. 윗면이 반쯤 익으면 돌돌 말아가며 끝부분에 나머지 달걀물을 부어 여러 번 만다.

5 전체가 고르게 익으면 김발에 올려 모양을 잡고 먹기 좋게 썬다.

tip
팬에 기름을 많이 두르면 달걀말이가 거칠게 부쳐져요. 기름을 두르고 종이타월로 살짝 닦아낸
뒤 달걀물을 부어 부치면 표면이 매끈합니다.

3가지 맛 달걀말이

명란, 김, 치즈 3가지 맛으로 즐기는 달걀말이. 좋아하는 다른 재료도 넣어보세요.

명란 달걀말이

재료 2인분

달걀 3개
명란젓 25g
청주 1/4큰술
소금 조금
식용유 1/2큰술

1 달걀은 알끈을 제거하고 소금, 청주로 간해 곱게 푼다.

2 달군 팬에 식용유를 살짝 두르고 달걀물을 반만 부어 윗면이 반쯤 익으면 명란을 올리고 돌돌 말아 부친다.

3 ②의 달걀을 한쪽으로 몰고 다시 식용유를 두른 뒤, 나머지 달걀물을 붓고 마저 말아 부친다.

4 김발로 모양을 잡아 먹기 좋게 썬다.

김 달걀말이

재료 2인분

달걀 3개
김 1장
청주 1/4큰술
소금 조금
식용유 1/2큰술

1 달걀은 알끈을 제거하고 소금, 청주로 간해 곱게 푼다.

2 달군 팬에 식용유를 살짝 두르고 달걀물을 반만 부은 뒤 김을 올린다. 윗면이 반쯤 익으면 돌돌 말아 부친다.

3 ②의 달걀을 한쪽으로 몰고 다시 식용유를 두른 뒤, 나머지 달걀물을 붓고 마저 말아 부친다.

4 김발로 모양을 잡아 먹기 좋게 썬다.

치즈 달걀말이

재료 2인분

달걀 3개
슬라이스 체더치즈 1장
모차렐라 치즈 50g
청주 1/4큰술
소금 조금
식용유 1/2큰술

1 달걀은 알끈을 제거하고 소금, 청주로 간해 곱게 푼다. 슬라이스 체더치즈는 2등분한다.

2 달군 팬에 식용유를 살짝 두르고 달걀물을 반만 부은 뒤 치즈를 모두 올린다. 윗면이 반쯤 익으면 돌돌 말아 부친다.

3 ②의 달걀을 한쪽으로 몰고 다시 식용유를 두른 뒤, 나머지 달걀물을 붓고 마저 말아 부친다.

4 김발로 모양을 잡아 먹기 좋게 썬다.

tip

달걀말이에 넣는 재료는 부드러운 게 좋으니 단단한 재료는 데쳐서 넣으세요.
명란 달걀말이는 알을 발라 달걀과 섞어서 부쳐도 맛있어요.

자반고등어구이

짭짤하고 고소한 밥도둑. 쌀뜨물에 담가 짠맛을 빼는 것이 맛있게 굽는 비결이에요.

재료 2인분

자반고등어 1마리
풋고추 2개
붉은 고추 1/2개
식용유 1½큰술
쌀뜨물 2컵

1 자반고등어는 소금을 털고 머리와 꼬리, 지느러미를 잘라낸 뒤, 칼을 비스듬히 뉘어 5cm 길이로 토막 낸다.

2 자반고등어를 쌀뜨물에 30분 정도 담가 짠맛을 뺀 뒤 물기를 닦는다.

3 달군 팬에 식용유를 두르고 자반고등어를 살 쪽이 아래로 가게 넣은 뒤 알루미늄 포일로 살짝 덮어 굽는다. 노릇해지면 뒤집어서 껍질 쪽도 마저 익힌다.

4 거의 다 익으면 풋고추와 붉은 고추를 채 썰어 올린다.

tip
자반고등어를 집에서 만들면 더 맛있어요. 고등어를 깨끗이 손질해서 배를 갈라 펼친 뒤 안쪽에 굵은 소금을 듬뿍 뿌려 하루 정도 절이면 맛있는 자반고등어가 됩니다.

고등어조림

지방이 많은 고등어를 매콤하게 조려 입에 착 붙어요.

재료 2인분

고등어 1마리, 무 1/4개
풋고추 1개
붉은 고추 1/2개
대파 1/2뿌리
소금 1/2큰술, 물 1/2컵

조림 양념

고추장 1/2큰술
고춧가루 1큰술
청주·물·다진 파 1큰술씩
다진 마늘 1/2큰술
다진 생강 1/4큰술
설탕·깨소금 1/4큰술씩
참기름 1/2큰술
후춧가루 조금
물 1/4컵

1 고등어는 손질해 4~5cm 길이로 토막 낸 뒤, 2~3번 칼집을 넣고 소금을 뿌려둔다.

2 무는 2cm 두께의 은행잎 모양으로 썰고, 고추와 대파는 어슷하게 썬다.

3 조림 양념 재료를 고루 섞는다.

4 냄비에 무를 깔고 고등어를 올린 뒤 조림 양념을 끼얹는다. 냄비 가장자리로 물을 자작하게 붓고 뚜껑을 덮어 끓인다.

5 국물이 끓으면 고추, 대파를 얹고 불을 줄인다. 국물을 끼얹으며 바특하게 조린다.

tip
무 외에 시래기, 말린 고구마순 등을 불려서 넣어도 구수하고 맛있어요.

고등어 김치조림

등 푸른 생선과 김치의 환상 조합이에요. 밥 한 그릇 뚝딱입니다.

재료 2인분

고등어 1마리
배추김치 1/8포기
풋고추 1개
붉은 고추 1/2개
대파 1/2뿌리
소금 1/2큰술
식용유 1큰술, 물 1컵

조림 양념

고추장·참기름 1/2큰술씩
고춧가루·청주 1큰술씩
설탕·깨소금 1/4큰술씩
다진 파 1큰술
다진 마늘 1/2큰술
다진 생강 1/4큰술
후춧가루 조금, 물 1/4컵

1 고등어는 손질해 4~5cm 길이로 토막 낸 뒤, 2~3번 칼집을 넣고 소금을 뿌려둔다.

2 김치는 밑동을 잘라내고, 고추와 대파는 어슷하게 썬다.

3 조림 양념 재료를 고루 섞는다.

4 냄비에 식용유를 두르고 김치와 고등어를 넣은 뒤 조림 양념을 끼얹는다. 냄비 가장자리로 물을 자작하게 붓고 뚜껑을 덮어 끓인다.

5 국물이 끓으면 고추, 대파를 얹고 불을 줄인다. 국물을 끼얹으며 바특하게 조린다.

tip
고등어, 꽁치, 삼치 등의 등 푸른 생선을 김치와 함께 조리면, 비린 맛이 줄고 김치에는 생선 맛이 들어 잘 어울려요.

삼치구이

소금으로 간해 구워 삼치 본래의 맛을 살렸어요.

재료 2인분

삼치 1마리
소금 조금
식용유 1큰술

1 삼치는 머리와 내장을 제거하고 흐르는 물에 씻어 종이타월로 물기를 닦는다.

2 꼬리를 자르고 등뼈를 중심으로 포를 떠서 먹기 좋게 토막 낸다. 소금을 뿌려 10분 정도 절인 뒤 물기를 닦는다.

3 달군 팬에 식용유를 두르고 삼치를 앞뒤로 노릇하게 굽는다.

tip

생선구이는 어떤 생선이든 소금이나 간장으로 밑간해 구우세요. 생선의 기름과 어우러져 맛있게 구워져요.

삼치 데리야키구이

달착지근한 데리야키 소스로 맛을 낸 일본식 생선 반찬.

재료 2인분

삼치 1마리
소금 1/4큰술
식용유 1큰술

데리야키 소스

간장 1½큰술
설탕·청주 1/2큰술씩
물엿 1/4큰술

곁들이

채 썬 생강 조금
오이피클 적당량

1 삼치는 손질해 등뼈를 중심으로 포를 떠서 먹기 좋게 토막 낸다. 소금을 뿌려 10분 정도 절인다.

2 달군 팬에 식용유를 두르고 삼치를 앞뒤로 노릇하게 굽는다.

3 팬에 데리야키 소스 재료를 넣어 끓인다. 지글지글 끓으면 삼치를 넣어 조린다.

4 삼치 데리야키구이를 접시에 담고 채 썬 생강과 오이피클을 곁들인다.

tip

설탕을 넣은 간장 양념은 금세 탈 수 있으니 약한 불로 조려야 해요. 데리야키 소스와 잘 어울리는 생선은 비린 맛이 강한 등 푸른 생선이나 은대구, 도미 등입니다.

가자미 뫼니에르

밀가루를 입혀 버터에 지진 프랑스식 생선구이.

재료 2인분

가자미 1마리
밀가루 1큰술
소금 1/4큰술
후춧가루 조금
버터 1큰술
식용유 1큰술

레몬 버터 소스

레몬즙 1/4큰술
버터 1큰술
파슬리가루 조금
소금·후춧가루 조금씩

1 가자미는 비늘을 긁어내고 머리와 내장, 지느러미를 제거한 뒤 씻어 물기를 닦는다.

2 가자미에 소금, 후춧가루를 뿌리고 앞뒤로 밀가루를 묻힌다.

3 달군 팬에 식용유와 버터를 두르고 약한 불에서 가자미를 앞뒤로 노릇하게 굽는다.

4 팬에 버터와 레몬즙을 넣어 끓인다. 끓어오르면 불을 약하게 줄인 뒤 소금, 후춧가루, 파슬리가루를 넣고 불을 끈다.

5 구운 가자미에 레몬 버터 소스를 뿌린다.

tip
뫼니에르는 밑간한 생선에 밀가루를 입혀서 버터에 지지는 프랑스 요리로 보통 병어, 서대 등 납작한 생선으로 만들어요.

가자미조림

부드럽고 담백한 가자미에 시원한 무를 넉넉히 넣고 조렸어요.

재료 2인분

가자미 1마리, 무 1/4개
풋고추 1개
붉은 고추 1/2개
대파 1/2뿌리
소금 1/2큰술
물 1컵

조림 양념

고추장 1/2큰술
고춧가루·청주 1큰술씩
설탕·깨소금 1/4큰술씩
다진 파 1큰술
다진 마늘 1/2큰술
다진 생강 1/4큰술
참기름 1/2큰술
후춧가루 조금, 물 1/4컵

1 가자미는 손질해 씻어 물기를 닦고 소금을 살짝 뿌려둔다.

2 무는 2cm 두께의 은행잎 모양으로 썰고, 고추와 대파는 어슷하게 썬다.

3 조림 양념 재료를 고루 섞는다.

4 냄비에 무를 깔고 가자미를 올린 뒤 조림 양념을 끼얹는다. 냄비 가장자리로 물을 자작하게 붓고 뚜껑을 덮어 끓인다.

5 국물이 끓으면 고추와 대파를 얹고 불을 줄인다. 국물을 끼얹으면서 바특하게 조린다.

tip
가자미는 살이 부드럽고 담백해 구이나 조림은 물론 미역국을 끓여도 맛있어요.

꽁치 소금구이

꽁치를 소금간만 해서 구웠어요. 레몬즙을 뿌리면 비린내가 나지 않아요.

재료 2인분

꽁치 2마리
레몬 1/4개
소금 조금
식용유 조금

1 꽁치는 아가미 쪽에 6cm 정도의 칼집을 내고 손가락을 넣어 내장을 뺀 뒤 깨끗이 씻는다. 지느러미와 꼬리는 잘라낸다.

2 꽁치를 어슷하게 잘라 2~3번 칼집을 넣고 소금을 뿌려 10분 정도 절인다.

3 그릴 망에 식용유를 바르고 꽁치를 올려 그릴에 굽는다. 석쇠에 구워도 좋다.

4 접시에 꽁치구이와 레몬을 담는다. 먹기 전에 꽁치에 레몬즙을 짜서 비린 맛을 줄인다.

tip

꽁치를 팬에 지져도 맛있어요. 팬을 뜨겁게 달궈 기름을 두르고 지지는데, 기름이 튀니까 알루미늄 포일로 살짝 덮어두는 게 좋아요.

꽁치 카레구이

꽁치에 카레가루를 입혀서 바삭하게 구워 색다른 맛을 즐겨요.

재료 2인분

꽁치 2마리
가지 1개
대파 1/2뿌리
카레가루 4큰술
레몬 1/4개
식용유 조금

1 꽁치는 손질해서 깨끗이 씻어 물기를 닦는다.

2 가지는 반 갈라 어슷하게 썰고, 대파는 4cm 길이로 썬다.

3 꽁치와 가지에 카레가루를 꾹꾹 눌러가며 묻힌다.

4 달군 팬에 식용유를 두르고 가지와 대파를 구운 뒤, 꽁치를 올려 앞뒤로 굽는다.

5 구운 꽁치와 가지를 그릇에 담고 레몬을 썰어 곁들인다.

tip

꽁치 같은 등 푸른 생선은 지방이 많아 오래 두면 비린내가 심해져요. 소금물이나 식촛물에 5분 정도 담가두었다가 조리하면 비린내가 한결 덜합니다.

연어 버터구이

허브로 향을 내고 고소한 소스를 얹은 연어구이. 매시트포테이토나 구운 채소 등을 곁들여도 좋아요.

재료 2인분

연어 2조각(300g)
레몬 슬라이스 2쪽
로즈메리 조금
소금·후춧가루 조금씩
버터 1/2큰술
올리브유 1큰술

소스

양파 1/4개
마요네즈 1/2컵
홀그레인 머스터드 소스 2큰술
소금·후춧가루 조금씩

매시트포테이토

감자 1½개
버터 1/2큰술
우유 1큰술
소금·후춧가루 조금씩

1 스테이크용으로 토막 낸 연어에 소금, 후춧가루, 올리브유를 뿌려 30분 정도 잰다.

2 감자는 껍질을 벗겨 1cm 크기로 깍둑썰기하고, 양파는 다진다.

3 감자를 삶아 물기를 뺀 뒤 냄비에 버터를 두르고 포슬포슬하게 볶는다. 뜨거울 때 우유, 소금, 후춧가루를 넣어 섞는다.

4 다진 양파와 마요네즈, 홀그레인 머스터드 소스를 잘 섞고 소금·후춧가루로 간해 소스를 만든다.

5 팬에 버터와 올리브유를 두르고 로즈메리를 넣어 향을 낸 뒤 연어를 앞뒤로 굽는다.

6 접시에 구운 연어를 담고 레몬 슬라이스와 로즈메리를 얹는다. 매시트포테이토와 소스를 곁들인다.

tip

오븐에 구우면 좀 더 간편해요. 알루미늄 포일에 버터를 바르고 감자, 연어, 레몬을 올린 뒤 포일을 돌돌 말아 180℃로 예열한 오븐에 20분 정도 구우면 됩니다. 연어 데리야키구이도 맛있어요. 데리야키 소스에 연어를 재웠다가 구우세요.

갈치구이

갈치를 소금으로 간해 구운 인기 반찬. 담백하고 고소해요.

재료 2인분

갈치 2토막
소금 조금
식용유 1큰술

1 갈치는 은백색 가루를 긁어내고 흐르는 물에 씻은 뒤, 연한 식촛물에 헹궈 물기를 닦는다.

2 갈치에 칼집을 내고 소금을 뿌려 10분 정도 절인다. 간이 배면 물기를 닦는다.

3 달군 팬에 식용유를 두르고 갈치를 앞뒤로 노릇하게 굽는다.

tip
대파를 구워 곁들여도 좋아요. 대파는 구우면 단맛이 강해지는데, 생선구이나 고기 요리와 잘 어울려요. 구운 대파에 간장 소스나 발사믹 소스를 뿌려 샐러드처럼 즐길 수도 있어요.

갈치조림

무를 깔고 칼칼한 양념을 끼얹어 조린 생선조림.

재료 2인분

갈치 2토막, 무 100g
풋고추 1개
붉은 고추 1/2개
대파 1/2뿌리
소금 1/2큰술, 물 1/2컵

조림 양념

고추장 1/2큰술
고춧가루 1큰술
간장·청주·물 1큰술씩
설탕 1작은술
다진 파 1큰술
다진 마늘 1/2큰술
다진 생강 1/4작은술
참기름·깨소금 1/2큰술씩
후춧가루 조금

1 갈치는 손질해 4~5cm 길이로 토막 낸 뒤 칼집을 내고 소금을 뿌려둔다.

2 무는 손질해 반 갈라 2cm 두께로 썰고, 고추와 대파는 어슷하게 썬다.

3 조림 양념 재료를 고루 섞는다.

4 냄비에 무를 깔고 갈치를 올린 뒤 조림 양념을 끼얹는다. 냄비 가장자리로 물을 자작하게 붓고 뚜껑을 덮어 끓인다.

5 국물이 끓으면 불을 약하게 줄이고 국물을 끼얹으면서 바특하게 조린다. 마지막에 고추와 대파를 넣고 조금 더 끓인다.

tip
무를 바닥에 깔면 눌어붙지 않고 양념도 잘 배어들어 맛있어요.

조기구이

누구나 좋아하는 조기 소금구이. 잔 조기를 사용해 손질이 쉬워요.

재료 2인분

잔 조기 2마리
소금 조금
식용유 1큰술

1 조기는 비늘을 긁어내고 아가미로 내장을 뺀다. 흐르는 물에 씻은 뒤 연한 식촛물에 헹궈 물기를 닦는다.

2 조기에 소금을 뿌려 10분 정도 절인다. 간이 배면 물기를 닦는다.

3 달군 팬에 식용유를 두르고 조기를 앞뒤로 노릇하게 굽는다.

tip
조기를 기름 두른 팬에 구운 뒤 고추장 양념을 발라 구워도 맛있어요. 고추장 양념은 고추장 1/2큰술, 설탕 1/4큰술, 물 1큰술을 섞어 만드세요.

조기찜

발라 먹기 편한 흰 살 생선 요리. 멸칫국물을 사용해 깊은 맛이 나요.

재료 2인분

조기 2마리
무 100g
미나리 50g
풋고추 1개
붉은 고추 1/2개
대파 1/4뿌리
소금 조금
멸칫국물(또는 물) 1/2컵

찜 양념

간장·고춧가루 1큰술씩
청주 1/2큰술
다진 마늘 1/2큰술
다진 생강 1/2작은술
소금 1/2작은술

1 조기는 비늘을 긁어내고 내장을 뺀 뒤 연한 식촛물에 헹궈 물기를 닦고 소금을 뿌린다.

2 고춧가루에 멸칫국물을 2큰술 덜어 넣어 불린 뒤 나머지 재료를 넣어 섞는다.

3 무는 도톰하게 썰고, 고추는 어슷하게 썬다. 대파는 먹기 좋게 썰고, 미나리는 줄기만 5cm 길이로 썬다.

4 냄비에 무를 깔고 조기를 올린 뒤 찜 양념을 끼얹고 남은 멸칫국물을 부어 끓인다.

5 조기가 익으면 채소를 얹어 조금 더 끓인다.

tip
칼날로 생선 비늘을 긁으면 살이 떨어져나갈 수 있어요. 칼등으로 꼬리에서 머리 쪽으로 죽죽 긁어 벗기세요.

낙지볶음

매콤한 양념에 볶아 소면과 함께 내면 한 끼 식사로도 좋아요.

재료 2인분

낙지 2마리
양파 1/2개, 풋고추 2개
붉은 고추 1/2개
대파 1뿌리
통깨 1/2작은술
소금 조금, 식용유 1큰술

볶음 양념

고추장 1/2큰술
고춧가루 1큰술
간장·물 1큰술씩
설탕·청주 1/2큰술씩
다진 마늘 1/2큰술
다진 생강 1/4큰술
참기름 1/4큰술
소금·후춧가루 조금씩

1 낙지는 먹통을 떼고 소금으로 주물러 씻은 뒤, 끓는 물에 살짝 데쳐 4cm 길이로 썬다.

2 양파는 채 썰고, 고추와 대파는 어슷하게 썬다.

3 볶음 양념을 고루 섞어 낙지에 넣고 무친다.

4 달군 팬에 식용유를 두르고 낙지를 볶다가 양파, 고추, 대파를 넣는다. 부족한 간은 소금으로 맞추고 통깨를 뿌린다.

tip

낙지를 그냥 볶으면 물이 생기기 쉬워요. 살짝 데쳐서 볶으면 물이 생기지 않아 음식이 깔끔하고 볶는 시간도 줄일 수 있어요. 낙지볶음에 소면을 삶아 곁들여도 잘 어울립니다.

주꾸미볶음

주꾸미를 부추와 함께 볶은 푸짐한 음식이에요.

재료 2인분

주꾸미 150g, 부추 100g
양파 1/2개, 풋고추 2개
붉은 고추 1/2개
통깨 1/2작은술
소금 조금, 식용유 1큰술

볶음 양념

고추장 2큰술
고춧가루 1큰술
간장·물 1큰술씩
설탕·청주 1/2큰술씩
다진 마늘 1/2큰술
다진 생강 1/4큰술
참기름 1/4큰술
소금·후춧가루 조금씩

1 주꾸미는 먹통을 떼고 소금으로 주물러 씻은 뒤 반 자른다.

2 양파는 채 썰고, 고추는 어슷하게 썬다. 부추는 5cm 길이로 썬다.

3 볶음 양념을 고루 섞어 주꾸미에 넣고 무친다.

4 달군 팬에 식용유를 두르고 주꾸미를 볶다가 양파, 부추, 고추를 넣는다. 부족한 간은 소금으로 맞추고 통깨를 뿌린다.

tip

오래 볶으면 주꾸미가 질겨지니 살짝만 볶으세요.

오징어볶음

당근, 양파를 넣어 매콤하고 감칠맛 나게 볶은 오징어 요리.

재료 2인분

오징어 1마리
당근 1/4개, 양파 1/2개
풋고추 1개
붉은 고추 1/2개
대파 1/2뿌리
소금 조금, 식용유 1큰술

볶음 양념

고추장 1큰술
고춧가루·간장 1/2큰술씩
설탕·물엿·청주 1/2큰술씩
다진 파 1큰술
다진 마늘 1/2큰술
다진 생강 1/2작은술
참기름 1/4큰술
소금·후춧가루 조금씩

1 오징어는 내장을 빼고 반 갈라 뼈를 떼어낸 뒤 껍질을 벗기고 씻는다.

2 오징어 안쪽에 사선으로 칼집을 넣고 몸통은 2×5cm 크기, 다리는 5cm 길이로 썬다.

3 당근은 1×3cm 크기로 얇게 썰고, 양파는 채 썬다. 고추와 대파는 어슷하게 썬다.

4 볶음 양념을 섞은 뒤 오징어, 당근, 양파를 넣어 무친다.

5 달군 팬에 식용유를 두르고 오징어를 볶다가 고추, 대파를 넣는다. 부족한 간은 소금으로 맞춘다.

tip
오징어 껍질은 종이타월로 잡고 당기면 쉽게 벗겨져요.

오삼불고기

오징어와 삼겹살의 만남. 콩나물을 추가해도 좋아요.

재료 2인분

오징어 1마리
돼지고기(삼겹살) 200g
양파 1개, 대파 1뿌리
식용유 1큰술

볶음 양념

고추장·간장 1큰술씩
고춧가루 2큰술
설탕·물엿·청주 1큰술씩
간 양파 1/4컵
다진 파 1큰술
다진 마늘 1/2큰술
다진 생강 1/4작은술
참기름 1/2큰술
깨소금 1큰술
소금·후춧가루 조금씩

1 돼지고기는 도톰하게 한입 크기로 썬다.

2 오징어는 내장을 빼고 씻은 뒤, 몸통에 잔칼집을 넣고 1cm 폭으로 썬다.

3 양파는 굵게 채 썰고, 대파는 곱게 채 썬다.

4 볶음 양념을 섞은 뒤 돼지고기와 오징어를 넣어 무친다.

5 달군 팬에 식용유를 두르고 돼지고기와 오징어, 채소를 넣어 센 불에서 타지 않게 볶는다. 접시에 담고 파채를 올린다.

tip
돼지고기는 누린내가 많이 나므로 양념할 때 마늘과 생강을 넉넉히 넣는 것이 좋아요. 오징어는 양념에 재어두면 물이 생기기 쉬우니 볶기 직전에 양념해서 센 불에 재빨리 볶으세요.

불고기

한국인의 대표 고기 반찬. 양념에 배와 양파를 갈아 넣어 고기가 연하고 맛있어요.

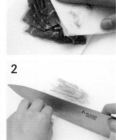

재료 2인분

쇠고기(등심 또는 안심) 200g
깻잎 2장
대파 1/2뿌리
식용유 1큰술

불고기 양념

배 1/8개
양파 1/2개
간장 2큰술
설탕 1/2큰술
다진 파 1큰술
다진 마늘 1/2큰술
참기름·깨소금 1/2큰술씩
후춧가루 1/4작은술

1 쇠고기는 불고깃감으로 준비해 먹기 좋게 썬다. 핏물이 많으면 종이타
월로 꾹꾹 눌러 뺀다.

2 깻잎과 대파는 채 썰고, 배는 강판에 간다. 양파는 반은 채 썰고 반은
강판에 간다.

3 간 배와 간 양파, 나머지 재료를 섞어 불고기 양념을 만든다.

4 쇠고기에 불고기 양념을 넣고 버무려 20분 정도 잰다.

5 달군 팬에 식용유를 두르고 센 불로 채 썬 양파를 볶다가 쇠고기를 넣
어 볶는다. 여기에 깻잎과 대파를 넣어 조금 더 볶는다.

tip

불고기는 국물이 조금 있게 볶아야 촉촉하고 좋아요. 고기를 먹고 남은 국물에 밥을 비벼 먹어
도 맛있습니다. 깻잎 대신 느타리버섯이나 팽이버섯을 넣어도 좋아요.

돼지불고기

돼지고기를 깔끔한 간장 양념에 재어 볶은 반찬이에요.

재료 2인분

돼지고기(삼겹살 또는
목살, 등심, 안심) 200g
양파 1개
대파 1뿌리
식용유 1큰술

불고기 양념

간장 2큰술
설탕 1큰술
청주 1/2큰술
다진 파 1큰술
다진 마늘 1/2큰술
다진 생강 1/4작은술
참기름·깨소금 1/2큰술씩
후춧가루 1/4작은술

1 돼지고기는 불고깃감으로 준비해 한입 크기
로 썬다.

2 불고기 양념을 섞어서 돼지고기에 넣고 주
물러 20분 정도 잰다.

3 양파는 채 썰고, 대파는 어슷하게 썬다.

4 달군 팬에 식용유를 두르고 돼지고기를 볶
다가 반쯤 익으면 양파, 대파를 넣어 볶는다.

tip
돼지고기를 두툼하게 썰어서 간장 양념을 발라 구워 스테이
크처럼 즐겨도 좋아요.

돼지 고추장불고기

매운 양념에 볶은 돼지 불고기. 상추에 싸서 먹으면 더 맛있어요.

재료 2인분

돼지고기(삼겹살 또는
목살, 등심, 안심) 200g
양파 1개, 대파 1뿌리
식용유 1큰술

불고기 양념

고추장 1큰술
고춧가루 2큰술
간장·청주 1큰술씩
설탕·물엿 1큰술씩
간 양파 1/4컵
다진 파·깨소금 1큰술씩
다진 마늘 1/2큰술
다진 생강 1/4작은술
참기름 1/2큰술
후춧가루 1/4작은술

1 돼지고기는 불고깃감으로 준비해 한입 크기
로 썬다.

2 불고기 양념을 섞어서 돼지고기에 넣고 주
물러 20분 정도 잰다.

3 양파는 둥글게 썰고, 대파는 큼직하게 썬다.

4 달군 팬에 식용유를 두르고 돼지고기와 양
파, 대파를 넣어 타지 않게 볶는다.

tip
볶는 대신 숯불에 구우면 불맛을 느낄 수 있어요. 직화구이는
타기 쉬우므로 불 조절을 잘해야 합니다.

식사 때마다 매번 반찬을 만드는 건 번거로운 일이에요. 냉장고에 밑반찬이 있으면 이런 걱정을 덜 수 있습니다. 조림이나 마른반찬 등은 시간이 지나도 맛있게 먹을 수 있어요. 몇 가지 준비해두면 든든합니다.

Part 2
밑반찬

우엉조림

뿌리채소의 영양이 가득한 건강 반찬이에요.

재료 4인분

우엉 200g
물엿 조금
통깨 1/2큰술
식용유 1작은술

조림장

간장 2큰술
설탕 1/2큰술
물엿 1큰술
물 1/2컵

1 우엉은 칼등으로 껍질을 벗기고 5cm 길이로 토막 내어 가늘게 썬다.

2 끓는 물에 식초 1큰술을 넣고 우엉을 살짝 데쳐서 맑은 물에 헹궈 물기를 뺀다.

3 달군 냄비에 식용유를 두르고 우엉을 충분히 볶는다.

4 ③에 조림장 재료를 넣어 한소끔 끓인 뒤 불을 약하게 줄여 은근히 조린다.

5 조림장이 반 이상 졸아들면 불을 세게 올리고 물엿을 조금 더 넣어 골고루 섞으면서 윤기 나게 조린다. 마지막에 통깨를 뿌린다.

tip
맛있는 성분이 껍질 부분에 많으므로 껍질을 두껍게 깎지 말고 칼등으로 긁어내세요. 조리기 전에 데치거나 식촛물에 담가두어야 색이 고운 조림을 만들 수 있습니다.

연근조림

아삭아삭한 질감이 매력인 연근을 달착지근한 양념에 조렸어요.

재료 4인분

연근 200g
물엿 조금
통깨 1/2큰술
식용유 1작은술

조림장

간장 2큰술
설탕 1/2큰술
물엿 1큰술
물 1/2컵

1 연근은 껍질을 벗기고 0.5cm 두께로 둥글게 썬다. 끓는 물에 식초 1큰술을 넣고 살짝 데쳐서 맑은 물에 헹궈 물기를 뺀다.

2 달군 냄비에 식용유를 두르고 조림장 재료를 넣어 한소끔 끓인다. 조림장이 끓으면 불을 약하게 줄여 은근히 졸인다.

3 조림장에 연근을 넣어 조린다. 조림장이 반이상 졸아들면 불을 세게 올리고 물엿을 조금 더 넣어 골고루 섞으면서 윤기 나게 조린다. 마지막에 통깨를 뿌린다.

tip
연근은 아린 맛이 있고 공기와 닿으면 색이 쉽게 변해요. 식촛물에 담가두거나 살짝 데쳐서 조리하세요.

연근 초절이

연근을 새콤달콤하게 절인 밑반찬. 기름진 음식에 곁들이면 좋아요.

재료 4인분

연근 10cm
붉은 고추 1/3개

절임물

식초 1/2컵
설탕 3큰술
소금 1/2작은술
물 1/2컵

1 연근은 깨끗이 씻어 껍질을 벗기고 0.5cm 두께로 둥글게 썬다.

2 끓는 물에 식초 1큰술을 넣고 연근을 데친다.

3 붉은 고추는 송송 썬다.

4 데친 연근과 붉은 고추에 절임물을 섞어 붓는다.

tip
손질해 썰어 놓거나 데쳐서 밀봉해 파는 연근을 이용해도 되지만, 손질한 연근은 표백제를 사용했을 수 있으니 주의하세요. 우엉, 고추, 무 등을 절여도 좋습니다.

감자조림

감자를 도톰하게 썰어 간장 양념에 조렸어요. 포슬포슬, 부드러워요.

재료 4인분

감자 3개
꽈리고추 10개
통깨 조금
식용유 2큰술

조림장

간장·설탕 1큰술씩
물엿·청주 1큰술씩
소금 1작은술
물 1/2컵

1 감자는 껍질을 벗기고 반달 모양으로 도톰하게 썰어 찬물에 30분 정도 담갔다가 물기를 뺀다.

2 꽈리고추는 꼭지를 떼고 군데군데 칼집을 넣는다. 큰 것은 반 자른다.

3 오목한 팬에 식용유를 두르고 센 불에서 감자를 볶다가 조림장 재료를 넣는다. 불을 약하게 줄이고 뚜껑을 덮어 조린다.

4 감자가 익으면 꽈리고추를 넣어 숨이 살짝 죽을 정도로만 조린다. 마지막에 통깨를 뿌린다.

tip

감자를 조림장에 조리다가 조림장이 조금 남았을 때 물엿을 넣어 볶듯이 조리면 한결 윤기가 나요.

감자 고추장조림

꽈리고추와 함께 고추장 양념에 조린 감자조림.

재료 4인분

감자 3개
꽈리고추 10개
통깨 조금
식용유 2큰술

조림장

고추장 2큰술
고춧가루 1큰술
간장·설탕 1큰술씩
물엿·청주 1큰술씩
소금 1작은술
물 1/2컵

1 감자는 껍질을 벗기고 반달 모양으로 도톰하게 썰어 찬물에 30분 정도 담갔다가 물기를 뺀다.

2 꽈리고추는 꼭지를 떼고 군데군데 칼집을 넣는다. 큰 것은 반 자른다.

3 오목한 팬에 식용유를 두르고 센 불에서 감자를 볶다가 조림장 재료를 넣는다. 불을 약하게 줄이고 뚜껑을 덮어 조린다.

4 감자가 익으면 꽈리고추를 넣어 숨이 살짝 죽을 정도로만 조린다. 마지막에 통깨를 뿌린다.

tip

고추장 양념은 타기 쉬워요. 약한 불에서 천천히 조리세요.

알감자조림

감자를 통째로 조려 한입에 즐기는 반찬. 껍질째 조려야 제맛이에요.

재료 4인분

알감자 400g
물엿 1큰술
통깨 1/2큰술
식용유 4큰술

조림장

간장 3큰술
설탕 1큰술
청주 2큰술
다진 마늘 1작은술
물 2/3컵

1 알감자는 껍질째 씻어 물기를 뺀 뒤, 기름 두른 팬에 돌돌 굴려가며 애벌로 튀기듯이 볶는다.

2 냄비에 조림장을 한소끔 끓인다.

3 조림장에 볶은 알감자를 넣어 조림장이 조금 남을 때까지 간이 배게 조린다.

4 불을 끄기 전에 물엿을 넣어 윤기를 더하고 통깨를 뿌린다.

tip

감자는 식으면 맛이 떨어져요. 먹을 만큼 덜어서 전자레인지에 30초~1분 정도 데워 상에 올리세요.

알감자 고추장조림

기름에 볶아 매콤하게 조린 알감자조림. 쫀득쫀득한 맛이 좋아요.

재료 4인분

알감자 400g
물엿 2큰술
통깨 1/2큰술
식용유 4큰술

조림장

고추장 2큰술
고춧가루 1/2큰술
간장 3큰술
설탕 1큰술
청주 2큰술
다진 마늘 1작은술
물 2/3컵

1 알감자를 껍질째 씻어 물기를 뺀 뒤, 기름 두른 팬에 돌돌 굴려가며 애벌로 튀기듯이 볶는다.

2 냄비에 조림장을 한소끔 끓인다.

3 조림장에 볶은 알감자를 넣어 조림장이 조금 남을 때까지 간이 배게 조린다.

4 불을 끄기 전에 물엿을 넣어 윤기를 더하고 통깨를 뿌린다.

tip

알감자는 껍질째 조려야 쫀득하고 맛있어요. 싹이 난 감자는 독성이 있으니 도려내고 조리해야 해요.

무조림

무를 큼직하게 썰어 버섯, 다시마와 함께 조렸어요. 푹 익혀 부드럽고 감칠맛 나요.

재료 4인분

무 1/2개
마른 표고버섯 8개
다시마(10×10cm) 1장
생강 1톨
마른고추 2개

조림 양념

고춧가루 2큰술
국간장 5큰술
설탕 2큰술
들기름 4큰술

1 무는 솔로 문질러 씻어 0.5cm 두께로 반달썰기한다.

2 표고버섯은 따뜻한 물에 불려 기둥을 떼고 반 자른다. 버섯 불린 물은 따로 둔다.

3 다시마는 물에 불려 데친 뒤 버섯과 같은 크기로 썬다.

4 생강은 곱게 채 썰고, 마른고추는 어슷하게 썬다.

5 달군 냄비에 들기름을 두르고 무를 볶다가 표고버섯, 생강, 마른고추를 넣고 조림 양념을 넣어 볶는다.

6 다시마와 표고버섯 불린 물을 넣어 무가 푹 익을 때까지 자작하게 조린다.

tip

충청도에서는 무에 쇠고기와 표고버섯, 석이버섯, 생강을 넣고 조려요. 다시마 불린 물과 표고버섯 불린 물을 섞어 넣으면 더 깊고 진한 맛을 낼 수 있어요.

두부조림

두부를 노릇하게 지진 뒤 양념장을 끼얹어 조렸어요.

재료 4인분

두부 1모(420g)
송송 썬 실파 1큰술
실고추 조금
통깨 조금
식용유 2큰술
물 1/3컵

양념장

간장 4큰술
설탕·고춧가루 1큰술씩
다진 파 1큰술
다진 마늘 1/2큰술
참기름·깨소금 1작은술씩

1 두부를 4×5cm 크기로 도톰하게 썰어 물기를 닦고 기름 두른 팬에 노릇하게 지진다.

2 양념장 재료를 고루 섞는다.

3 달군 팬에 두부부침을 깔고 양념장을 끼얹은 뒤, 팬 가장자리로 물을 부어 조린다.

4 국물이 자작해지면 불을 끄고 송송 썬 실파와 실고추, 통깨를 뿌린다.

tip

생두부 그대로 두루치기를 만들어도 야들야들한 맛이 좋아요. 두부에 당근, 버섯, 양파, 고추, 배춧잎 등의 채소를 넣고 양념한 뒤 물을 조금 부어 바특하게 끓이면 됩니다.

두부강정

두부를 기름에 튀겨 땅콩, 호두와 함께 케첩 소스에 버무렸어요.

재료 4인분

두부 1모(420g)
다진 땅콩 1/3컵
다진 호두 1/3컵
식용유 1컵

강정 소스

풋고추 3개
붉은 고추 1개
대파 1/2뿌리
토마토케첩 6큰술
간장 1/2큰술
물엿·식초 1큰술씩
다진 마늘 1/2큰술
물 2큰술

1 두부는 물기를 닦고 먹기 좋게 깍둑썰기한다. 고추와 대파는 굵게 다진다.

2 두부를 170℃의 기름에 노릇하게 튀겨 기름을 뺀다.

3 오목한 팬에 고추와 대파, 나머지 재료를 넣고 끓여 강정 소스를 만든다.

4 강정 소스에 튀긴 두부와 다진 땅콩, 다진 호두를 넣어 버무린다.

tip

강정 소스는 단맛이 있어 오래 끓이면 탈 수 있어요. 눌어붙지 않도록 저으면서 끓이세요.

마늘종 마른새우볶음

마늘종과 마른새우를 함께 볶아 아릿하면서 은은한 단맛이 나요.

재료 4인분

마늘종 250g
마른새우 1/2컵
통깨 1작은술
후춧가루 조금
식용유 1큰술

볶음 양념

간장·청주 2큰술씩
설탕 1작은술
물엿 1큰술
물 3큰술

1 마늘종은 3cm 길이로 썬다.

2 마른새우는 체에 담아 살살 털고 기름 없이 볶는다.

3 달군 팬에 식용유를 두르고 마늘종과 마른 새우를 중간 불에서 살짝 볶는다.

4 팬에 볶음 양념을 끓이다가 마늘종과 마른 새우를 넣어 타지 않게 볶는다. 통깨와 후춧 가루로 맛을 낸다.

tip
마늘종은 오래 볶으면 아삭한 맛이 줄어들어요. 볶을 때 뻣뻣 해 보여도 남은 열로 좀 더 익으니 덜 익었다 싶을 때 불에서 내리세요. 마늘종은 끝을 살짝 구부렸을 때 뚝 하고 부러지는 것이 싱싱하고 연한 것입니다.

마늘종 고추장무침

마늘종을 고추장에 버무려두었다가 조금씩 꺼내 무쳐 먹어요.

재료 4인분

마늘종 250g
고추장 1컵
물엿 2큰술
참기름 1/2큰술
통깨 1/2큰술

1 마늘종을 3~4cm 길이로 썬다.

2 마늘종을 고추장과 물엿에 버무려둔다.

3 마늘종에 고추장 맛이 배면 먹기 직전에 조 금씩 꺼내 참기름, 통깨를 넣어 무친다.

plus
마늘종 고추장장아찌 담그기

재료_ 마늘종 1단, 고추장 5컵, 소금물(소금 1컵, 물 10컵)

① 마늘종을 다듬어 씻어 3~4cm 길이로 썬 뒤, 끓여서 식힌 소금물에 담근다. ② 1주일 정도 지나 노랗게 삭은 마늘종을 꺼내 찬물에 헹구고 물기를 뺀다. ③ 고추장 3컵에 버무 려 통에 담고 위에 고추장 2컵을 얹는다. 냉장고에 20일 정도 두었다가 먹는다.

어묵볶음

어묵을 간장에 볶은 기본 반찬. 어묵의 기름을 빼서 깔끔해요.

재료 4인분

어묵 300g
양파 1/2개
풋고추 1개
붉은 고추 1개
식용유 2큰술

볶음 양념

간장 3큰술
설탕·청주 1큰술씩
다진 마늘 1/2큰술
참기름 1/2큰술
소금·후춧가루 조금씩
물 4큰술

1 어묵을 먹기 좋게 썰어 체에 담고, 뜨거운 물을 끼얹어 기름을 뺀다.

2 양파는 채 썰고, 고추는 반 갈라 씨를 뺀 뒤 어슷하게 썬다.

3 볶음 양념 재료를 고루 섞는다.

4 달군 팬에 식용유를 두르고 양파와 고추를 볶다가 어묵과 볶음 양념을 넣어 간이 배게 볶는다.

tip

어묵은 녹말이 많아 그냥 볶으면 눌어붙기 쉬워요. 간장 양념에 물을 조금 섞어서 볶으면 눌어붙지 않고 마르지도 않아 부드러운 어묵볶음을 즐길 수 있어요.

소시지 채소볶음

비엔나소시지를 채소와 함께 토마토케첩에 볶아 안주로도 좋아요.

재료 4인분

비엔나소시지 200g
당근 1/4개
양파·피망 1/2개씩
식용유 2큰술

볶음 양념

토마토케첩 4큰술
설탕·청주 1큰술씩
소금·후춧가루 조금씩

1 비엔나소시지에 칼집을 2~3번 넣고 끓는 물에 소금을 조금 넣어 데친다.

2 당근과 피망은 4cm 길이로 채 썰고, 양파도 채 썬다.

3 달군 팬에 식용유를 두르고 당근, 양파, 피망을 볶다가 소시지를 넣어 가볍게 볶는다.

4 어느 정도 익으면 볶음 양념을 넣고 간이 배게 볶는다.

tip

소시지 같은 가공식품은 겉에 기름이 돌기 쉬워요. 끓는 물에 데치거나 뜨거운 물을 끼얹어 조리하는 것이 좋습니다. 채소를 듬뿍 넣어 맛과 영양의 균형을 맞추세요.

김치볶음

배추김치의 소를 털어내고 고추장으로 양념해 볶았어요.

재료 4인분
배추김치 1/4포기
붉은 고추 1개
대파 1뿌리
실파 2뿌리
식용유 2큰술

볶음 양념
고추장 1큰술
고춧가루 3큰술
간장·설탕 1큰술씩
다진 파 1큰술
다진 마늘 1작은술
참기름·깨소금 1/2큰술씩

1 배추김치는 잘 익은 것으로 준비해 소를 털고 2cm 길이로 썰어 꼭 짠다.

2 붉은 고추는 굵게 다지고, 대파는 어슷하게 썰고, 실파는 2cm 길이로 썬다.

3 달군 팬에 식용유를 두르고 김치를 볶다가 고추, 대파, 볶음 양념을 넣어 약한 불에서 볶는다. 마지막에 실파를 넣는다.

tip
배추김치에 고기나 햄, 소시지, 베이컨 등을 넣고 볶아도 맛있어요.

김치무침

신 김치를 헹궈 꼭 짠 다음 설탕, 참기름에 무친 반찬.

재료 4인분
배추김치 1/4포기
실파 5뿌리
설탕 1큰술
참기름 1큰술
통깨 1작은술

1 배추김치는 잘 익은 것으로 준비해 물에 헹궈 소를 털고 먹기 좋게 썰어 꼭 짠다.

2 실파는 2cm 길이로 썬다.

3 김치에 실파와 설탕, 참기름을 넣고 조물조물 무친다. 마지막에 통깨를 뿌린다.

tip
김치무침은 반찬으로도 좋지만, 비빔국수나 잔치국수에 넣어도 맛있어요.

무말랭이무침

무말랭이를 고춧잎과 함께 무쳤어요. 오도독 씹는 맛이 좋아요.

재료 4인분

무말랭이 200g
마른 고춧잎 30g
간장 1/3컵

무침 양념

설탕·물엿 1큰술씩
멸치액젓 1큰술
고춧가루 1/2큰술
다진 마늘 1작은술
참기름 1/2큰술
통깨 1큰술
실고추 조금
물 2큰술

1 무말랭이는 재빨리 씻어 고들고들할 때 물기를 꼭 짠 뒤, 간장에 20분 정도 담가둔다.

2 고춧잎은 물에 부드럽게 불려 꼭 짠다.

3 무침 양념 재료를 고루 섞는다.

4 무말랭이와 고춧잎에 무침 양념을 넣고 힘 있게 무쳐 병에 눌러 담는다. 실온에 반나절 정도 두면 맛이 든다.

tip
무말랭이는 오랫동안 물에 불리거나 주물러 씻으면 단맛이 빠지고 아작아작한 맛이 없어져요. 흐르는 물에 재빨리 씻으세요.

오이지무침

짭조름한 오이지를 송송 썰어 아작아작하게 무쳤어요.

재료 4인분

오이지 2개

무침 양념

고춧가루·다진 파 1큰술씩
설탕 1/2큰술
다진 마늘 1작은술
깨소금·참기름 1작은술씩

1 오이지를 얇고 동글동글하게 썬다. 짠맛이 강하면 물에 담가 짠맛을 뺀다.

2 오이지를 면 보자기에 싸서 물기를 꼭 짠다.

3 오이지에 무침 양념을 넣고 조물조물 무친다.

plus
오이지 담그기

재료_ 백다다기오이(백오이) 10개, 소금물(소금 1컵, 물 10컵)

① 백다다기오이를 소금으로 문질러 씻어 헹군 뒤 통에 차곡차곡 담는다. ② 끓여서 식힌 소금물을 붓고 오이가 떠오르지 않도록 돌로 눌러둔다. 열흘 정도 삭힌다.

콩자반

맛있고 단백질이 풍부한 영양 반찬이에요.

재료 4인분

검은콩 1컵
마른고추 1개
간장 4큰술
설탕·물엿·청주 1큰술씩
통깨 조금
물 2컵

1 검은콩은 2시간 이상 물에 담가 불린 뒤 체에 밭쳐 물기를 뺀다.

2 냄비에 불린 콩을 담고 물을 부어 삶는다. 콩 익는 냄새가 나면 불을 끈다.

3 마른고추는 반 갈라 씨를 털고 큼직하게 썬다.

4 삶은 콩에 간장, 설탕, 청주, 마른고추를 넣고 약한 불에서 뚜껑을 연 채 끓인다. 국물이 거의 졸아들면 물엿, 통깨를 넣어 고루 섞는다.

tip
뚜껑을 열고 조리면 쪼글쪼글한 콩자반이 되고, 뚜껑을 덮고 조리면 통통한 콩조림이 돼요. 물엿은 맨 마지막에 넣고 섞어야 윤기가 나고 냉장고에 두어도 딱딱해지지 않습니다.

호두 땅콩조림

호두와 땅콩을 쇠고기와 함께 조린 고소한 반찬.

재료 4인분

호두 1컵
땅콩 1/2컵
쇠고기(우둔) 100g
물엿 3큰술
참기름 1큰술

조림장

간장·설탕 2큰술씩
청주 1큰술
다진 마늘 1/2큰술
생강즙 1작은술
소금 1작은술
후춧가루 조금
물 3컵

1 호두와 땅콩은 물에 담가 불린 뒤, 푹 잠길 정도로 물을 붓고 삶아 찬물에 헹군다.

2 쇠고기는 지방이 없는 부위로 준비해 먹기 좋게 저민다.

3 냄비에 조림장을 바글바글 끓인 뒤 쇠고기를 넣어 조리다가 호두, 땅콩을 넣고 약한 불에서 20분 정도 조린다.

4 조림장이 자작해지고 땅콩과 호두에 간이 배면 물엿을 넣어 윤기를 내고 참기름을 넣는다.

tip
호두와 땅콩은 애벌로 한 번 삶아서 조려야 딱딱해지지 않고 간이 잘 배요. 푹 삶아 찬물에 살짝 헹구면 떫은맛도 없어집니다. 쇠고기는 넣지 않아도 되지만, 넣으면 감칠맛이 좋아요.

김무침

구운 김을 부숴 짭짤하게 무치면 반찬으로 좋아요.

재료 4인분

김 10장

무침 양념

간장 3큰술
설탕 1/2큰술
식초·청주 1큰술씩
참기름·통깨 1큰술씩
물 5큰술

1 팬을 약하게 달군 뒤 김을 2장씩 앞뒤로 굽는다.

2 무침 양념 재료를 고루 섞는다.

3 구운 김을 비닐봉지에 담아 적당히 부순다.

4 부순 김에 무침 양념을 조금씩 나눠 넣으면서 김을 털어가며 무친다.

tip
구운 김을 부술 때 비닐봉지에 담아 부수면 깔끔하고 편해요.

김자반

김을 구워 참기름에 볶은 김자반은 밥에 넣어 비벼 먹어도 맛있어요.

재료 4인분

김 10장

볶음 양념

설탕 조금
참기름 1작은술
통깨 1/2큰술, 소금 조금

1 김을 가위로 먹기 좋게 자른다.

2 중간 불로 달군 팬에 김을 넣고 저어가며 타지 않게 굽는다.

3 불을 약하게 줄이고 볶음 양념을 넣어 타지 않게 볶아 식힌다.

plus
전통 김자반 만들기

재료_ 김 20장, 양념장(간장 3큰술, 설탕 1큰술, 고춧가루 1/2작은술, 다진 파 2작은술, 다진 마늘 1작은술, 참기름 1/2작은술), 통깨(또는 잣가루) 1큰술

① 김을 1장씩 펼쳐 양념장을 고루 바른다. 여러 장을 겹쳐 꼭꼭 눌러둔다. ② 간이 배면 채반에 1장씩 펴서 겹치지 않게 널고 통깨나 잣가루를 뿌린다. ③ 바싹 마르면 석쇠에 살짝 구운 뒤 가장자리를 다듬어 작게 썬다.

멸치 고추장볶음

고추장 양념에 중멸치를 넣고 볶았어요. 비린 맛이 없고 칼칼해요.

재료 4인분

중멸치 2컵
통깨 1/2큰술
식용유 4큰술

볶음 양념

고추장 3큰술
고춧가루 1큰술
간장·청주 1큰술씩
설탕 1/2큰술
물엿·식용유 2큰술씩
다진 마늘 1큰술
생강즙 1작은술
물 1/3컵

1 중멸치를 체에 담고 톡톡 쳐서 가루를 턴 뒤, 기름 두른 팬에 타지 않게 바짝 볶는다.

2 팬에 볶음 양념 재료를 넣고 약한 불에서 저어가며 바글바글 끓인다. 고추장과 식용유가 겉돌지 않고 잘 어우러져야 한다.

3 끓는 양념에 중멸치를 넣고 타지 않게 저어가며 볶는다. 마지막에 통깨를 뿌린다.

tip

손질한 멸치를 기름 두른 팬에 먼저 볶은 다음 양념에 넣어 볶으면 멸치의 비릿한 맛을 누그러뜨릴 수 있어요.

멸치 꽈리고추볶음

중멸치를 바삭하게 볶아서 꽈리고추와 함께 국간장 양념에 조렸어요.

재료 4인분

중멸치 2컵
꽈리고추 100g
식용유 2큰술

조림장

국간장 2큰술
설탕 1/2큰술
청주 1큰술
다진 파 1큰술
다진 마늘 1작은술
생강즙 1작은술
참기름·깨소금 1/2큰술씩

1 꽈리고추는 꼭지를 떼고 군데군데 꼬치로 찌른다. 긴 것은 반 자른다.

2 중멸치는 머리와 내장을 떼고 기름 두른 팬에 바삭하게 볶아 비린 맛을 없앤다.

3 오목한 팬에 조림장을 바글바글 끓이다가 중멸치와 꽈리고추를 넣고 약한 불에서 뚜껑을 덮어 조린다.

tip

같은 양념으로 멸치 대신 쇠고기를 볶아도 좋고, 꽈리고추 대신 마늘종을 넣어도 색다른 맛이 나요. 꽈리고추는 쪼글쪼글한 것이 맵지 않고 맛있습니다.

잔멸치볶음

칼슘 섭취에 아주 좋은 밑반찬이에요. 넉넉히 만들어두면 좋아요.

재료 4인분

잔멸치 1/2컵
당근 1/4개
풋고추 2개
통깨 1큰술
식용유 2큰술

볶음 양념

간장·설탕 1/2큰술씩
청주 1/2큰술
물 2큰술

1 잔멸치는 체에 담고 살살 흔들어 가루를 턴다.

2 당근은 4cm 길이로 곱게 채 썰고, 풋고추는 씨를 털어 채 썬다.

3 달군 팬에 식용유를 두르고 약한 불에서 잔멸치를 볶다가 당근, 풋고추를 넣어 볶는다.

4 다른 팬에 볶음 양념을 끓이다가 잔멸치와 채소를 넣어 섞은 뒤 통깨를 뿌린다.

tip
잔멸치는 푸른빛이 돌고 투명한 것이 맛있어요. 아주 작은 멸치는 기름에 볶다가 설탕을 조금 뿌리면 바삭합니다. 멸치나 오징어채, 북어포 등을 볶은 마른반찬은 냉장고에 오래 두어도 맛이 변하지 않아요.

잔멸치 아몬드볶음

잔멸치와 아몬드를 함께 볶아 아작아작, 고소해요.

재료 4인분

잔멸치 1/2컵
아몬드 슬라이스 1큰술
설탕·물엿 1/2큰술씩
청주 1큰술
통깨 1/2큰술
식용유 2큰술

1 잔멸치를 체에 담고 살살 흔들어 가루를 턴다.

2 달군 팬에 잔멸치를 넣고 청주를 고루 뿌리면서 볶아 비린내를 날린다.

3 달군 팬에 식용유를 두르고 약한 불에서 잔멸치를 볶다가 아몬드 슬라이스를 넣어 볶는다.

4 설탕과 물엿을 넣고 고루 섞은 뒤, 불을 끄고 통깨를 뿌린다.

tip
잔멸치를 간을 하지 않고 볶아 비린내가 나기 쉬워요. 비린내를 없애려면 잔멸치를 기름 없이 청주를 뿌려가며 재빨리 볶으세요. 청주 대신 다지거나 저민 마늘을 넣고 함께 볶아도 좋습니다.

보리새우볶음

고소하고 칼슘이 풍부한 마른반찬이에요. 궁중에서는 주로 쌈 채소에 올려 먹었습니다.

재료

보리새우 1컵
통깨 조금
식용유 적당량

볶음 양념

간장·물 1큰술씩
설탕 1작은술
청주 1/2큰술
다진 마늘 1작은술

1 보리새우를 체에 담고 흔들어 가루를 턴다.

2 볶음 양념 재료를 고루 섞는다.

3 달군 팬에 식용유를 두르고 약한 불에서 보리새우를 볶는다.

4 보리새우에 볶음 양념을 넣고 타지 않게 살살 볶는다. 마지막에 통깨를 뿌린다.

tip
보리새우는 기름을 많이 흡수하니 식용유를 넉넉히 두르고 윤기 나게 볶으세요. 보리새우볶음은 주먹밥을 만들 때 활용해도 좋고, 상추쌈에 올려 먹으면 색다른 쌈밥을 즐길 수 있습니다.

오징어채무침

오징어채를 부드럽게 쪄서 칼칼하게 양념한 밑반찬.

재료 4인분

오징어채(진미채) 400g
통깨 1큰술

고추장 양념

고추장 3큰술
고춧가루 1큰술
간장·청주·물엿 1큰술씩
설탕 1/2큰술
다진 마늘 1큰술
다진 생강 1/2큰술
식용유 4큰술

1 오징어채를 훌훌 털어 가루를 없앤다.

2 김이 오른 찜솥에 젖은 면 보자기를 깔고 오징어채를 넣어 5분 정도 찐다.

3 팬에 고추장 양념을 바글바글 끓이다가 불을 끄고 찐 오징어채가 뜨거울 때 넣어 고루 버무린다.

4 불을 약하게 줄이고 1분 정도 볶아 물기를 날린 뒤 불을 끄고 통깨를 뿌린다.

tip
오징어채를 한 번 쪄서 볶으면 오래 두어도 딱딱해지지 않아요. 찜솥에 찌면 살균도 되고 일석이조의 효과가 있습니다.

명태채볶음

조미한 명태채를 간장 양념으로 깔끔하게 볶았어요.

재료 4인분

명태채(명엽채) 200g
물엿·통깨 1큰술씩

볶음 양념

간장 1작은술
설탕·청주 1큰술씩
식용유 2큰술

1 명태채를 가위로 먹기 좋게 자른다.

2 명태채를 약한 불에서 마른 팬에 충분히 볶는다.

3 팬에 볶음 양념을 끓이다가 바글바글 끓어오르면 불을 약하게 줄이고 명태채와 물엿을 넣어 섞는다. 마지막에 통깨를 뿌린다.

tip
흔히 명엽채라고 하는 명태채는 조미가 되어 있어 마른반찬으로 활용하기 좋아요. 양념에 고추장을 조금 넣어도 맛있습니다.

북어포 양념구이

북어포를 부드럽게 불려서 매콤한 양념장을 발라 구웠어요. 씹을수록 맛이 배어나요.

재료 4인분

북어포(큰 것) 2마리
채 썬 대파 1/3뿌리분
실고추·통깨 조금씩
식용유 2큰술

기름장

간장 1큰술, 식용유 3큰술

양념장

고추장 1큰술
고춧가루 1½큰술
간장·청주 1큰술씩
설탕 1/2큰술, 다진 파 1큰술
다진 마늘 1/2큰술
다진 생강 1/2작은술
참기름 1/2큰술
깨소금 1작은술
소금·후춧가루 조금씩
물 3큰술

1 북어포는 머리를 자르고 가시를 발라낸 뒤, 물에 부드럽게 불려 물기를 짠다.

2 구울 때 오그라들고 틀어지는 것을 막기 위해 북어포 껍질 쪽에 잔 칼집을 넣는다.

3 기름장을 만들어 북어포에 바른 뒤, 달군 팬에 식용유 1큰술을 두르고 앞뒤로 애벌구이한다. 식으면 가위로 3~4등분한다.

4 양념장 재료를 고루 섞는다.

5 애벌구이한 북어포에 양념장을 발라 달군 팬에 식용유를 두르고 굽는다. 양념 바른 면을 먼저 굽다가 뒤집어 타지 않게 마저 굽는다.

6 북어포구이를 접시에 담고 파채와 짧게 자른 실고추, 통깨를 뿌린다.

tip
양념해서 굽는 구이는 재료가 익기도 전에 양념이 타기 쉬워요. 특히 고추장과 설탕이 들어가는 양념은 빨리 탑니다. 양념을 바르기 전에 재료를 애벌로 구우면 타는 것을 막을 수 있어요. 더덕구이나 병어구이, 뱅어포구이 등도 마찬가지입니다.

북어포볶음

북어포를 기름에 볶아 간장 양념에 조물조물 무친 영양 반찬이에요.

재료 4인분

북어포 200g
통깨 조금
식용유 적당량

간장 양념

간장·물엿 1큰술씩
설탕 1/2큰술
참기름 1큰술
소금 조금

1 북어포를 물에 불려 부드럽게 만든다.

2 불린 북어포를 먹기 좋게 썰거나 찢는다.

3 달군 팬에 식용유를 두르고 약한 불에서 북어포를 볶는다.

4 간장 양념을 고루 섞어 볶은 북어포에 넣고 조물조물 무친 뒤 통깨를 뿌린다.

tip
양념에 무치는 대신 불에서 내리기 직전에 물엿과 참기름을 조금 넣어 섞으면 윤기 나는 북어포볶음을 만들 수 있어요.

북어 보푸라기

북어포를 솜처럼 부풀려 3가지 양념으로 무쳐 부드럽고 고소해요.

재료 4인분

북어포 1마리

소금 양념

소금·참기름 2작은술씩

간장 양념

간장 2작은술
설탕·참기름 1작은술씩
깨소금·후춧가루 조금씩

고춧가루 양념

고춧가루 1작은술
설탕·소금 1작은술씩
참기름 1작은술
깨소금 조금

1 북어를 숟가락으로 살살 긁어 살을 발라낸다. 강판이나 분마기에 갈아도 된다.

2 소금 양념, 간장 양념, 고춧가루 양념을 각각 만든다.

3 곱게 긁어 부풀린 북어 살을 3등분해 각각의 양념에 무친다.

tip
북어는 살이 통통하게 오른 것을 고르세요. 단단한 것보다 부드럽게 말린 황태가 살이 잘 떨어집니다. 간장 양념으로 무치면 부피가 줄어드니 북어 살을 나눌 때 다른 것보다 조금 넉넉히 준비하세요.

코다리찜

코다리는 반건조한 명태예요. 청양고추를 넣고 칼칼하게 쪄서 입맛을 당겨요.

재료 4인분

코다리 2마리
청양고추 1개
대파 1/2뿌리
실파 2뿌리
물 5컵

찜 양념

마늘 5쪽
마른고추 1개
간장 4큰술
설탕·물엿 1큰술씩
청주 2큰술
고춧가루 1큰술
생강즙 1/2큰술
소금 1작은술

1 코다리는 지느러미와 꼬리를 잘라내고 씻어 먹기 좋게 토막 낸다. 연한 소금물에 다시 한번 씻어 물기를 뺀다.

2 대파는 어슷하게 썰고, 실파와 청양고추는 송송 썬다. 마늘은 저미고, 마른고추는 반 갈라 씨를 털고 잘게 썬다.

3 마늘과 마른고추, 나머지 재료를 섞어 찜 양념을 만든다.

4 냄비에 코다리를 담고 찜 양념의 반을 끼얹어 바글바글 끓인다.

5 한소끔 끓으면 남은 양념을 넣고 냄비 가장자리로 물을 부어 약한 불에서 은근히 끓인다.

6 코다리가 익기 시작하면 대파, 실파, 고추를 얹어 한 번 더 끓인다.

tip
넓은 냄비를 써야 코다리에 양념이 골고루 배요. 양념을 먼저 끓인 다음 코다리를 넣으면 윤기가 나고 간이 잘 배어들어 맛있습니다.

북어찜

양념에 국간장을 넣어 개운하고 감칠맛이 나요.

재료 4인분

북어 2마리
대파 1뿌리
실고추 조금
물 1/2컵

찜 양념

국간장·간장 3큰술씩
설탕 3큰술
고춧가루 1큰술
다진 파 2큰술
다진 마늘 1큰술
참기름·깨소금 1큰술씩
후춧가루 조금

1 북어는 지느러미와 꼬리를 잘라내고 물에 담가 충분히 불린 뒤 5토막으로 자른다.

2 대파는 어슷하게 썬다.

3 찜 양념 재료를 고루 섞는다.

4 냄비에 북어를 담고 찜 양념의 반을 덜어 넣어 끓인다.

5 한소끔 끓으면 남은 양념을 넣고 물을 부어 자작하게 끓인 뒤, 대파와 실고추를 얹어 조금 더 익힌다.

tip
북어는 살이 연해 익히면서 마구 뒤집으면 부서지기 쉬워요. 양념장을 끼얹을 때도 주의해야 합니다. 양념장을 한 번 끓여서 넣으면 간이 잘 배어들어 여러 번 뒤집을 필요가 없어요.

양미리조림

반건조한 양미리를 한 번 튀겨서 간장 양념에 버무리듯 조렸어요.

재료 4인분

반건조 양미리 400g
송송 썬 실파 2뿌리분
통깨 1큰술
녹말가루 5큰술
식용유 2컵

조림장

간장 1/3컵
설탕·물엿·청주 1큰술씩
마른고추 2개
다진 마늘 1큰술
생강즙 1/2작은술
물 1컵

1 반건조 양미리는 머리와 꼬리를 자르고 긴 것은 반 잘라 소금물에 씻는다.

2 양미리에 녹말가루를 넣고 버무려 160~170℃의 기름에 노릇하게 튀긴다.

3 마른고추를 잘라 나머지 재료와 함께 약한 불에서 바글바글 끓인다.

4 조림장에 튀긴 양미리를 넣고 센 불에서 재빨리 버무리듯 조린다. 마지막에 송송 썬 실파와 통깨를 뿌린다.

tip
생선을 튀길 때 기름을 적당히 붓고 지지듯이 튀기면 기름 낭비가 적어요. 양미리는 바삭하게 튀겨 조림장에 볶듯이 조려야 윤기가 나고 맛도 좋습니다.

뱅어포 고추장구이

뱅어포를 매콤달콤한 양념에 재서 구운 칼슘 반찬이에요.

재료 4인분

뱅어포 10장
통깨 1큰술
식용유 2/3컵

양념장

고추장 4큰술
물엿·물 5큰술씩
고춧가루 1큰술
간장·청주 1큰술씩
다진 마늘 1큰술
식용유 2큰술

1 뱅어포를 손으로 비벼 잡티를 털어낸 뒤, 달군 팬에 식용유를 살짝 두르고 앞뒤로 굽는다.

2 팬에 양념장을 바글바글 끓여 식힌다.

3 뱅어포 1장에 양념장을 고루 바르고 통깨를 뿌린다. 같은 방법으로 뱅어포를 켜켜이 잰다.

4 양념에 잰 뱅어포를 약한 불에서 팬이나 석쇠에 타지 않게 구운 뒤, 통깨를 뿌리고 먹기 좋게 자른다.

tip

양념장을 발라 구울 때는 약한 불에서 천천히 구워야 타지 않아요. 뱅어포는 중간 굵기의 실치로 만들고 결이 촘촘한 것이 좋은 것입니다.

뱅어포 간장구이

간장으로 양념한 뱅어포구이. 간을 약하게 하면 간식으로도 좋아요.

재료 4인분

뱅어포 10장
통깨 1큰술
식용유 2/3컵

양념장

간장·물 2큰술씩
물엿·청주 1큰술씩
생강즙 1큰술
식용유 2큰술

1 뱅어포를 손으로 비벼 잡티를 털어낸 뒤, 달군 팬에 식용유를 살짝 두르고 앞뒤로 굽는다.

2 팬에 양념장을 바글바글 끓여 식힌다.

3 뱅어포 1장에 양념장을 고루 바르고 통깨를 뿌린다. 같은 방법으로 뱅어포를 켜켜이 잰다.

4 양념에 잰 뱅어포를 약한 불에서 팬이나 석쇠에 타지 않게 구운 뒤, 통깨를 뿌리고 먹기 좋게 자른다.

tip

뱅어포를 작게 잘라 바삭하게 튀겨서 뜨거울 때 설탕을 뿌리면 과자처럼 먹을 수 있어요.

홍합초

홍합살과 쇠고기를 함께 조린 달콤하고 짭조름한 밑반찬.

재료 4인분

홍합살 1컵
쇠고기 50g
마늘 2쪽
생강 1톨
잣가루·참기름 1작은술씩
후춧가루 조금
녹말물 1큰술
(녹말가루 1작은술, 물 1큰술)

조림장

간장 3큰술
설탕 1큰술
물 2큰술

1 홍합살은 연한 소금물에 흔들어 씻어 끓는 물에 살짝 데치고, 쇠고기는 한입 크기로 저민다. 마늘과 생강도 저민다.

2 냄비에 조림장을 끓이다가 쇠고기를 넣어 조린다.

3 조림장이 바특하게 졸아들면 마늘, 생강, 홍합살을 넣고 볶다가 녹말물을 넣어 덩어리지지 않게 섞는다.

4 참기름과 후춧가루로 맛을 낸 뒤 접시에 담고 잣가루를 뿌린다.

tip
말린 홍합으로 홍합초를 만들어도 맛있어요. 쫄깃하게 씹히는 맛을 좋아하면 말린 홍합을 손질해 조리세요.

오징어조림

쫄깃한 반건조 오징어와 마늘종을 볶아 맛과 질감이 두 배예요.

재료 4인분

반건조 오징어 2마리
마늘종 3줄기
참기름·통깨 적당량씩
식용유 적당량

조림장

간장·청주·물 2큰술씩
설탕 1/2큰술
물엿 1큰술
저민 마늘 2쪽분
저민 생강 1/2톨분

1 반건조 오징어는 5cm 길이로 먹기 좋게 썬다.

2 마늘종도 5cm 길이로 썬다.

3 냄비에 식용유를 두르고 오징어를 볶다가 조림장 재료를 넣고 간이 배게 조린다.

4 마늘종을 넣고 볶다가 아삭하게 익으면 불을 끄고 참기름과 통깨를 넣어 섞는다.

tip
오징어조림은 보통 마른오징어로 만들지만, 딱딱해서 먹기가 쉽지 않아요. 반건조 오징어로 만들면 부드러워서 밑반찬, 도시락 반찬으로 그만입니다. 마늘종 대신 꽈리고추를 넣어도 맛있어요.

쇠고기 메추리알 장조림

남녀노소 누구나 좋아하는 대표 밑반찬. 밥은 물론 죽에도 잘 어울려요.

재료 4인분

쇠고기(우둔) 300g
메추리알 10개
양파 1/2개
대파 1뿌리
마늘 20쪽
마른고추 3개
통후추 조금
물 적당량

조림장

간장 6큰술
설탕 2큰술
청주 1큰술
쇠고기국물 3컵

1 쇠고기는 기름을 떼고 5cm 정도로 큼직하게 토막 내서 물에 담가 핏물을 뺀다.

2 냄비에 쇠고기를 담고 고기가 잠길 정도로 물을 부어 20분 정도 삶는다. 고기를 건지고, 국물은 체에 거른다.

3 메추리알은 7분 정도 삶아 껍데기를 벗긴다.

4 냄비에 쇠고기를 담고 조림장 재료를 넣어 끓인다. 한 번 우르르 끓으면 양파, 대파, 마늘, 마른고추, 통후추를 넣고 센 불에서 20분 정도 끓인다.

5 채소를 건지고 불을 줄인 뒤 메추리알을 넣어 조린다. 조림장이 반으로 줄고 고기에 간이 배면 불을 끈다.

6 한 김 식힌 뒤 밀폐용기에 담아 냉장고에 두고 먹을 때 한 덩이씩 꺼내 썰거나 결대로 찢어 낸다.

tip

쇠고기를 처음부터 조림장에 넣고 끓이면 고기가 질겨지기 쉬워요. 고기를 애벌로 삶아 완전히 익힌 뒤에 간장 양념을 해야 부드럽게 됩니다. 메추리알은 나중에 넣어야 간이 적당히 배요.

돼지고기 장조림

지방이 적은 돼지 안심을 고추와 함께 조린 장조림. 된장을 넣어 누린내를 없앴어요.

재료 4인분

돼지고기(안심) 600g
양파 1개
풋고추·붉은 고추 2개씩
마늘 5쪽
된장 1작은술

조림장

간장 2/3컵
설탕 3큰술
청주 2큰술
물 4½컵

1 돼지고기는 5cm 정도로 큼직하게 토막 내어 된장 푼 물에 5분 정도 데친다.

2 냄비에 조림장 재료와 크게 썬 양파, 고추, 마늘을 넣어 팔팔 끓인다.

3 조림장에 돼지고기를 넣고 센 불에서 15분 정도 끓이다가 불을 약하게 줄여 국물이 반 이상 졸아들도록 조린다.

4 완전히 식힌 뒤 밀폐용기에 담아 냉장고에 둔다. 먹을 때 한 덩이씩 꺼내서 결대로 찢어 그릇에 담고 국물을 끼얹는다.

tip

돼지고기는 식으면 냄새가 더 심하게 느껴지기도 하는데, 손질을 잘하거나 양념을 조금 강하게 하면 괜찮아요. 장조림은 장물에 푹 조린 음식이어서 냄새가 거의 나지 않습니다.

달걀조림

맛은 물론 영양도 만점인 인기 반찬이에요.

재료 4인분

달걀 10개

조림장

마른고추 5개
간장·물 3/4컵씩
설탕·매실청 1½큰술씩
청주 3큰술

1 달걀을 9분 정도 삶아 바로 찬물에 식혀서 껍데기를 벗긴다.

2 냄비에 조림장 재료를 넣어 중간 불에서 끓인다.

3 조림장이 끓으면 삶은 달걀을 넣고 간이 배도록 약한 불에서 조린다. 달걀흰자가 갈색으로 변하면 불을 끈다.

tip

달걀 대신 메추리알을 조려도 맛있어요. 메추리알은 조림장에 우르르 끓이는 정도로만 조려야 짜지 않아요.

달걀장

달걀을 반숙으로 삶아 간장물에 절였어요. 짜지 않고 연해요.

재료 4인분

달걀 10개
풋고추·붉은 고추 1개씩
대파 1/2부리
레몬 조금

절임장

간장 1컵
올리고당 3큰술
청주·통깨 1큰술씩
물 2컵

1 끓는 물에 소금과 식초를 넣고 달걀을 7분 정도 삶은 뒤 불을 끈다. 30초 정도 뜸을 들이고 찬물에 담가 껍데기를 벗긴다.

2 고추와 대파는 굵게 다지고, 레몬은 얇게 저민다.

3 냄비에 절임장을 끓여 식힌다.

4 밀폐용기에 삶은 달걀과 고추, 대파, 레몬을 담고 절임장을 달걀이 잠길 정도로 부어 냉장고에서 하루 정도 숙성시킨다.

tip

달걀을 굴려가며 삶으면 노른자가 가운데로 와서 잘랐을 때 모양이 예뻐요. 달걀장은 짜지 않아서 냉장고에 두고 1주일 안에 먹는 게 좋습니다.

연어장

부드러운 연어를 도톰하게 썰어 레몬과 함께 간장물에 담가 숙성시킨 생선 반찬.

재료 4인분

연어 200g
레몬 1개

절임장

대파 1/2부리
생강 1톨
마른고추 1개
간장 1/2컵
청주 2큰술
올리고당 2큰술
물 1½컵

1 마른고추는 1cm 길이로 잘라 씨를 턴다. 대파는 반 갈라 3cm 길이로 썰고, 생강과 레몬은 저민다.

2 냄비에 간장, 청주, 물, 대파, 생강, 마른고추를 넣어 살짝 끓인다. 불을 끄고 올리고당을 넣어 잘 섞은 뒤 충분히 식혀 체에 거른다.

3 연어는 도톰하게 썬다.

4 밀폐용기에 연어와 레몬을 넣고 절임장을 연어가 잠길 정도로 부어 냉장고에서 하루 정도 숙성시킨다.

tip

연어 외에도 비리지 않은 생선, 채소 등을 절여두면 입맛 없을 때 먹기 좋아요. 절임장은 짜지 않게 만들고, 냉장고에 두고 되도록 3일 안에 먹는 게 좋아요. 레몬과 고추를 넣으면 맛이 좋을 뿐 아니라 저장 기간을 늘릴 수 있습니다.

게장

신선한 꽃게에 간장물을 달여 부어 삭혔어요. 게장 하나만 있으면 밥 한 그릇을 게눈 감추듯 비웁니다.

재료 4인분

암꽃게 4마리(220~250g)
마늘 10쪽
생강 1톨
마른고추 2개

절임장

간장 4컵
설탕 2큰술
소금 1작은술
물 12컵

1 신선한 꽃게를 통째로 솔로 문질러 씻어 물기를 뺀다. 꽃게는 배 쪽의 딱지가 넓은 암게가 알이 들어 있어 맛있다.

2 마른고추는 어슷하게 썰어 씨를 털고, 마늘과 생강은 저민다.

3 통에 꽃게를 배가 위로 오도록 차곡차곡 담고 마른고추, 마늘, 생강을 얹는다.

4 간장 4컵과 물 10컵을 끓여 식혀 게가 푹 잠기도록 붓고 돌로 눌러 하룻밤 서늘한 곳에 둔다.

5 절임장을 따라내어 물 2컵, 설탕 2큰술, 소금 1작은술을 더 넣고 팔팔 끓여 식힌다.

6 꽃게에 식힌 절임장을 다시 부어 하루 동안 둔다.

tip
게장을 오래 두고 먹으려면 중간에 절임장을 끓여 식혀 붓기를 두 번 이상 해야 합니다. 짜게 만든 저장 음식이라 해도 오래되면 상할 수 있어요. 한 번 먹을 만큼씩 나눠 냉동실에 두었다가 실온에서 해동해 먹는 것이 좋아요.

새우장

짭짤하면서 감칠맛 나는 새우장. 게장에 비해 손질하기가 편해 쉽게 담가 먹을 수 있어요.

재료 4인분

대하 10마리

절임장

마른고추 2개
국간장·간장 1½컵씩
청주 1/2컵
설탕·매실청 2큰술씩
물 5컵

1 새우는 긴 수염만 잘라내고 깨끗하게 씻어 물기를 뺀다.

2 절임장을 잘 섞어서 한소끔 끓여 식힌다.

3 통에 새우를 담고 식힌 절임장을 부어 하룻밤 서늘한 곳에 둔다.

4 절임장을 따라내어 팔팔 끓여 식힌 뒤 새우에 다시 붓는다. 2번 반복
  해 냉장고에 둔다.

5 먹을 때 꼬리를 떼고 껍데기를 벗겨 그릇에 담는다.

tip
새우장을 오래 두고 먹는다고 절임장을 여러 번 끓여 식혀 붓기도 하는데, 절임장에 너무 오래
담가두면 간이 짜져요. 적당히 간이 배고 맛이 들면 새우를 건져 따로 냉동해두고 한 번 먹을 만
큼씩 해동하는 것이 좋아요.

다시마튀각

도톰한 다시마를 튀겨 설탕과 잣가루를 뿌렸어요.

재료 4인분

다시마 1줄기(30cm)
설탕 1큰술
잣가루 1큰술
식용유 2컵

1 두껍고 잘 마른 튀각용 다시마를 준비해 젖은 행주로 가볍게 닦고 사방 5cm 크기로 자른다.

2 170℃의 기름에 다시마를 1조각씩 넣고 부풀어 오르면 재빨리 뒤집어 타지 않게 튀긴다. 종이타월 위에 올려 기름을 뺀다.

3 뜨거울 때 설탕과 잣가루를 고루 뿌린다.

tip

튀각이나 부각은 튀길 때 기름의 온도가 중요해요. 낮은 온도에서 튀기면 기름만 많이 흡수해 바삭하지 않습니다. 160~170℃의 기름에 넣고 부풀어 오르면 바로 뒤집어 건져내세요.

고추부각

작은 풋고추로 만든 고추부각. 매콤해서 입맛을 돋워요.

재료 4인분

풋고추 600g
밀가루 1컵
설탕 1큰술
소금 조금
식용유 2컵

1 작은 풋고추를 준비해 꼭지를 떼고 씻은 뒤, 물기가 남아 있을 때 밀가루를 고루 묻힌다.

2 찜솥에 면 보자기를 깔고 풋고추를 고르게 펼쳐 담아 찐다.

3 찐 고추를 채반에 널어 햇볕에 말린다. 대강 마르면 실에 꿰어 그늘에서 바싹 말린다.

4 170℃의 기름에 재빨리 튀겨서 종이타월 위에 올려 기름을 뺀다. 뜨거울 때 설탕과 소금을 뿌린다.

tip

부각은 재료 그대로 튀기는 튀각과 달리 밀가루풀이나 찹쌀풀을 발라 튀기는 거예요. 풋고추 대신 꽈리고추로 만들어도 좋아요.

김부각

바삭바삭, 고소해 반찬은 물론 안주로도 그만이에요.

재료 4인분

김 10장
고춧가루 조금
통깨 1큰술
식용유 적당량

찹쌀풀

찹쌀가루 1컵
소금 2작은술
물 2컵

1 찹쌀가루를 물에 개어 소금으로 간한 뒤 약한 불에서 끓여 풀을 쑨다.

2 김을 4등분해 찹쌀풀을 바른 뒤 4장씩 겹쳐서 채반에 넣어 햇볕에 말린다. 김이 쪼그라들면 펴서 바싹 말린다.

3 150°C의 기름에 말린 김을 바삭하게 튀겨 기름을 뺀 뒤 고춧가루와 통깨를 뿌린다.

tip
찹쌀풀에 간장과 고춧가루를 섞어 발라 튀겨도 맛있어요.

감자부각

감자를 데쳐 말린 뒤 바삭하게 튀겼어요. 간식으로도 좋아요.

재료 4인분

감자(큰 것) 2개
소금 1큰술
식용유 적당량

1 감자는 껍질을 벗기고 얇게 저미서 물에 담가 녹말을 뺀다.

2 끓는 물에 소금을 넣고 감자를 데친다.

3 데친 감자를 채반에 넣어 햇볕에 말린다.

4 170°C의 기름에 말린 감자를 바삭하게 튀겨 기름을 쏙 뺀다.

tip
끓는 기름에 감자 조각을 넣어보아 반쯤 가라앉았다가 떠오르면 알맞은 온도예요.

'뭐 좀 맛있는 것 없을까?' 하는 생각이 들 때가 있어요. 누구나 좋아하는 갈비찜, 안주로도 좋은 닭강정 등 식탁이 풍성해지는 별미 음식을 모았습니다. 주말이나 특별한 날 솜씨 한번 발휘해보세요.

Part 3
별미 요리

갈비찜

손님상, 잔칫상을 빛내는 별미 요리. 간단하게 만들어 평소에도 즐기세요.

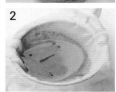

재료 2인분

소갈비 500g
무 200g
당근 50g
양파 1/2개
표고버섯 2개
실파 1뿌리
소금·식용유 조금씩

소갈비 삶는 물

대파 1/2뿌리
마늘 3쪽
청주 1큰술
물 적당량

갈비 양념

간장 3큰술
설탕·물엿 1큰술씩
청주 1큰술
간 배 1/2컵
다진 파 2큰술
다진 마늘 1/2큰술
참기름 1/2큰술
깨소금 1/2큰술
소금 조금
후춧가루 조금

1 소갈비를 찬물에 20분 정도 담가 핏물을 뺀다.

2 끓는 물에 청주, 대파, 마늘을 넣고 소갈비를 삶아 2cm 간격으로 칼집을 낸다. 국물은 체에 면 보자기를 깔고 거른다.

3 갈비 양념 재료를 고루 섞는다.

4 무와 당근은 밤톨 크기로 썰고, 양파도 큼직하게 썬다. 표고버섯은 기둥을 뗀 뒤 4등분하고, 실파는 송송 썬다.

5 냄비에 갈비를 담고 갈비 양념의 2/3를 넣어 끓인다.

6 갈비가 익으면 남은 양념과 부재료를 넣고 국물을 자작하게 부어 푹 끓인다. 중간중간 국물을 끼얹어 간이 고루 배게 한다.

7 갈비찜을 그릇에 담고 실파를 올린다.

tip
불고기, 갈비찜, 갈비구이 등의 고기 요리는 익으면서 색이 검어져 맛이 없어 보일 수 있어요. 지단이나 실고추, 대추, 석이버섯 등의 고명을 올리면 한결 맛있어 보입니다. 무와 당근은 모서리를 도려내면 좋아요. 모양도 예쁘고 끓으면서 모서리가 부서지는 것을 막을 수 있습니다.

매운 갈비찜

고추장 양념으로 맛을 낸 색다른 갈비찜. 매콤달콤한 맛이 매력 있어요.

재료 2인분

소갈비 500g
무 200g
당근 50g
양파 1/2개
표고버섯 2개
실파 1뿌리
소금·식용유 조금씩

소갈비 삶는 물

대파 1/2뿌리
마늘 3쪽
청주 1큰술
물 적당량

갈비 양념

간장 3큰술
고추장 1큰술
고춧가루 1큰술
설탕·물엿 1큰술씩
청주 1큰술
간 배 1/2컵
다진 파 2큰술
다진 마늘 1큰술
참기름 1/2큰술
깨소금 1/2큰술
소금 조금
후춧가루 조금

1 소갈비를 찬물에 20분 정도 담가 핏물을 뺀다.

2 끓는 물에 청주, 대파, 마늘을 넣고 소갈비를 삶아 2cm 간격으로 칼집을 낸다. 국물은 체에 면 보자기를 깔고 거른다.

3 갈비 양념 재료를 고루 섞는다.

4 무와 당근은 밤톨 크기로 썰고, 양파도 큼직하게 썬다. 표고버섯은 기둥을 뗀 뒤 4등분하고, 실파는 송송 썬다.

5 냄비에 갈비를 담고 갈비 양념의 2/3를 넣고 끓인다.

6 갈비가 익으면 남은 양념과 부재료를 넣고 국물을 자작하게 부어 푹 끓인다. 중간중간 국물을 끼얹어 간이 고루 배게 한다.

7 갈비찜을 그릇에 담고 실파를 올린다.

tip
좀 더 매운맛을 원하면 청양고추를 한두 개 넣으세요. 고추장이나 고춧가루를 더 넣는 것보다 개운하면서 칼칼한 맛을 낼 수 있어요.

돼지갈비찜

마른고추로 향을 낸 기름에 돼지갈비를 지져서 갈비 양념에 푹 익혔어요.

재료 2인분

돼지갈비 500g
무 1/6개
당근 1/2개
양파 1개
표고버섯 2개
대파 1뿌리
마른고추 1개
식용유 1큰술
물 2컵

갈비 양념

간장 2½큰술
설탕·물엿 1/2큰술씩
청주 1큰술
다진 파 1큰술
다진 마늘 1/2큰술
다진 생강 1작은술
참기름·깨소금 1/2큰술씩
소금·후춧가루 조금씩

1 돼지갈비를 먹기 좋게 토막 내어 군데군데 칼집을 넣은 뒤, 찬물에 10분 정도 담갔다 건져 물기를 닦는다.

2 달군 팬에 식용유를 두르고 마른고추를 볶다가 돼지갈비를 넣고 앞뒤로 노릇하게 지져 기름기를 뺀다.

3 무와 당근은 밤톨 크기로 썰어 모서리를 도려낸다. 양파와 대파는 큼직하게 썰고, 표고버섯은 기둥을 뗀 뒤 반으로 썬다.

4 갈비 양념 재료를 고루 섞는다.

5 냄비에 돼지갈비를 담고 갈비 양념의 반을 넣어 섞은 뒤, 무와 당근을 넣고 물을 자작하게 부어 끓인다.

6 갈비가 익으면 양파, 표고버섯, 대파를 넣고 남은 양념을 넣어 한 번 더 끓인다.

tip

기름이 많이 붙어 있는 돼지갈비는 기름을 떼고 조리하는 것이 맛내기 비결이에요. 끓는 물에 삶거나 기름에 지지면 돼지갈비의 기름이 빠질 뿐 아니라 냄새가 줄어들고 맛도 구수해져요.

등갈비강정

등갈비를 기름에 튀겨 매콤달콤한 소스에 버무렸어요. 가격 부담 없이 푸짐하게 즐길 수 있는 별미 요리입니다.

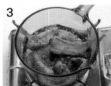

재료 2인분

돼지 등갈비 250g
땅콩 2큰술
식용유 적당량

등갈비 밑간

청주 1/2큰술
소금 조금

튀김옷

튀김가루 1/4컵
카레가루 1/2큰술

강정 소스

청양고추 1개
간장 1큰술
고추장 1큰술
토마토케첩 1큰술
물엿·설탕 1큰술씩
다진 양파 1큰술
다진 마늘 1/2큰술
다진 생강 1/2작은술
물 1/2컵
식용유 조금

1 돼지 등갈비는 찬물에 30분 정도 담가 핏물을 뺀 뒤, 칼집을 넣고 소금, 청주를 뿌려 10분간 잰다.

2 튀김가루와 카레가루를 섞은 뒤 등갈비를 넣어 골고루 버무린다.

3 튀김옷을 입힌 등갈비를 170℃의 기름에 바삭하게 튀겨 기름을 뺀다.

4 팬에 식용유를 두르고 다진 마늘, 다진 양파를 볶다가 나머지 소스 재료를 넣어 끓인다.

5 끓는 소스에 튀긴 등갈비와 땅콩을 넣어 타지 않게 버무린다.

tip
등갈비는 갈비의 등 쪽 부위로 연하고 맛있지만 칼로리가 높고 콜레스테롤이 많아요. 콜레스테롤의 흡수를 지연시키는 효과가 있는 표고버섯과 함께 먹으면 영양의 균형을 맞출 수 있어요.

매운 닭찜

감자, 당근, 양파 등을 넉넉히 넣고 매콤하게 양념한 닭찜. 반찬이나 술안주로 인기예요.

재료 2인분

토막 낸 닭 1/2마리
감자 1½개
당근 1/2개
양파 1개
붉은 고추 1/2개
대파 1/2뿌리
소금 조금
물 적당량

닭 밑간

청주 1큰술
소금 1작은술

찜 양념

고추장 1큰술
고춧가루 2큰술
간장·청주·물엿 1큰술씩
설탕 1/2큰술
다진 파 1큰술
다진 마늘 1작은술
다진 생강 1/2작은술
참기름 1/2큰술
깨소금 1작은술
소금·후춧가루 조금씩

1 닭은 흐르는 물에 씻은 뒤, 물기를 닦고 청주와 소금으로 밑간한다.

2 감자, 당근, 양파는 한입 크기로 썰고, 붉은 고추는 어슷하게 썰어 씨를 턴다. 대파는 2~3cm 길이로 썬다.

3 찜 양념 재료를 고루 섞는다.

4 냄비에 닭과 감자, 당근을 담고 찜 양념을 넣어 섞은 뒤, 닭이 잠길 만큼 물을 부어 30분 정도 끓인다.

5 국물이 자작해지면 간을 봐서 소금으로 조절하고 불을 줄인다.

6 양파, 대파, 고추를 넣고 양념이 고루 배도록 조금 더 끓인다.

tip
매운 찜을 할 때는 단맛을 더하기 위해 설탕이나 물엿을 조금 넣는데, 설탕만 넣으면 산뜻하긴 해도 윤기가 잘 돌지 않아 물엿을 많이 써요. 기름기가 싫으면 닭을 손질할 때 껍질을 모두 벗겨 내세요.

안동찜닭

안동에서 유래한 달착지근한 닭 요리로 여러 채소와 당면을 넣어 푸짐해요.

재료 2인분

토막 낸 닭 1/2마리
감자 1/2개
당근 1/4개
양파 1/2개
실파 3뿌리
당면 50g
생강 15g
마른고추 1/2개
식용유 2큰술
물 1½컵

닭 밑간

청주 1큰술
소금 1/2큰술
후춧가루 조금

찜 양념

간장 3큰술
설탕 1½큰술
청주 1큰술
다진 파 1½큰술
다진 마늘 1/2큰술
참기름 1/2큰술
깨소금 1작은술
후춧가루 조금

1 닭은 흐르는 물에 씻어 물기를 뺀 뒤 청주, 소금, 후춧가루로 밑간해 20분 동안 잰다.

2 감자, 당근, 양파는 한입 크기로 썰고, 실파는 3cm 길이로 썬다. 생강은 저미고, 마른고추는 짧게 잘라 씨를 턴다. 당면은 미지근한 물에 20분 동안 담가 불린다.

3 찜 양념 재료를 고루 섞는다.

4 팬에 식용유를 두르고 약한 불에서 생강과 마른고추를 볶아 향을 낸 뒤, 닭을 넣고 중간 불에서 앞뒤로 지져 기름을 뺀다. 닭이 완전히 익지 않아도 된다.

5 냄비에 지진 닭과 감자, 당근, 양파, 찜 양념을 넣어 섞은 뒤 물을 부어 중간 불에서 20분 정도 끓인다.

6 감자가 익으면 실파와 당면을 넣어 약한 불에서 10분간 더 끓인다.

tip

닭가슴살, 날개, 닭봉 등 좋아하는 부위로만 만들어도 돼요. 찜 양념에 춘장을 1큰술 넣어 맛을 내기도 합니다.

돼지고기 김치찜

배추김치와 돼지고기의 조화가 기막힌 찜 요리예요. 폭 익은 김치로 만들어야 맛있습니다.

재료 2인분

배추김치 1/4포기
돼지고기(삼겹살 또는 사태) 100g
콩나물 50g
양파 1/2개
풋고추 1개
붉은 고추 1/2개
대파 1/2뿌리
설탕 1/2큰술
소금 조금
식용유 1큰술
물 2½컵

돼지고기 양념

간장·설탕·청주 1/2큰술씩
고춧가루 1/2큰술
다진 마늘 1/2큰술

1 배추김치는 잘 익은 것으로 준비해 소를 털어내고 밑동을 자른다.

2 돼지고기는 납작하게 썰어 고기 양념을 반만 넣고 조물조물 무친다.

3 콩나물은 꼬리를 다듬고, 양파는 채 썬다. 고추는 송송 썰어 씨를 털고, 대파는 어슷하게 썬다.

4 달군 냄비에 식용유를 두르고 양념한 돼지고기와 양파를 볶다가 고기가 반쯤 익으면 김치를 넣고 볶는다. 설탕을 조금 넣어 단맛을 더한다.

5 돼지고기와 김치가 부드러워지면 콩나물을 넣고 물을 붓는다.

6 남은 고기 양념을 넣어 푹 끓인 뒤 대파, 고추를 넣고 잠시 더 끓인다. 부족한 간은 소금으로 맞춘다.

tip
신 김치 요리에 설탕을 조금 넣으면 신맛은 누그러지고 김치의 맛은 살아나요. 설탕 대신 물엿을 넣을 때는 너무 달지 않도록 양 조절에 주의하세요.

아귀찜

쫀득한 아귀 살과 콩나물이 매콤하게 어우러진 생선찜. 미더덕을 넣어 시원한 맛을 더했어요.

재료 2인분

아귀 300g
미더덕 1컵
콩나물 200g
미나리 50g
대파 1/2뿌리
청주 1/2큰술
소금 조금
물 1/2컵

찜 양념

고춧가루 2큰술
간장 1/2큰술
설탕·소금 1/4큰술씩
다진 파 1½큰술
다진 마늘 1큰술
다진 생강 1작은술
참기름·후춧가루 조금씩
녹말물 1½큰술 (녹말가루·물 1½큰술씩)
멸칫국물 1½컵

1 아귀는 내장을 빼고 소금물로 씻어 4~5cm 길이로 토막 낸다.

2 콩나물은 꼬리를 다듬고, 미나리는 줄기만 5cm 길이로 썰고, 대파는 어슷하게 썬다. 미더덕은 소금물에 씻고 큰 것은 꼬치로 찔러 터뜨린다.

3 냄비에 아귀를 담고 청주와 소금을 뿌린 뒤, 물을 자작하게 붓고 뚜껑을 덮어 익힌다.

4 다른 냄비에 콩나물과 물을 넣고 뚜껑을 덮어 익힌 뒤, 미나리를 얹어 잠시 더 익힌다.

5 찜 양념 재료를 고루 섞는다.

6 냄비에 찐 아귀와 미더덕을 담고 찜 양념을 반만 넣어 고루 섞어서 잠시 끓인다.

7 ⑥에 콩나물과 미나리, 대파를 얹고 나머지 양념을 넣어 부서지지 않게 조심해 섞는다.

tip

아귀, 미더덕, 동태 등의 찜 요리에 녹말물을 넣으면 윤기가 돌고 재료에서 나오는 수분이 양념과 잘 어우러져 재료 본래의 맛이 유지됩니다. 겨자장을 곁들여 먹어도 좋아요.

LA갈비구이

특별한 날 가족 별식으로 좋은 고기 요리. 납작하게 토막 내서 먹기 편해요.

재료 2인분

소갈비 500g
식용유 1/2큰술

갈비 양념

배 1/4개
양파 1/2개
간장 2큰술
설탕 1/2큰술
물엿·청주 1큰술씩
다진 파 1큰술
다진 마늘 1/2큰술
참기름·깨소금 1/2큰술씩
후춧가루 조금

1 소갈비는 기름을 적당히 떼어내고 찬물에 30분 정도 담가 핏물을 뺀 뒤, 종이타월로 꼭꼭 눌러 물기를 닦는다.

2 배와 양파는 각각 강판에 간다.

3 간 배와 양파, 나머지 갈비 양념 재료를 고루 섞는다.

4 소갈비에 양념을 얹어가며 차곡차곡 겹쳐서 꼭꼭 눌러 20분 정도 잰다.

5 달군 팬에 식용유를 두르고 갈비를 센 불에서 타지 않게 굽는다. 한쪽 면이 완전히 익으면 뒤집어 반대쪽 면을 익힌다. 그릴이나 석쇠, 오븐 등에 구우면 더 맛있다.

tip
양파는 누린내를 없애고 연육작용을 해 고기를 양념할 때 빼놓을 수 없는 재료예요. 채 썰어 넣어도 되지만 강판에 갈아 넣으면 더 깊게 배어들어 고기의 제맛을 즐길 수 있어요. 양념해서 얼마 동안 재어두어야 간이 배서 맛있습니다.

너비아니

쇠고기에 잔 칼집을 넣고 양념에 재어 석쇠에 구운 궁중 불고기.

재료 2인분

쇠고기(등심 또는 안심) 250g
송송 썬 실파 1큰술
실고추 적당량
잣가루 적당량

쇠고기 양념

간장·간 배 2큰술씩
설탕 1큰술
다진 파 1큰술
다진 마늘 1/2큰술
참기름·깨소금 1/2큰술씩
후춧가루 조금

1 쇠고기를 연한 부위로 준비해 0.5cm 두께로 썬 뒤 잔 칼집을 넣는다.

2 쇠고기 양념을 섞어서 쇠고기에 끼얹어 간이 배게 20분 정도 잰다.

3 석쇠를 달군 뒤 쇠고기를 올려 앞뒤로 굽는다.

4 접시에 너비아니를 담고 잣가루를 뿌린 뒤 송송 썬 실파와 실고추를 올린다.

tip

너비아니는 석쇠에 굽는 것이 원칙이지만 그릴이나 오븐, 프라이팬에 구워도 돼요. 안심이나 등심을 쓰는 것이 연하고 기름기도 적당해 맛있습니다.

수삼 떡갈비

갈빗살을 다져서 다진 수삼과 함께 반죽해 구운 영양식.

재료 2인분

소갈비 3토막
수삼 1/2뿌리
잣가루 1½큰술
밀가루 조금
식용유 적당량

쇠고기 양념

간장·간 배 1/2큰술씩
다진 유자절임 1/2큰술
청주 1작은술
다진 파 1작은술
다진 마늘 1/2작은술
찹쌀가루 1½큰술
참기름 1/2큰술
깨소금·소금 조금씩

1 소갈비는 기름을 떼고 살만 발라 곱게 다진다. 갈비뼈는 기름 두른 팬에 지져 식힌다.

2 수삼은 곱게 다진다.

3 다진 갈빗살과 수삼을 한데 담고 쇠고기 양념을 넣어 치대면서 반죽한다.

4 지진 갈비뼈에 밀가루를 조금 바르고 양념한 갈빗살을 붙인다.

5 달군 팬에 식용유를 두르고 ④의 떡갈비를 앞뒤로 굽는다. 접시에 담고 잣가루를 뿌린다.

tip

갈빗살이 부족하면 다진 쇠고기를 섞어도 돼요. 갈빗살을 반죽할 때 양념을 조금 남겨두었다가 구울 때 발라가며 구우면 더 맛있어요. 석쇠나 그릴에 구워도 좋습니다.

닭갈비

쫄깃한 닭다리살과 다양한 채소를 고추장 양념에 볶았어요. 카레를 넣어 맛과 영양이 좋아요.

재료 2인분

닭다리살 300g
고구마 1/2개
양배추 1/8통
양파 1/2개
깻잎 5장
대파 1/2뿌리
가래떡(떡국용) 30g
식용유 1½큰술

닭고기 밑간

카레가루 1/2큰술
청주 1큰술
다진 마늘 1/2큰술
생강즙 1/2큰술

볶음 양념

간 양파 1/2컵
고추장 2큰술
고춧가루·간장
1큰술씩
설탕·물엿·청주
1/2큰술씩
참기름·깨소금
1/2큰술씩
소금·후춧가루 조금씩

1 닭다리살은 먹기 좋게 썰어서 밑간 양념에 버무려 20분 정도 잰다.

2 고구마, 양배추, 양파는 한입 크기로 썰고, 깻잎은 굵게 채 썬다. 대파는 어슷하게 썬다.

3 볶음 양념을 섞어 밑간한 닭고기에 반만 덜어 넣고 버무린다.

4 두꺼운 팬을 달궈 식용유를 두른 뒤 양념한 닭고기와 고구마, 양배추, 양파를 넣고 남은 양념을 채소에 골고루 끼얹어 중간 불에서 타지 않게 볶는다.

5 닭고기와 고구마가 익으면 대파, 깻잎, 가래떡을 넣어 익히면서 먹는다.

tip

양념장을 만들 때 입맛에 따라 고춧가루와 고추장의 비율을 다르게 해보세요. 고추장을 많이 넣으면 색이 진하고 깊은 맛이 나고, 고춧가루를 많이 넣으면 텁텁하지 않고 깔끔한 맛이 납니다. 남은 닭갈비에 김치와 갖은 채소를 다져 넣고 김가루, 참기름 등으로 양념해 밥을 볶아도 맛있어요.

닭봉조림

마늘, 생강, 마른고추로 향을 낸 기름에 닭봉을 지져 간장에 조린 인기 반찬이에요.

재료 2인분

닭봉 10개(300g)
마늘 5쪽
생강 1/2톨
마른고추 1/2개
식용유 1/4컵
물 1컵

조림장

간장 1½큰술
설탕·올리고당 1/2큰술씩
청주 1/2큰술
후춧가루 조금
물 1/4컵

1 닭봉은 끓는 물에 데친다.

2 생강은 저미고, 마른고추는 짧게 잘라 씨를 턴다.

3 조림장 재료를 고루 섞는다.

4 달군 팬에 식용유를 두르고 마늘, 생강, 마른고추를 볶아 향을 낸 뒤
닭봉을 넣어 노릇하게 지진다.

5 지진 닭봉에 조림장을 넣고 물을 자작하게 부어 간이 배게 조린다.

tip
양파, 버섯 등의 채소를 넣어 함께 조려도 맛있어요.

보쌈

푹 삶은 돼지고기를 굴무생채와 함께 절인 배추에 싸서 먹는 일품요리.

재료 2인분

돼지고기(삼겹살 또는 목살) 300g
배추속대 10장
된장·청주 1/2큰술씩
소금 1/2큰술

굴무생채

굴 50g
무 100g
미나리 50g, 실파 5뿌리
배 1/4개
대추·깐 밤 3개씩
잣 1/2큰술
고춧가루 2큰술
멸치액젓 1½큰술
설탕 1큰술
다진 파 1큰술
다진 마늘 1/2큰술
다진 생강 1작은술
소금 조금
물 1/4컵

1 끓는 물에 된장을 풀고 청주를 넣은 뒤, 돼지고기를 넣어 30분 정도 푹 삶는다.

2 배추속대는 소금에 살짝 절인 뒤 헹궈서 물기를 뺀다.

3 무는 채 썰어서 소금에 절여 물기를 짜고, 미나리와 실파는 3cm 길이로 썬다. 배와 대추는 곱게 채 썰고, 밤은 저미고, 잣은 껍질을 깨끗이 떼어낸다.

4 굴은 체에 담아 소금물에 흔들어 씻어 물기를 뺀다.

5 생채 양념을 섞어 절인 무채에 넣고 버무린 뒤, 굴과 나머지 생채 재료를 넣어 살살 무친다.

6 삶은 돼지고기를 도톰하게 썰어 접시에 가지런히 담고 절인 배추속대와 굴무생채를 곁들인다.

tip

무생채는 소금에 살짝 절여 물기를 꼭 짜서 무쳐야 꼬들꼬들하고 맛있어요. 그러지 않으면 나중에 물이 생겨 생채가 묽어지고 맛이 없습니다. 굴이 들어간 생채는 살살 무쳐야 굴이 터지지 않아요.

꽃게무침

싱싱한 꽃게를 토막 내서 매콤한 양념에 무쳤어요. 게의 신선도와 적당한 간 조절이 맛내기 비결입니다.

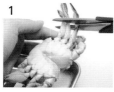

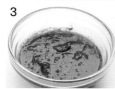

재료 2인분

꽃게 2마리
풋고추 1/2개
붉은 고추 1/2개
실파 1뿌리
마늘 5쪽

무침 양념

고춧가루 1/2컵
간장 1/4컵
물엿·청주 1½큰술씩
다진 마늘 1/2큰술
다진 생강 1/2작은술
통깨·소금 조금씩

1 신선한 꽃게를 솔로 문질러 씻은 뒤, 등딱지와 모래집을 떼어낸다. 집게다리는 떼고, 나머지 다리는 뾰족한 끝부분을 잘라낸다.

2 꽃게의 몸통을 4~6등분하고, 등딱지의 알과 내장을 긁어낸다. 집게다리는 양념이 잘 배도록 마디를 자른다.

3 무침 양념 재료를 고루 섞는다.

4 고추는 어슷하게 썰어 씨를 털고, 실파는 3cm 길이로 썰고, 마늘은 저민다. 모두 무침 양념에 섞는다.

5 꽃게에 알과 내장, 무침 양념을 넣어 고루 버무린다.

tip
봄에는 알이 가득한 암게, 가을에는 살이 통통하게 오른 수게가 맛있어요. 수게는 배 부분의 딱지가 좁고 길며, 암게는 딱지가 넓고 둥근 게 특징이에요. 게장은 주로 봄에 암게로 담그고, 꽃게무침은 가을에 수게로 만들면 맛있습니다.

잡채

누구나 좋아해 특별한 날 빠지지 않는 메뉴예요. 여러 재료가 어우러져 맛도 영양도 만점입니다.

재료 2인분

당면 50g	**쇠고기 양념**
쇠고기(우둔) 100g	간장 1큰술
시금치 50g	설탕 1작은술
당근 30g	다진 파 1/2큰술
양파 1/4개	다진 마늘 1/2작은술
표고버섯 2개	참기름 1/2작은술
소금·식용유 적당량씩	깨소금 1작은술
	후춧가루 조금
당면 양념	
간장 1/2큰술	**시금치 양념**
참기름 1/2큰술	참기름 1/2작은술
설탕 1작은술	소금 조금

1 쇠고기는 가늘게 채 썰어 쇠고기 양념에 10분 정도 잰다.

2 당근, 양파, 표고버섯은 곱게 채 썰고, 당면은 미지근한 물에 담가 20분 정도 불린다.

3 시금치는 다듬어 씻어 끓는 물에 데친 뒤 찬물에 헹궈 꼭 짠다. 먹기 좋게 썰어 소금, 참기름에 무친다.

4 달군 팬에 식용유를 두르고 당근, 양파, 표고버섯을 각각 센 불에서 소금으로 간해 재빨리 볶는다.

5 팬에 식용유를 조금 두르고 양념한 쇠고기를 서로 붙지 않게 저으면서 재빨리 볶는다.

6 끓는 물에 당면을 삶아 물기를 뺀다.

7 달군 팬에 식용유를 두르고 삶은 당면과 당면 양념을 넣어 볶는다.

8 볶은 당면과 채소, 고기를 고루 섞는다.

tip

각각의 재료를 따로따로 양념해 한데 섞어야 잡채의 제맛을 느낄 수 있어요. 시금치 대신 오이를 채 썰어 살짝 절여서 넣어도 됩니다.

버섯 잡채

다양한 버섯을 듬뿍 넣은 색다른 잡채. 쫄깃한 질감과 버섯 향이 좋은 건강식입니다.

재료 2인분

표고버섯 2개
느타리버섯 30g
새송이버섯 1개
팽이버섯 30g
부추 30g
당근 1/6개
붉은 고추 1/2개
당면 40g
소금 조금
식용유 1½큰술

볶음 양념

간장 2½큰술
설탕 1큰술
다진 파 1큰술
참기름 1큰술
통깨 1/2큰술
소금·후춧가루 조금씩

1 표고버섯은 기둥을 떼어 굵게 채 썰고, 새송이버섯도 채 썬다. 느타리 버섯은 비슷한 굵기로 찢고, 팽이버섯은 밑동을 자르고 가닥을 나눈다.

2 부추는 4cm 길이로 썰고, 당근과 붉은 고추는 비슷한 길이로 채 썬다. 당면은 미지근한 물에 불려 먹기 좋은 길이로 썬다.

3 볶음 양념 재료를 고루 섞는다.

4 달군 팬에 식용유를 반만 덜어 두르고 버섯과 볶음 양념의 반을 넣어 볶는다.

5 다른 팬에 남은 식용유를 두르고 당면, 당근, 부추, 고추, 남은 양념을 넣어 볶는다.

6 볶은 버섯과 당면, 채소를 합쳐 한 번 더 볶는다. 부족한 간은 소금으로 맞춘다.

tip

버섯의 향과 감칠맛을 살리려면 되도록 마늘을 빼고 자극적이지 않게 양념하는 게 좋아요. 볶을 때는 중간 불에서 천천히 볶고, 물기가 마른 듯하면 기름보다 물을 뿌리세요. 촉촉하게 볶을 수 있습니다.

해파리냉채

꼬들꼬들한 해파리와 신선한 채소, 새콤달콤한 마늘 소스가 입맛을 돋우는 전채요리.

재료 2인분

해파리 100g
오이 1/2개
방울토마토 3개
설탕 1/4큰술
식초 1/2큰술

마늘 소스

굵게 다진 마늘 1큰술
다진 붉은 고추 1/4큰술
식초 1/4컵
설탕 2큰술
간장 1/4큰술
연겨자 1작은술
참기름 1/4큰술
소금 조금
물 1/2컵

1 해파리는 씻어서 돌돌 말아 곱게 채 썬다. 옅은 소금물에 담갔다가 끓는 물에 넣어 바로 건져서 미지근한 물에 담가 떫은맛과 짠맛을 뺀다.

2 해파리를 꼭 짜서 식초와 설탕을 넣고 맛이 배도록 여러 번 주무른다.

3 오이는 채 썰고, 방울토마토는 반 자른다.

4 굵게 다진 마늘과 식초를 고루 섞은 뒤 나머지 소스 재료를 섞어 차게 둔다. 겨자는 입맛에 따라 빼도 된다.

5 접시에 오이와 토마토, 해파리를 담고 마늘 소스를 넉넉히 붓는다.

tip

마늘 소스는 해산물로 만든 음식과 잘 어울리는데, 마늘을 굵게 다지거나 채 썰어 향을 진하게 내는 것이 좋아요. 마늘 소스에 겨자를 개어 넣으면 매콤한 맛을 더할 수 있고, 고추기름을 넣으면 칼칼하고 붉은색이 돌아 식욕을 돋웁니다.

닭가슴살냉채

담백한 닭가슴살을 구워 채소, 키위와 함께 상큼한 요구르트 소스에 버무린 냉채.

재료 2인분

닭가슴살 200g
오이 1/4개
파프리카 1개
키위 1개
청주 1큰술

요구르트 소스

요구르트 100g
꿀·식초 1큰술씩
연겨자 1작은술
소금·후춧가루 조금씩

1 닭가슴살은 청주에 10분 정도 재어 달군 팬에 앞뒤로 구운 뒤, 잠시 뚜껑을 덮어 완전히 익힌다.

2 구운 닭가슴살이 식으면 굵게 찢는다.

3 오이와 파프리카는 채 썰고, 키위는 껍질을 벗겨 반달 모양으로 썬다.

4 요구르트 소스 재료를 고루 섞는다.

5 닭가슴살과 채소, 키위를 요구르트 소스에 버무린다.

tip
닭가슴살은 지방이 적고 단백질은 풍부해 다이어트를 하면서 단백질을 효율적으로 섭취할 수 있는 식품이에요.

두부김치

고소한 두부를 노릇하게 지진 다음, 돼지고기 김치볶음과 함께 먹어요.

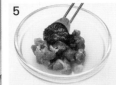

재료 2인분

배추김치 1/8포기
돼지고기 150g
두부 1모
붉은 고추 1/2개
대파 1/2뿌리
실파 1뿌리
참기름 1/2큰술
통깨 조금
식용유 1큰술

볶음 양념

고춧가루 1½큰술
고추장·간장·설탕 1/2큰술씩
다진 파 1/2큰술
다진 마늘 1/2작은술
참기름·깨소금 1/4큰술씩

1 두부는 4×5cm 크기로 도톰하게 썰어 소금을 뿌린 뒤 물기를 닦는다.

2 식용유와 참기름을 1/2큰술씩 섞어 팬에 두르고 뜨거워지면 두부를 넣어 앞뒤로 노릇하게 지진다.

3 배추김치는 소를 털고 3cm 길이로 썬다. 돼지고기는 김치와 같은 크기로 저민다.

4 붉은 고추는 굵게 다지고, 대파는 어슷하게 썬다. 실파는 송송 썬다.

5 볶음 양념을 섞어 반은 돼지고기에 넣고 반은 김치에 넣어 조물조물 무친다.

6 달군 팬에 식용유를 두르고 양념한 돼지고기를 볶다가 김치와 고추, 대파를 넣어 달달 볶는다.

7 접시에 두부와 김치돼지고기볶음을 담고 실파와 통깨를 뿌린다.

tip
김치볶음이나 김치찌개를 할 때 보통 돼지고기를 넣는데, 돼지고기 대신 참치나 어묵 등을 넣어도 맛있어요. 기름기가 살짝 도는 재료를 넣으면 맛이 한결 부드러워집니다.

두부소박이튀김

다진 돼지고기에 갖은 양념을 해서 소를 만들어 두부 사이에 채워 넣고 튀겼어요.

재료 2인분

두부 1/2모
소금 조금
식용유 1컵

소
표고버섯 1개
다진 돼지고기 25g
간장·청주 1/4큰술씩
다진 파 1/2큰술
다진 마늘 1작은술
참기름 1/2작은술
깨소금 조금

튀김옷
밀가루 1/2컵
달걀 1/2개
물 5큰술

초간장
간장 1½큰술
식초·물 1½큰술씩
설탕 1/4큰술

1 두부는 4×4cm 크기, 0.8cm 두께로 썰어 대각선으로 반 자른다. 소금을 뿌려 10분 정도 두었다가 물기를 닦는다.

2 표고버섯은 미지근한 물에 불려 물기를 짜고 잘게 썬 뒤, 나머지 소 재료를 넣어 고루 섞는다.

3 물기 뺀 두부의 대각선 면에 칼집을 넣고 소를 도톰하게 채운다. 소를 너무 많이 넣으면 두부가 갈라지므로 적당히 채운다.

4 소를 채운 두부에 밀가루를 살짝 묻혀 턴다. 남은 밀가루는 달걀, 물과 섞어 튀김옷을 만든다.

5 두부소박이에 튀김옷을 입혀 170℃의 기름에 노릇하게 튀긴다.

6 초간장을 만들어 두부소박이튀김에 곁들인다.

tip
두부를 튀기거나 지질 때 물기를 닦지 않으면 기름이 튀어요. 소금을 뿌려두었다가 물기가 스며 나오면 종이타월로 가만히 눌러 물기를 닦으세요. 밀가루를 조금 뿌려도 좋습니다.

닭봉 카레튀김

살이 연한 닭봉에 튀김옷을 입혀 튀겼어요. 튀김옷에 카레가루를 섞어 느끼함을 없앴어요.

재료 2인분

닭봉 150g
청주 1큰술
다진 마늘 1큰술
식용유 1컵

튀김옷

밀가루 1/4컵
녹말가루 1/4컵
카레가루 1½큰술
달걀 1/2개
우유 1/3컵

1 닭봉은 껍질과 기름을 떼어내고 칼집을 내어 청주와 다진 마늘을 골고루 묻혀둔다.

2 밀가루, 녹말가루, 카레가루를 합해 튀김가루를 만든 뒤, 반만 우유와 달걀을 섞어 튀김옷을 만든다.

3 닭봉에 튀김가루를 묻히고 튀김옷에 담갔다 건져 다시 튀김가루를 묻힌다. 여분의 가루를 탁탁 턴다.

4 170℃의 기름에 닭봉을 튀겨 기름을 뺀다. 한꺼번에 많이 넣으면 기름 온도가 떨어지므로 천천히 하나씩 넣어 튀긴다.

tip
닭봉은 닭다리보다 빨리 익어 집에서 요리하기 좋아요. 손으로 들고 먹기 편해서 간식용으로도 안성맞춤입니다.

닭강정

닭고기를 바삭하게 튀겨 매콤 새콤한 소스에 버무렸어요. 주말 별식으로 준비해보세요.

재료 2인분

닭고기 250g
땅콩 2큰술
생강즙 1/2큰술
식용유 1½컵

닭고기 밑간

청주 1/2큰술
소금 1/4큰술
후춧가루 조금

튀김옷

밀가루 1/4컵
녹말가루 1/4컵
달걀 1/2개
물 2큰술

강정 소스

고추장 1큰술
토마토케첩 2큰술
간장 1/4큰술
물엿·식초 1/2큰술씩
다진 마늘 1작은술
물 1큰술

1 닭고기는 한입 크기로 썰어 청주, 소금, 후춧가루로 밑간해 20분 정도 둔다.

2 밑간한 닭고기에 밀가루와 녹말가루를 체에 쳐서 넣고 달걀과 물을 넣어 대강 섞는다.

3 170℃의 기름에 닭고기를 하나씩 넣어 노릇하게 튀긴다.

4 오목한 팬에 강정 소스 재료를 넣어 끓인다.

5 강정 소스에 튀긴 닭고기와 땅콩을 넣고 버무리듯 재빨리 볶는다.

tip
닭고기는 가슴살, 다리살 등 부위마다 맛이 달라요. 좋아하는 부위로만 만들어도 좋아요. 도라지, 우엉, 가지 등으로 강정을 만들어도 맛있습니다.

굴전

통통한 굴의 진한 향과 감칠맛이 일품이에요.

재료 2인분

굴 50g
밀가루 2큰술
달걀 1개
식용유 적당량

초간장

간장·식초·물 1/2큰술씩
잣가루 조금

1 굴을 체에 담아 연한 소금물에 흔들어 씻어
　 물기를 뺀다.

2 달걀을 푼 뒤 굴에 밀가루를 묻히고 달걀물
　 에 담갔다가 건진다.

3 달군 팬에 식용유를 두르고 전옷을 입힌 굴
　 을 앞뒤로 노릇노릇하게 지진 뒤, 종이타월
　 에 올려 기름을 뺀다.

4 초간장을 만들어 굴전에 곁들인다.

tip
굴에 밀가루를 입힐 때는 물기를 닦고 입혀야 덩어리지지 않
아요. 굴과 실파, 풋고추 등을 섞고 밀가루, 물, 달걀로 묽게
반죽해 큼직하게 전을 부쳐도 맛있어요.

굴튀김

굴튀김을 고소한 타르타르 소스에 찍어 먹으면 입안에서 살살 녹아요.

재료 2인분

굴 50g
밀가루 적당량
식용유 1컵

튀김옷

밀가루 1/4컵
달걀 1개, 물 2큰술

타르타르 소스

마요네즈 1/2컵
다진 삶은 달걀 1/2개분
다진 양파 1/2큰술
다진 피클 1/2큰술
다진 파슬리 1/2큰술
소금·후춧가루 조금씩

1 굴을 체에 담아 연한 소금물에 흔들어 씻어
　 물기를 뺀 뒤, 밀가루를 담은 접시에 올려놓
　 는다.

2 달걀을 풀어 물과 섞은 뒤 밀가루를 넣어 대
　 충 섞는다.

3 밀가루를 묻힌 굴에 튀김옷을 입혀서 160℃
　 의 기름에 튀겨 기름을 뺀다.

4 기름 온도를 180℃로 높이고 굴튀김을 다시
　 한번 노릇하게 튀겨 기름을 뺀다.

5 타르타르 소스를 만들어 곁들인다.

tip
굴은 물기가 많아 튀길 때 물이 튀기 때문에 조심해야 해요.
살짝 익혀 물기를 조금 뺀 다음 튀겨도 좋아요.

탕수육

밑간한 돼지고기를 바삭하게 튀겨 새콤달콤한 소스를 끼얹어 먹는 인기 외식 메뉴.

재료 2인분

돼지고기(살코기)
150g
오이·양파 1/4개씩
당근 1/6개
마른 표고버섯 1개
통조림 죽순 50g
식용유 1/2컵

돼지고기 밑간

간장 1/2큰술
청주 1/2큰술

튀김옷

달걀 1/4개
녹말가루 1/3컵
식용유 1/2작은술

소스

설탕·식초 1/4컵씩
간장 1/2큰술
소금 1/2작은술
녹말물 1½큰술
(녹말가루·물 1½큰
술씩)
참기름 1/4큰술
뜨거운 기름 1½큰술
물 3/4컵

1 돼지고기는 나무젓가락 굵기로 작게 썰어 청주, 간장으로 밑간한다.

2 양파는 사방 1.5cm 크기로 썰고, 오이와 당근은 반 갈라 어슷하게 썬
다. 마른 표고버섯은 미지근한 물에 불려 물기를 짠 뒤 저미고, 죽순은
뜨거운 물에 헹궈 비슷한 크기로 썬다.

3 물에 설탕과 소금을 넣고 약한 불에서 녹인 뒤 식초와 간장을 넣어 섞
는다. 녹말물을 넣고 재빨리 섞어 끓이다가 뜨거운 기름과 참기름을
넣어 소스를 만든다.

4 밑간한 돼지고기에 달걀, 녹말가루, 식용유를 넣고 주물러 튀김옷을
빡빡하게 입힌다.

5 170℃의 기름에 돼지고기를 노릇하게 2번 튀겨 기름을 뺀다.

6 손질한 채소를 기름에 살짝 튀겨 기름을 뺀다.

7 접시에 튀긴 고기와 채소를 담고 소스를 끼얹는다.

tip
튀김옷에 밀가루 대신 녹말가루를 넣으면 한결 바삭한 튀김을 만들 수 있어요. 녹말가루는 보통
물에 불려서 사용하는데, 고기에 달걀과 녹말가루를 바로 넣고 버무려 튀겨도 바삭해요.

삼색전

대표 전인 고기전, 생선전, 애호박전을 함께 부쳐 맛과 영양을 골고루 담았어요.

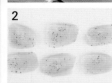

재료 2인분

고기전
다진 쇠고기 100g
두부 1/8모
간장 1/2큰술
다진 파 1/2큰술
다진 마늘 1/2작은술
참기름 1/2작은술
깨소금 1/2작은술
설탕·소금 조금씩

생선전
동태포 100g
소금·후춧가루 조금씩

애호박전
애호박 1/2개
소금 조금

전옷·튀김 기름
밀가루 1컵
달걀 3개
식용유 적당량

초간장
간장·식초·물 1큰술씩
설탕 조금
잣가루 1/2큰술

1 두부는 곱게 으깨어 물기를 꼭 짠 뒤, 다진 쇠고기와 섞고 나머지 양념을 넣어 반죽한다.

2 동태포는 3×4cm 크기로 썰어 소금, 후춧가루로 밑간한다.

3 애호박은 0.5cm 두께로 둥글게 썰어 소금을 뿌린다. 20분 정도 절인 뒤 살짝 짜서 물기를 뺀다.

4 고기 반죽을 조금씩 떼어 동글납작하게 빚은 뒤 밀가루를 묻히고 달걀옷을 입힌다. 동태포와 애호박도 밀가루와 달걀옷을 입힌다.

5 달군 팬에 식용유를 넉넉히 두르고 전을 부친다. 달걀옷을 입혀 바로 부쳐야 옷이 벗겨지지 않는다.

6 초간장을 만들어 전에 곁들인다.

tip
생선전을 만들 때는 흰 살 생선을 사용해요. 동태살을 가장 많이 쓰고 도미, 대구, 조기로 만들기도 합니다. 전을 뜨거운 상태로 겹쳐놓으면 옷이 벗겨지니 채반에 종이타월을 깔고 펼쳐 한 김 식혀두었다가 먹기 직전에 다시 데우세요.

깻잎전

향긋한 깻잎과 고기가 어우러진 전. 깻잎의 향이 입맛을 돋워요.

재료 2인분

깻잎 15장
밀가루 2큰술
달걀 1개
소금 조금
식용유 적당량

소

다진 쇠고기
(또는 돼지고기) 100g
간장 1/2큰술
설탕·다진 파 1작은술씩
다진 마늘 1/2작은술
참기름 1/2작은술
깨소금 조금
소금·후춧가루 조금씩

1 깻잎은 작은 것으로 준비해서 흐르는 물에 1장씩 씻어 물기를 턴다.

2 다진 쇠고기는 양념해 소를 만든다.

3 깻잎 한쪽 면에 밀가루를 조금 바르고 소를 얇게 얹는다. 반으로 접고 밀가루를 묻혀 뭉치지 않게 턴다.

4 달걀을 풀어 소금으로 간한 뒤, ③의 깻잎을 담갔다가 건져 기름 두른 팬에 노릇하게 부친다.

tip

다진 고기를 양념해서 동그랗게 빚어 지지면 육원전, 깻잎 사이에 넣어 지지면 깻잎전이 돼요. 고추나 피망, 애호박, 가지 등의 속을 파내고 다진 고기를 넣어 만들기도 합니다.

고추전

매콤한 풋고추 속에 고기소를 채워 노릇하게 부쳤어요.

재료 2인분

풋고추 5개
밀가루 2큰술
달걀 1개
소금 조금
식용유 적당량

소

다진 쇠고기
(또는 돼지고기) 100g
간장 1/2큰술
설탕·다진 파 1작은술씩
다진 마늘 1/2작은술
참기름 1/2작은술
깨소금 조금
소금·후춧가루 조금씩

1 풋고추는 반 갈라 씨를 긁어낸다.

2 다진 쇠고기는 양념해 소를 만든다.

3 풋고추 안쪽에 밀가루를 조금 바르고 소를 채운다. 소를 넣은 쪽만 밀가루를 묻힌다.

4 달걀을 풀어 소금으로 간한 뒤, ③의 풋고추를 담갔다가 건져 기름 두른 팬에 노릇하게 부친다.

tip

풋고추가 억세면 살짝 데치거나 소금에 절여 사용하세요. 오이고추나 미니 파프리카로 만들어도 좋아요.

표고버섯전

표고버섯에 고기소를 채운 정갈하고 고급스러운 전이에요. 진한 향과 쫄깃한 맛이 좋아요.

재료 2인분

마른 표고버섯(작은 것) 6개
밀가루 2큰술
달걀 1개
식용유 적당량

소

다진 쇠고기 50g
두부 30g
간장 1/2큰술
설탕 1/4큰술
다진 파 1작은술
다진 마늘 1/2작은술
참기름·깨소금 1/2작은술씩
소금·후춧가루 조금씩

초간장

간장 1큰술
식초·물 1/2큰술씩
잣가루 조금

1 마른 표고버섯은 미지근한 물에 담가 불린 뒤, 물기를 짜고 기둥을 뗀다.

2 두부는 곱게 으깨어 물기를 꼭 짠다.

3 으깬 두부에 다진 쇠고기를 섞고 양념해 소를 만든다.

4 표고버섯 안쪽에 밀가루를 묻히고 소를 채운 뒤 밀가루를 뿌린다.

5 달걀을 푼 뒤 ④의 표고버섯을 담갔다가 건져 기름 두른 팬에 앞뒤로 부친다.

6 초간장을 만들어 곁들인다.

tip

고기소를 넣지 않고 표고버섯만 간장과 참기름으로 양념해 밀가루와 달걀옷을 입혀 지져도 맛있어요.

꼬치산적

여러 재료를 꼬치에 나란히 꿰어 부쳐 맛은 물론 모양도 예뻐요.

재료 2인분

햄 80g
게맛살 4줄
새송이버섯 1개
실파 4뿌리
밀가루 3큰술
달걀 1개
식용유 적당량

1 햄, 게맛살, 새송이버섯은 6cm 길이, 0.5cm 두께로 썰고, 실파는 6cm 길이로 썬다.

2 꼬치에 햄, 실파, 게맛살, 새송이버섯 순으로 꿴다.

3 ②의 꼬치에 앞뒤로 밀가루를 묻히고 달걀을 풀어 입힌다.

4 달군 팬에 식용유를 두르고 전옷을 입힌 꼬치를 앞뒤로 노릇하게 부친다.

tip
재료를 꼬치에 꿰어 그대로 굽거나 지진 것을 산적이라고 하고, 밀가루와 달걀물을 입혀 지진 것을 누름적이라고 해요. 흔히 꼬치산적이라고 부르지만, 사실 꼬치누름적이 맞는 말입니다.

묵전

청포묵, 도토리묵, 메밀묵을 기름에 지져 탱글탱글해요.

재료 2인분

청포묵 1/4모
도토리묵 1/4모
메밀묵 1/4모
녹말가루 1/2컵
식용유 적당량

초간장

간장·식초·설탕 1/2큰술씩
잣가루 1작은술

1 청포묵, 도토리묵, 메밀묵은 씻어 물기를 닦고 사방 4cm, 두께 1cm로 네모지게 썬다.

2 묵에 녹말가루를 골고루 묻혀 털어낸 뒤 청포묵, 도토리묵, 메밀묵 순으로 꼬치에 꿴다.

3 달군 팬에 식용유를 두르고 ②의 묵을 지진다. 묵이 살짝 투명해지면 불을 끈다.

4 초간장을 만들어 묵전에 곁들인다.

tip
녹말가루 대신 밀가루를 묻혀 지져도 맛있어요. 가볍게 가루만 묻혀 지지기도 하지만 밀가루, 달걀옷을 모두 입혀 노랗게 부치기도 합니다.

김치전

잘 익은 배추김치만 있으면 뚝딱 만들어 먹을 수 있는 부침개예요.

재료 2인분

배추김치 1/4포기
밀가루 1컵
달걀 1/2개
물 3/4컵
식용유 적당량

초간장

간장 1큰술
식초·물 1/2큰술씩
설탕 1/4큰술

1 배추김치는 잘 익은 것으로 준비해 속을 털고 1cm 폭으로 썬다.

2 밀가루, 물, 달걀을 섞어 거품기로 멍울 없이 푼 뒤 김치를 넣어 섞는다.

3 달군 팬에 식용유를 두르고 반죽을 한 국자씩 떠 넣어 중간 불에서 앞뒤로 노릇하게 부친다.

4 초간장을 만들어 곁들인다.

tip
김치전은 반찬으로 또는 출출할 때 간식으로 두루 즐길 수 있어요. 잘게 썬 돼지고기나 오징어, 조갯살 등을 넣어 부쳐도 맛있습니다.

부추전

노릇노릇 고소하고 깔끔한 부침개. 부추를 듬뿍 넣어야 맛있어요.

재료 2인분

부추 100g
애호박 1/2개
붉은 고추 1/2개
밀가루 1컵
달걀 1개
소금 조금
물 1컵
식용유 적당량

초간장

간장·식초·물 1큰술씩
설탕·깨소금 조금씩

1 부추는 4~5cm 길이로 썰고, 애호박과 붉은 고추는 가늘게 채 썬다.

2 밀가루, 달걀, 물을 섞어 잘 풀고 소금으로 간한 뒤 부추, 애호박, 고추를 넣어 섞는다.

3 달군 팬에 식용유를 두르고 반죽을 얇게 펴서 앞뒤로 노릇하게 부친다.

4 먹기 좋게 썰어 접시에 담고, 초간장을 만들어 곁들인다.

tip
부추는 흐트러지기 쉬우니 가지런히 다듬어 흐르는 물에 살살 흔들어 씻으세요. 짧게 썰어 넣어야 먹기 편해요.

녹두전

녹두를 곱게 갈아 돼지고기와 숙주, 김치를 넣고 도톰하게 부쳤어요.

재료 2인분

불린 녹두 2컵
불린 쌀 1/2컵
돼지고기 100g
배추김치 1/8포기
숙주 100g
송송 썬 실파·실고추 조금씩
소금 조금
물 적당량
식용유 적당량

돼지고기 밑간

간장·청주 1/2큰술씩

양념장

간장·물 1½큰술씩
다진 파 1/2큰술
다진 마늘 1작은술
참기름 1작은술
깨소금·후춧가루 조금씩

1 충분히 불린 녹두를 비벼 씻어 껍질을 벗긴 뒤, 믹서에 넣고 물을 부어 곱게 간다. 너무 뻑뻑하면 중간에 물을 더 넣는다. 불린 쌀도 물과 함께 곱게 간다.

2 되직하게 간 녹두와 쌀을 섞는다.

3 돼지고기는 가늘게 채 썰어 밑간한다.

4 배추김치는 소를 털어 꼭 짜서 송송 썰고, 숙주는 데친다.

5 ②의 녹두에 김치, 숙주, 돼지고기를 넣어 섞고 소금으로 간한다.

6 달군 팬에 식용유를 두르고 반죽을 한 국자씩 떠 넣어 동그랗게 부친다. 실파와 실고추를 얹고 뒤집어 조금 더 익힌다.

7 양념장을 만들어 곁들인다.

tip

녹두 대신 콩을 불려 갈아서 부쳐도 맛있어요. 황해도에서는 흰콩가루와 쌀가루, 수수, 녹두가루 등 여러 잡곡을 섞어 만들기도 합니다. 고사리를 넣으면 고소하면서도 씹는 맛이 좋아요.

감자전

감자를 곱게 갈아 만든 부침개. 쫀득한 맛이 입에 착 감겨요.

재료 2인분

감자 2개
부추 50g
감자녹말 2큰술
소금 조금
물 1컵
식용유 적당량

초간장

풋고추 1/2개
간장 1큰술
식초·물 1/2큰술씩
고춧가루 1작은술

1 부추는 물에 살살 흔들어 씻어 3cm 길이로 썰고, 풋고추는 씨를 빼고 잘게 다진다.

2 감자는 껍질을 벗기고 강판에 곱게 간다.

3 간 감자와 부추, 물을 섞어 소금으로 간을 하고 감자녹말로 농도를 맞춘다.

4 달군 팬에 식용유를 두르고 반죽을 한 국자씩 떠 넣어 얇게 부친다. 반죽이 투명해지면 뒤집어 노릇하게 부친다.

5 초간장을 만들어 곁들인다.

tip

감자는 미리 갈아놓으면 색깔이 갈색으로 변해요. 갈아서 바로 조리해야 음식의 색이 예쁩니다.

감자채전

감자를 채 썰어 씹는 맛을 살리고 양파와 풋고추로 맛을 더했어요.

재료 2인분

감자 1개
양파 1/8개
풋고추 1/2개
밀가루·물 1/4컵씩
달걀 1/2개
식용유 적당량

초간장

간장 1큰술
식초·물 1/2큰술씩
고춧가루 1작은술

1 감자는 곱게 채 썰어 물에 담갔다가 물기를 뺀다. 양파와 풋고추도 곱게 채 썬다.

2 채 썬 감자와 양파, 풋고추에 밀가루를 뿌려 섞는다.

3 달걀을 풀어 물, 밀가루와 섞은 뒤 감자, 양파, 풋고추를 넣어 섞는다.

4 달군 팬에 식용유를 두르고 반죽을 한 숟가락씩 떠 넣어 앞뒤로 노릇하게 부친다.

5 초간장을 만들어 곁들인다.

tip

감자채 반죽에 치즈가루나 달걀을 올려 지져도 좋아요. 애호박을 채 썰어 같은 방법으로 전을 부쳐도 맛있습니다.

감자크로켓

삶은 감자를 으깨어 돼지고기와 섞어 반죽한 뒤 튀김옷을 입혀 튀겼어요. 겉은 바삭하고 속은 촉촉해요.

재료 2인분

감자 3개
다진 돼지고기 50g
양파 1/2개
당근 1/4개
소금·후춧가루 조금씩
식용유 적당량

튀김옷

밀가루 1/2컵
빵가루 1컵
달걀 2개

1 감자는 껍질째 삶아 껍질을 벗기고 으깬다.

2 양파와 당근은 잘게 다진다.

3 달군 팬에 식용유를 두르고 다진 돼지고기를 볶다가 소금, 후춧가루로
　간하고 양파, 당근을 넣어 재빨리 볶는다.

4 으깬 감자에 볶은 돼지고기와 채소를 섞어 동그랗게 빚은 뒤 밀가루,
　달걀, 빵가루 순으로 튀김옷을 입힌다.

5 170℃의 기름에 ④의 반죽을 넣어 바삭하게 튀긴다.

tip
크로켓 반죽을 빚을 때 여러 번 치대면서 꼭꼭 눌러줘야 튀기는 도중이나 튀긴 다음에 갈라지지
않아요.

해물파전

맛있고 푸짐해서 인기 많은 대표 부침개. 다양한 해물이 듬뿍 들어 있어요.

재료 2인분

굴·조갯살·홍합살 30g씩
실파 50g
부추 25g
붉은 고추 1/4개
식용유 적당량

밀가루 반죽

밀가루 1/3컵
쌀가루 1/4컵
달걀 1/2개
소금 1/2작은술
물 2/3컵

초간장

간장·식초·물 1큰술씩
설탕·깨소금 조금씩

1 굴과 조갯살, 홍합살을 연한 소금물에 흔들어 씻어 건진다.

2 실파와 부추는 다듬어 씻어 15cm 길이로 썰고, 붉은 고추는 반 갈라 씨를 털고 곱게 채 썬다.

3 밀가루 반죽을 섞은 뒤 실파, 부추, 붉은 고추를 넣어 섞는다.

4 달군 팬에 식용유를 두르고 반죽을 국자로 떠 넣어 얇게 편 뒤, 해물을 듬뿍 올려 앞뒤로 노릇하게 부친다.

5 먹기 좋게 썰어 접시에 담고, 초간장을 만들어 곁들인다.

tip
파전 반죽에 해물을 올리고 다시 밀가루 반죽을 살짝 바르면 해물이 떨어지지 않아요.

해물튀김

타르타르 소스와 함께 즐기는 오징어튀김, 새우튀김, 굴튀김. 빵가루를 입혀 튀겨 바삭바삭해요.

재료 2인분

오징어 1마리
굴 1/2컵
새우 4마리
식용유 1½컵

튀김옷

밀가루 1/4컵
빵가루 1/2컵
달걀 1개
물 2큰술

타르타르 소스

마요네즈 1/4컵
다진 삶은 달걀 1/4개
다진 양파 1/4큰술
다진 피클 1/4큰술
다진 파슬리 1/4큰술
소금·후춧가루 조금씩

1 오징어는 싱싱한 것으로 준비해 반 갈라 내장을 빼고 씻은 뒤, 안쪽에 잔 칼집을 넣어 한입 크기로 썬다. 작은 오징어는 동그랗게 썰어도 좋다. 새우는 머리와 꼬리의 물주머니를 뗀다. 굴은 소금물에 흔들어 씻어 물기를 뺀다.

2 오징어와 새우, 굴에 밀가루를 묻힌다.

3 달걀과 물을 섞은 뒤 밀가루 묻힌 해물을 담갔다가 빵가루를 입혀 160℃의 기름에 튀긴다.

4 튀기면서 떨어진 기름 온도가 다시 올라가면 한 번 더 바삭하고 타지 않게 튀겨 기름을 뺀다.

5 타르타르 소스를 만들어 튀김이 뜨거울 때 곁들여 낸다.

tip
굴은 수분이 많아 튀길 때 기름이 튀므로 낮은 온도에서 튀기는 게 좋아요. 오징어도 껍질을 벗기고 기름 온도를 낮춰야 튀지 않아요. 새우는 머리에서 물이 흘러나오니 깔끔하게 만들려면 머리를 떼세요. 밀가루, 달걀, 얼음물을 대강 섞은 튀김옷을 입혀 튀기면 바삭한 일본식 튀김이 됩니다.

모둠 채소튀김

감자와 당근, 양파, 깻잎을 채 썰어 함께 튀겼어요. 다양한 맛이 한꺼번에 느껴져요.

재료 2인분

감자 1개
당근 1/2개
양파 1/2개
깻잎 5장
밀가루 적당량
식용유 2컵

튀김옷

밀가루 1/2컵
달걀 1/2개
물 1/4컵

튀김 간장

가다랑어포국물 1/4컵
간장 1큰술
청주 1/2큰술
설탕 1/2작은술
간 무 1/2큰술
송송 썬 실파 1/2큰술

1 감자는 껍질을 벗기고 가늘게 채 썰어 물에 담갔다가 물기를 뺀다.

2 당근과 양파도 가늘게 채 썰고, 깻잎은 여러 장을 돌돌 말아 채 썬다.

3 냄비에 가다랑어포국물, 간장, 청주, 설탕을 잠시 끓여 식힌 뒤 간 무와 실파를 넣어 튀김 간장을 만든다.

4 달걀과 물을 섞은 뒤 밀가루를 체에 내려 넣고 젓가락으로 톡톡 쳐서 밀가루가 조금 남아 있을 정도로 섞는다.

5 채소에 밀가루를 뿌리고 튀김옷에 넣는다. 젓가락으로 적당히 집어 주걱 위에 올리고 평평하게 펴서 170℃의 기름에 밀어 넣어 바삭하게 튀긴다.

6 기름을 빼서 접시에 담고 튀김 간장을 곁들인다.

tip
튀김을 바삭하게 만들려면 밀가루는 박력분을, 물은 얼음물을 쓰세요. 반죽할 때 밀가루가 완전히 풀어지지 않도록 대충 섞고 소금 간을 하지 않아야 합니다.

삼색 채소튀김

달콤한 단호박, 아삭한 연근, 향긋한 깻잎, 다채로운 맛을 한 접시에 담은 튀김 모음.

재료 2인분

단호박 1/8개(100g)
연근 120g
깻잎 4장
밀가루 적당량

튀김옷

밀가루 1/2컵
달걀 1/2개
물 1/4컵

튀김 간장

가다랑어포국물 1/4컵
간장 1큰술
청주 1/2큰술
설탕 1/2작은술
간 무 1/2큰술
송송 썬 실파 1/2큰술

1 단호박은 껍질을 벗기고 0.3cm 두께로 썬다.

2 연근은 껍질을 벗기고 0.7cm 두께로 썰어 끓는 물에 식초 1큰술을 넣고 데친다.

3 깻잎은 씻어 물기를 턴다.

4 냄비에 가다랑어포국물, 간장, 청주, 설탕을 잠시 끓여 식힌 뒤 간 무와 실파를 넣어 튀김 간장을 만든다.

5 달걀과 물을 섞은 뒤 밀가루를 체에 내려 넣고 젓가락으로 톡톡 쳐서 밀가루가 조금 남을 정도로 섞는다.

6 각각의 채소에 밀가루를 입히고 튀김옷에 담갔다가 170℃의 기름에 뒤집어가며 튀긴다.

7 기름을 빼서 접시에 담고 튀김 간장을 곁들인다.

tip
튀김 기름의 온도는 재료에 따라 달라요. 채소는 160~170℃의 저온에서 튀기고, 수분이 많은 고기나 생선, 해물은 170~180℃의 중온에서 천천히 수분을 빼며 두 번 튀기는 것이 요령입니다.

시원한 국이나 보글보글 끓는 찌개가 하나 있어야 다 차린 밥상 같아요. 한국 사람은 역시 국물이 있어야 하나 봅니다. 국물도 떠먹고 건더기도 건져 먹고… 우리 입맛에 딱 맞는 국물 요리를 소개합니다.

Part 4
국·찌개·전골

배추속댓국

멸칫국물에 된장, 고추장을 풀고 배추를 넣어 끓인 대표 토장국이에요.

재료 2인분

배추 1/8포기
풋고추·붉은 고추 1/2개씩
대파 1/4뿌리
된장 1큰술
고추장 1/4작은술
다진 마늘 1/2작은술
소금 조금

멸칫국물

굵은 멸치 8마리
물 3컵

1 배추는 안쪽의 노란 속대를 떼어 씻어 2cm 폭으로 어슷하게 썬다.

2 고추와 대파는 어슷하게 썬다.

3 굵은 멸치를 머리와 내장을 떼고 냄비에 볶다가 물을 부어 20분 정도 끓인 뒤 멸치를 건져낸다.

4 멸칫국물에 된장과 고추장을 체에 걸러 풀어 팔팔 끓인다.

5 국물이 끓어오르면 배추를 넣고 불을 줄여 20~30분 끓인 뒤 대파, 고추, 다진 마늘을 넣는다. 부족한 간은 소금으로 맞춘다.

tip
된장국의 기본 국물은 멸치, 조개, 쇠고기, 다시마 등으로 내요. 계절에 따라 배추, 무, 근대, 아욱, 콩나물, 냉이, 쑥, 원추리 등을 넣어 국을 끓이면 맛있습니다.

시금치 된장국

시금치를 넣어 구수하게 끓인 된장국으로 부드럽고 달큼해요.

재료 2인분

시금치 1/2단
풋고추 1개
붉은 고추 1/2개
대파 1/4뿌리
된장 1큰술
고추장 1/2큰술
다진 마늘 1/4큰술
소금 조금

멸칫국물

굵은 멸치 8마리
물 3컵

1 시금치는 밑동을 잘라내고 다듬어 씻는다.

2 고추와 대파는 어슷하게 썬다.

3 굵은 멸치를 손질해 냄비에 볶다가 물을 부어 센 불에서 끓인다. 중간 불로 줄여 15분 정도 더 끓인 뒤 멸치를 건진다.

4 멸칫국물에 된장과 고추장을 풀고 시금치와 다진 마늘을 넣어 약한 불에서 20분 정도 끓인다. 소금으로 간을 맞추고 고추와 대파를 넣는다.

tip
멸칫국물을 낼 때는 멸치를 기름 없이 볶은 다음 찬물을 부어 끓여야 비린 맛이 적고 구수해요.

시금치 조개 된장국

모시조개를 우린 국물에 된장을 풀어 감칠맛이 나는 시금치 된장국.

재료 2인분

시금치 1/2단
풋고추 1개
붉은 고추 1/2개
대파 1/4뿌리
된장 1큰술
고추장 1/2큰술
다진 마늘 1/4큰술
소금 조금

조갯국물

모시조개 100g
물 3컵

1 시금치는 밑동을 잘라내고 다듬어 씻는다.

2 고추와 대파는 어슷하게 썬다.

3 모시조개는 바락바락 문질러 씻은 뒤 연한 소금물에 담가 해감을 뺀다.

4 냄비에 조개를 담고 찬물을 부어 끓인다. 조개가 벌어지면 건지고 국물은 체에 거른다.

5 조갯국물에 된장과 고추장을 풀고 시금치와 다진 마늘을 넣어 약한 불에서 20분 정도 끓인다. 모시조개를 넣고 소금으로 간을 맞춘 뒤 고추와 대파를 넣는다.

tip
된장국을 끓일 때 고추장을 섞으면 맛있어요. 이때 고추장이 많으면 달고 탁해지니 된장보다 적게 넣으세요.

아욱 된장국

마른새우로 국물을 낸 뒤 아욱을 넣고 끓인 국. 고춧가루로 칼칼함을 더했어요.

재료 2인분

아욱 1/2단(200~250g)
마른새우 1/4컵
대파 1/2뿌리
된장 1큰술
고추장 1/2큰술
고춧가루 1/2작은술
다진 마늘 1/2큰술
소금 조금
물 4컵

1 줄기가 굵으면서 억세지 않은 아욱을 준비해 연한 것은 그대로 쓰고 조금 큰 것은 껍질을 벗긴다.

2 아욱에 소금을 조금 뿌리고 손바닥으로 가볍게 문지르듯이 비벼 씻어 헹군 뒤 4cm 길이로 썬다.

3 대파는 어슷하게 썬다.

4 마른새우를 기름 없이 볶아 면 보자기에 싸서 비빈 뒤 체에 쳐서 가루를 털어낸다.

5 냄비에 마른새우를 담고 물을 부어 끓이다가 끓어오르면 된장, 고추장을 체에 걸러 풀고 아욱을 넣어 한소끔 끓인다.

6 아욱잎이 부드러워지면 고춧가루, 다진 마늘, 대파를 넣어 끓인다. 부족한 간은 소금으로 맞춘다.

tip

근대 된장국도 끓여보세요. 근대를 손질해 작으면 그대로, 크면 잘라 넣고 같은 방법으로 푹 끓이면 됩니다. 마른새우는 가루를 털어내고 끓여야 국물이 깨끗해요.

냉이 된장국

대표 봄나물인 냉이를 살짝 데쳐 넣고 끓인 향긋한 봄 국이에요.

재료 2인분

냉이 80g
풋고추 1개
붉은 고추 1/2개
대파 1/4뿌리
된장 1큰술
고추장 1/2큰술
다진 마늘 1/4큰술
소금 조금

멸칫국물

굵은 멸치 8마리
물 3컵

1 냉이는 누런 잎을 떼고 뿌리를 다듬은 뒤 굵은 것은 반 갈라 씻는다. 끓는 물에 소금을 조금 넣고 살짝 데쳐 찬물에 헹군다.

2 고추와 대파는 어슷하게 썬다.

3 굵은 멸치를 손질해 냄비에 볶다가 물을 부어 센 불에서 끓인다. 중간 불로 줄여 15분 정도 더 끓인 뒤 멸치를 건진다.

4 멸칫국물에 된장과 고추장을 풀고 냉이와 다진 마늘을 넣어 약한 불에서 끓인다. 소금으로 간을 하고 고추와 대파를 넣는다.

tip
냉이가 억세면 푹 끓이세요. 냉이를 데쳐서 물과 함께 냉동해 두면 사계절 내내 먹을 수 있어요.

냉이 바지락 된장국

바지락을 우린 국물과 된장, 냉이가 어우러져 봄기운이 느껴져요.

재료 2인분

냉이 80g
바지락 100g
풋고추 1개
대파 1/4뿌리
된장 1큰술
고추장 1/2큰술
다진 마늘 1/4큰술
소금 조금
물 3컵

1 냉이는 손질해 씻은 뒤, 끓는 물에 소금을 조금 넣고 살짝 데쳐 찬물에 헹군다.

2 풋고추와 대파는 어슷하게 썰고, 바지락은 바락바락 비벼 씻는다.

3 냄비에 바지락을 담고 물을 부어 끓인다. 바지락이 벌어지면 모래를 헹궈 건지고, 국물은 윗물만 가만히 따른다.

4 조갯국물에 된장과 고추장을 풀고 냉이를 넣어 끓이다가 바지락과 다진 마늘, 풋고추, 대파를 넣는다. 부족한 간은 소금으로 맞춘다.

tip
조개는 너무 오래 끓이면 질겨져요. 국물을 낸 뒤 건져두었다가 나중에 다시 넣어야 질기지 않아요.

쑥 된장국

멸칫국물에 된장을 풀고 연한 쑥을 듬뿍 넣어 향이 일품인 봄철 별미예요.

재료 2인분

어린 쑥 150g
풋고추 1개
붉은 고추 1/2개
된장 1큰술
국간장 1/4큰술
다진 파 1큰술
다진 마늘 1/4큰술
소금 조금

멸칫국물

굵은 멸치 8마리
물 3컵

1 어린 쑥은 다듬어 씻어 물기를 뺀다. 고추와 대파는 어슷하게 썬다.

2 굵은 멸치를 손질해 냄비에 볶다가 물을 부어 센 불에서 끓인다. 중간 불로 줄여 15분 정도 더 끓인 뒤 멸치를 건진다.

3 멸칫국물에 된장을 체에 걸러 풀고 한소끔 끓인 뒤 쑥을 넣는다.

4 다진 파, 다진 마늘, 고추를 넣고 국간장으로 간을 해 20분 정도 더 끓인다. 부족한 간은 소금으로 맞춘다.

tip
쑥 된장국에 들깻가루를 넣어도 좋아요. 멸칫국물 대신 조갯국물로 끓여도 맛있습니다.

쑥 콩가루국

어린 쑥을 고소한 콩가루에 버무려 양념한 쇠고기와 함께 끓인 된장국.

재료 2인분

어린 쑥 150g
쇠고기 50g
날콩가루 1/4컵
된장 1큰술
국간장 1/4큰술
다진 파 1/2큰술
다진 마늘 1/4큰술
소금 조금
물 3컵

쇠고기 양념

국간장 1/4큰술
다진 파 1/2큰술
다진 마늘 1/4큰술

1 어린 쑥은 떡잎을 떼고 씻어 건져 콩가루에 버무린다.

2 쇠고기는 얇게 저며 양념한다.

3 냄비에 양념한 쇠고기를 볶다가 물을 부어 끓인다.

4 국물에 된장을 체에 걸러 풀고 한소끔 끓인 뒤 콩가루를 묻힌 쑥을 넣는다.

5 다진 파, 다진 마늘을 넣고 국간장으로 간을 해 20분 정도 더 끓인다. 부족한 간은 소금으로 맞춘다.

tip
쑥으로 애탕을 끓여도 맛있어요. 다진 쑥과 고기를 섞어 완자를 빚은 뒤 달걀물을 씌워 맑은 쇠고기국물에 넣고 끓이면 됩니다. 쑥 향이 은은하고 깔끔해 손님상에 내기도 좋아요.

콩나물국

콩나물을 참기름에 볶다가 물을 부어 끓인 맑고 시원한 국이에요.

재료 2인분

콩나물 1/2봉지(150g)
실파 1/4뿌리
다진 마늘 1/2작은술
소금 1/4큰술
참기름 1/2큰술
물 3컵

1 콩나물은 물에 흔들어 씻어 껍질을 제거하고, 실파는 1~2cm 길이로 썬다.

2 냄비에 참기름을 두르고 콩나물을 살짝 볶은 뒤, 물을 붓고 뚜껑을 덮어 콩 비린내가 나지 않게 끓인다.

3 콩나물이 충분히 익으면 실파와 다진 마늘을 넣고 소금으로 간해 한소끔 더 끓인다.

tip
콩나물을 참기름에 볶는 대신 물을 조금 넣고 뚜껑을 덮어 삶은 뒤 다시 물을 붓고 끓이는 방법도 있어요. 콩나물국의 깊은 맛을 살리려면 국간장이나 멸치액젓을 넣으면 좋아요. 실파 대신 대파를 넣어도 좋고, 다진 마늘은 기호에 따라 가감하면 됩니다.

황태 콩나물국

황태채를 국간장으로 양념해 넣고 끓인 콩나물국.

재료 2인분

콩나물 150g
황태채 50g
실파 1/4뿌리
국간장 1/2큰술
다진 마늘 1/2작은술
참기름 1/2큰술
소금 1/4작은술
물 3컵

1 콩나물은 물에 흔들어 씻어 껍질을 제거하고, 실파는 1~2cm 길이로 썬다.

2 황태채는 물에 잠시 담갔다가 물기를 꼭 짠다. 길면 먹기 좋게 자른다.

3 황태채에 국간장과 참기름을 1작은술씩 덜어 넣어 양념한다.

4 냄비에 참기름을 두르고 황태채를 볶다가 콩나물과 물을 넣고 뚜껑을 덮어 끓인다.

5 콩나물이 익으면 다진 마늘과 실파를 넣고 국간장과 소금으로 간해 한소끔 더 끓인다.

tip
콩나물을 익힐 때 중간에 뚜껑을 열면 비린내가 날 수 있어요. 다 익을 때까지 열지 마세요.

김칫국

집에 있는 김치로 쉽게 끓일 수 있어 장 볼 필요가 없어요.

재료 2인분

배추김치 1/8포기
붉은 고추 1/2개
대파 1/2뿌리
다진 마늘 1큰술
고춧가루 1/2큰술
참기름 1/2큰술
소금 조금

멸칫국물

굵은 멸치 15마리
물 6컵

1 배추김치는 소를 털고 잘게 썬다. 붉은 고추와 대파는 어슷하게 썬다.

2 굵은 멸치를 손질해 냄비에 볶다가 물을 부어 센 불에서 끓인다. 중간 불로 줄여 15분 정도 더 끓여 체에 거른다.

3 냄비에 참기름을 두르고 김치를 볶다가 멸칫국물을 부어 끓인다.

4 한소끔 끓으면 고춧가루, 다진 마늘, 붉은 고추, 대파를 넣고 소금으로 간을 맞춘다.

tip
고춧가루는 입맛에 따라 넣지 않아도 돼요.

콩나물 김칫국

신 김치와 콩나물로 칼칼하고 시원하게 끓인 국. 속이 확 풀려요.

재료 2인분

배추김치 1/8포기
콩나물 30g
붉은 고추 1/2개
대파 1/2뿌리
다진 마늘 1큰술
고춧가루 1/2큰술
참기름 1/2큰술
소금 조금
물 3컵

1 배추김치는 소를 털어 잘게 썰고, 콩나물은 다듬어 씻는다.

2 붉은 고추와 대파는 어슷하게 썬다.

3 냄비에 참기름을 두르고 김치와 콩나물을 볶다가 물을 부어 끓인다.

4 한소끔 끓으면 대파, 붉은 고추, 다진 마늘, 고춧가루를 넣고 소금으로 간을 맞춘다.

tip
신 김치로 끓여야 제맛이 나요. 잘 익은 김치의 새콤함이 입맛을 돋웁니다.

감잣국

마른새우로 국물을 내고 국간장으로 간을 해서 개운해요.

재료 2인분

감자 1½개
마른새우 30g
풋고추 1/2개
붉은 고추 1/4개
대파 1/2뿌리
다진 마늘 1/2큰술
국간장 2큰술
소금 조금
물 3컵

1 감자는 껍질을 벗기고 반달 모양으로 도톰하게 썰어 찬물에 담가둔다.

2 고추와 대파는 어슷하게 썬다. 고추는 씨를 뺀다.

3 마른새우를 냄비에 담고 물을 부어 끓인다.

4 국물이 우러나면 마른새우를 건지고 감자를 넣어 한소끔 끓인다.

5 감자가 익으면 대파와 고추, 다진 마늘을 넣고 국간장, 소금으로 간을 맞춘다.

tip
다시마국물이나 쇠고기국물로 끓여도 맛있고, 된장이나 고추장을 조금 풀어도 좋아요. 감자가 설컹거리거나 부서지지 않게 끓이세요.

어묵국

멸칫국물에 무를 넣고 끓여 국물이 시원해요.

재료 2인분

모둠 어묵 150g
곤약 40g, 무 50g
대파 1/2뿌리
달걀 1개, 간장 2큰술
청주 1/2큰술
소금·후춧가루 조금씩

멸칫국물

굵은 멸치 7마리
물 3컵

고추냉이 양념장

고추냉이 1작은술
간장 1큰술
멸칫국물 1큰술

1 어묵과 곤약은 한입 크기로 썰어 끓는 물에 살짝 데친다. 무는 나박나박 썰고, 대파는 4cm 길이로 썬다. 달걀은 완숙으로 삶는다.

2 굵은 멸치를 손질해 냄비에 볶다가 물을 붓고 15분 정도 끓인 뒤 멸치를 건진다.

3 멸칫국물에 무를 넣어 끓이다가 어묵, 곤약, 삶은 달걀을 넣고 간장, 청주를 넣어 약한 불에서 20분 정도 끓인다. 대파를 넣고 소금, 후춧가루로 간을 맞춘다.

4 고추냉이 양념장을 만들어 곁들인다.

tip
어묵을 조리하기 전에 살짝 데치거나 끓는 물을 끼얹어 기름을 빼면 한층 깔끔한 맛을 낼 수 있어요.

달걀국

다시마국물에 달걀을 풀어 끓인 간단 국이에요.

재료 2인분

달걀 2개
팽이버섯
(또는 불린 표고버섯) 50g
대파 1/4뿌리
참기름·후춧가루 조금씩
소금 1/2작은술

다시마국물

다시마(10×10cm) 1장
청주 1/2큰술
소금 조금
물 3컵

1 달걀은 소금을 넣고 가만히 저어 곱게 푼다.

2 팽이버섯은 밑동을 잘라낸 뒤 반 자르고, 대파는 어슷하게 썬다.

3 다시마에 물을 붓고 센 불에서 10분 정도 끓인 뒤 다시마를 건진다.

4 다시마국물에 젓가락을 대고 달걀물을 흘려 붓는다.

5 달걀이 익기 시작하면 팽이버섯, 대파를 넣고 참기름과 후춧가루로 맛을 낸다.

tip
국물이 끓을 때 달걀을 부어 빨리 익혀야 국물이 깔끔해요. 끓지 않는 상태에서 달걀을 부으면 국물이 부예지고, 오래 끓이면 야들야들한 맛이 사라집니다.

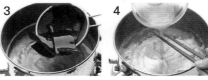

감자 달걀국

부드러운 달걀국에 감자를 넣어 구수함을 더했어요.

재료 2인분

달걀 2개
감자 1½개
대파 1/4뿌리
청주 1/2큰술
참기름 조금
소금 1/2작은술
후춧가루 조금

다시마국물

다시마(10×10cm) 1장
물 3컵

1 달걀은 소금으로 간해 곱게 푼다.

2 감자는 굵게 채 썰고, 대파는 어슷하게 썬다.

3 다시마에 물을 붓고 센 불에서 10분 정도 끓인 뒤 다시마를 건진다.

4 다시마국물에 청주와 감자를 넣어 끓이다가 감자가 익으면 대파를 넣고 소금으로 간을 맞춘다.

5 달걀물을 돌려 붓고, 마지막에 참기름과 후춧가루로 맛을 낸다.

tip
다시마는 오래 끓이면 떫은맛이 나니 10분 정도 끓인 뒤 바로 건지세요. 청양고추를 송송 썰어 넣어 매콤한 맛을 더해도 좋아요.

북어 해장국

새우젓으로 맛을 내 개운해요. 속풀이 국으로 최고예요.

재료 2인분

북어채 50g
두부 1/8모, 무 50g
팽이버섯 1/4봉지
대파 1/2뿌리
붉은 고추 1/2개
국간장 1작은술
고춧가루 1/2작은술
다진 마늘 1/4큰술
새우젓 1/2작은술
참기름 1/2작은술
소금·후춧가루 조금씩
물 3컵

북어채 밑간

국간장 1/2작은술
참기름 1/2작은술

1 북어채는 물에 담갔다가 꼭 짠 뒤 2~3번 썰어 밑간한다.

2 두부와 무는 손가락 굵기로 길쭉하게 썰고, 팽이버섯은 밑동을 잘라내고 반 자른다. 대파와 붉은 고추는 어슷하게 썬다.

3 냄비에 참기름을 두르고 북어채를 볶다가 물을 붓고 무, 두부를 넣어 끓인다.

4 국간장과 대파, 팽이버섯, 고추를 넣어 끓이다가 고춧가루, 다진 마늘, 새우젓, 후춧가루를 넣는다. 부족한 간은 소금으로 맞춘다.

tip
통북어나 북어포로 국을 끓일 경우, 머리는 버리지 말고 국물을 내세요.

오징어 뭇국

오징어와 무의 달콤하면서도 시원한 맛이 잘 어우러진 국이에요.

재료 2인분

오징어 1마리
무 50g
청양고추 1/2개
붉은 고추 1/2개
대파 1/2뿌리
다진 마늘 1/2큰술
국간장 2작은술

멸칫국물

굵은 멸치 8마리
물 3컵

1 오징어는 내장과 뼈를 제거하고 껍질을 벗긴 뒤 4cm 정도 길이로 굵직하게 썬다.

2 무는 오징어 크기로 얇게 썰고, 고추와 대파는 어슷하게 썬다.

3 굵은 멸치를 손질해 냄비에 볶다가 물을 붓고 10분 정도 끓인 뒤 멸치를 건진다.

4 멸칫국물에 무를 넣어 끓이다가 무가 익으면 오징어, 붉은 고추, 다진 마늘을 넣는다.

5 오징어가 익으면 국간장으로 간을 맞추고 청양고추, 대파를 넣어 좀 더 끓인다.

tip
멸칫국물을 낼 때 멸치의 내장을 떼지 않으면 쓴맛이 날 수 있어요.

재첩국

민물조개인 재첩에 부추를 넣고 끓여 국물 맛이 일품이에요.

재료 2인분

재첩 1½컵
다시마(10×10cm) 1장
부추 30g
붉은 고추 1/2개
마늘 1/2쪽
생강즙 1/2작은술
소금 조금
물 3컵

1 재첩을 바락바락 씻은 뒤 맹물에 담가 어두운 곳에 30분 이상 두어 해감을 뺀다.

2 부추는 1cm 길이로 썰고, 붉은 고추는 반 갈라 씨를 털고 가늘게 채 썬다. 마늘은 저민다.

3 냄비에 재첩과 다시마를 넣고 물을 부어 거품을 걷어내면서 끓인다. 재첩이 벌어지면 건지고 면 보자기를 깐 체에 거른다.

4 조갯국물에 마늘, 생강즙, 붉은 고추를 넣어 끓이다가 소금으로 간하고 재첩과 부추를 넣어 한소끔 더 끓인다.

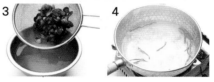

tip
민물조개는 맹물에 담가 해감을 빼요. 살던 환경과 비슷하게 만들어줘야 해감을 잘 토합니다.

바지락탕

쫄깃한 바지락 살을 발라 먹는 재미가 있어요.

재료 2인분

바지락 150g
부추 30g
붉은 고추 1/2개
마늘 1/2쪽
생강즙 1/2작은술
소금 조금
물 3컵

1 바지락은 소금물에 바락바락 주물러 씻는다.

2 부추는 2cm 길이로 썰고, 붉은 고추는 반 갈라 씨를 빼고 가늘게 채 썬다. 마늘은 저민다.

3 냄비에 바지락을 담고 물을 부어 끓인다. 조개가 벌어지면 흔들어 헹궈 건지고, 국물은 윗물만 가만히 따른다.

4 조갯국물에 마늘, 생강즙, 붉은 고추를 넣고 소금으로 간해 끓이다가 바지락과 부추를 넣어 한소끔 더 끓인다.

tip
조개는 모래나 해감이 있어 국물에 흔들어 헹궈서 건져야 해요. 국물을 따를 때는 모래가 들어가지 않도록 조심해 따르세요.

쇠고기 미역국

미역국은 아기를 낳고 챙겨 먹을 만큼 영양이 많은 국이에요. 쇠고기를 넣어 국물 맛이 깊어요.

재료 2인분

마른미역 15g
쇠고기(양지머리) 100g
국간장 2큰술
참기름 1/2큰술
소금·후춧가루 조금씩
물 4컵

쇠고기 양념

국간장 1큰술
다진 마늘 1/4작은술

1 쇠고기는 납작하게 썰어 국간장과 다진 마늘에 조물조물 무친다.

2 마른미역은 넉넉한 물에 20분 정도 불려 거품이 나오지 않을 때까지 주물러 씻은 뒤, 먹기 좋게 썰어 물기를 꼭 짠다.

3 달군 냄비에 참기름을 두르고 양념한 쇠고기를 볶는다.

4 고기가 반쯤 익으면 미역을 넣어 볶다가 물을 붓고 센 불에서 끓인다.

5 국물이 끓으면 불을 약하게 줄이고 국간장과 소금으로 간을 맞춘다. 20분 정도 더 끓인 뒤 후춧가루를 넣는다.

tip
쇠고기로 국물을 낸 뒤 그 국물에 미역을 넣고 끓이면 더 깊은 맛이 나요. 이때 삶은 고기는 건져 찢어서 나중에 다시 넣으세요.

조갯살 미역국

조갯살을 달달 볶다가 물을 붓고 미역을 넣어 개운하게 끓인 미역국.

재료 2인분

마른미역 15g
조갯살 1/4컵
국간장 1큰술
다진 마늘 1/4작은술
참기름 1/2큰술
소금·후춧가루 조금씩
물 4컵

1 마른미역은 넉넉한 물에 20분 정도 불린 뒤, 거품이 나오지 않을 때까지 주물러 씻어 먹기 좋게 썬다.

2 조갯살은 체에 담아 흐르는 물에 씻는다.

3 달군 냄비에 참기름을 두르고 조갯살을 볶은 뒤 물을 부어 끓이다가 미역을 넣는다.

4 다진 마늘과 국간장을 넣고, 부족한 간은 소금으로 맞춘다. 마지막에 후춧가루로 맛을 낸다.

tip
조갯살 대신 북어포로 끓여도 시원하고 맛있어요. 마른 조갯살을 사용해도 됩니다.

들깨 미역국

불포화지방산이 풍부한 들깨를 듬뿍 넣어 고소하고 몸에도 좋아요.

재료 2인분

불린 미역 1컵
들깨 1/2컵
쌀 2큰술
국간장 2큰술
들기름 1큰술
소금 조금
물 4컵

1 들깨는 깨끗이 씻어 건지고, 쌀은 물에 불려 믹서로 곱게 간 뒤 체에 밭쳐 물기를 뺀다.

2 불린 미역은 바락바락 주물러 씻은 뒤 먹기 좋게 썬다.

3 달군 냄비에 들기름을 두르고 미역을 볶다가 물을 부어 끓인다.

4 국물이 끓으면 들깨와 쌀가루를 넣고 약한 불에서 20분 정도 끓인다. 국간장과 소금으로 간을 맞춘다.

tip
들깨를 곱게 갈아 찹쌀과 섞어 죽을 쑤기도 해요. 부드럽고 고소한 들깨죽은 병을 앓고 난 뒤 체력이 떨어진 사람에게 안성맞춤이에요. 들깨 갈기가 번거롭다면 들깻가루를 사서 사용해도 됩니다.

쇠고기뭇국

쇠고기를 양념해 볶다가 물을 붓고 무를 넣어 끓인 고깃국이에요.

재료 2인분

쇠고기(양지머리) 100g
무 120g
대파 1/2뿌리
국간장 1/2큰술
다진 마늘 1/2작은술
참기름·후춧가루 조금씩
물 3컵

쇠고기 양념

국간장 1/2작은술
다진 마늘 1/2작은술
참기름 1/4큰술

1 쇠고기는 납작하게 썰어 양념에 무친다.

2 무는 사방 2~3cm 크기로 나박나박 썰고, 대파는 어슷하게 썬다.

3 냄비에 참기름을 두르고 양념한 쇠고기를 달달 볶다가 물을 부어 끓인다.

4 쇠고기가 익기 시작하면 무를 넣어 끓인다. 냄비 가장자리에 생기는 거품은 걷어낸다.

5 다진 마늘과 대파를 넣고 국간장으로 간을 맞춘 뒤 후춧가루를 넣는다.

tip

맑은국의 간은 단맛이 적고 색깔이 연한 국간장으로 맞추는 것이 기본이에요. 국 색깔이 너무 진해지면 국간장으로 먼저 간을 한 다음 부족한 간을 소금으로 맞추세요.

얼큰 쇠고기뭇국

고춧가루와 청양고추를 넣어 얼큰하게 끓인 경상도식 쇠고기뭇국.

재료 2인분

쇠고기(양지머리) 100g
무 120g
청양고추 1/2개
대파 1/2뿌리
국간장 1/2큰술
고춧가루 1큰술
다진 마늘 1/2작은술
참기름·후춧가루 조금씩
물 3컵

쇠고기 양념

국간장 1/2작은술
다진 마늘 1/2작은술
참기름 1/4큰술

1 쇠고기는 납작하게 썰어 양념에 무친다.

2 무는 사방 2~3cm 크기로 나박나박 썰고, 청양고추와 대파는 어슷하게 썬다.

3 냄비에 참기름을 두르고 쇠고기와 고춧가루를 넣어 볶다가 물을 붓고 끓인다.

4 쇠고기가 익기 시작하면 무를 넣어 끓인다. 냄비 가장자리에 생기는 거품은 걷어낸다.

5 다진 마늘과 청양고추, 대파를 넣고 국간장으로 간을 맞춘 뒤 후춧가루를 넣는다.

tip

고기를 작게 썰어 양념해 볶으면 국물이 진하고 맛있어요. 고깃국을 끓일 때는 양지머리를 쓰는 게 좋습니다.

토란국

부드러운 토란을 쇠고기와 함께 끓인 맑은국. 추석 상에 오르는 음식이에요.

재료 2인분

토란 200g
쇠고기(양지머리) 100g
다시마(10×10cm) 1장
다진 파 1큰술
다진 마늘 1/2큰술
국간장 2큰술
참기름 1/2큰술
소금 조금
물 3½컵

1 토란은 껍질을 벗겨 큰 것은 먹기 좋게 썬다. 찬물에 1시간 정도 담가 두었다가 끓는 물에 소금을 조금 넣고 삶는다.

2 쇠고기는 저민다.

3 냄비에 참기름을 두르고 쇠고기를 볶다가 물을 부어 끓인다.

4 쇠고기가 익기 시작하면 토란을 넣어 끓이다가 다시마와 국간장, 다진 파, 다진 마늘을 넣고 약한 불로 30분 정도 끓인다.

5 다시마를 건져서 채 썰어 다시 넣고, 국간장과 소금으로 간을 맞춘다.

tip
토란을 맨손으로 만지면 손에 두드러기가 나기 쉬워요. 반드시 장갑을 끼고 손질하세요. 토란은 껍질 벗긴 다음 소금물이나 쌀뜨물에 한 번 삶아서 조리해야 아린 맛과 미끌거림이 덜합니다.

육개장

숙주, 토란대, 고사리, 대파 등을 넉넉히 넣고 매콤하게 끓인 고깃국.

재료 2인분

쇠고기(양지머리)	**무침 양념**
150g	고추장 1/2큰술
숙주 50g	고춧가루 1큰술
토란대·고사리 25g씩	국간장 2큰술
대파 1/2뿌리	다진 파 1/2큰술
소금·후춧가루 조금씩	다진 마늘 1/2작은술
	참기름 1큰술
쇠고기 삶는 물	소금 조금
대파 1/2뿌리	
마늘 4쪽	
청주 1/2큰술	
물 4컵	

1 쇠고기는 큼직하게 썰어 찬물에 담가 핏물을 뺀 뒤 끓는 물에 대파, 마늘, 청주와 함께 넣고 무르도록 푹 끓인다.

2 쇠고기가 익으면 건지고 국물은 따로 받는다. 고기가 한 김 식으면 먹기 좋게 찢는다.

3 숙주는 살짝 데쳐 찬물에 헹구고, 고사리와 토란대는 삶아서 4cm 길이로 썬다. 대파는 길게 썰어 끓는 물에 소금을 넣고 살짝 데쳐 찬물에 헹군다.

4 무침 양념을 고루 섞어 2/3는 고기, 나머지는 나물에 넣어 무친다.

5 국물에 양념한 고기와 나물을 넣어 중간 불에서 20~30분 끓이다가 소금으로 간을 맞춘다. 입맛에 따라 후춧가루를 넣는다.

tip
육개장은 궁중에서도 끓여 먹었던 음식이에요. 삼복의 시절식으로 양지머리와 대파만 많이 넣어 끓였다고 해요. 지방에 따라서도 넣는 재료가 조금씩 달라서 대구에선 부추를 넣은 나물국을, 경상도에선 무만 넣은 매운 국을 끓인다고 합니다.

갈비탕

소갈비를 푹 삶아 맑게 끓인 고깃국. 깊은 풍미의 국물이 생각날 때 준비하면 좋아요.

재료 2인분

소갈비(갈비탕용) 4토막
무 1/6개
달걀 1/2개
붉은 고추 1/2개
대파 1/2뿌리
소금 적당량
후춧가루 조금

소갈비 삶는 물

대파 1/2뿌리
마늘 4쪽
마른고추 1개
물 10컵

소갈비 양념

국간장 3큰술
다진 마늘 1큰술
참기름 1큰술
후춧가루 조금

1 소갈비를 찬물에 1시간 정도 담가 핏물을 뺀 뒤 깨끗이 헹군다.

2 냄비에 갈비와 대파, 마늘, 마른고추를 담고 물을 부어 센 불에서 끓이다가 불을 약하게 줄여 30분 정도 끓인다. 거품과 기름은 걷어낸다.

3 무를 4cm 정도 크기로 토막 내서 넣고 30분 정도 끓인다.

4 갈비가 무르게 익으면 건져서 1cm 간격으로 칼집을 내어 양념에 무친다. 무는 나박나박 썰고, 국물은 체에 거른다.

5 대파는 어슷하게 썰고, 붉은 고추는 송송 썰어 씨를 턴다.

6 달걀은 지단을 부쳐 곱게 채 썬다.

7 국물에 양념한 갈비와 무를 다시 넣고 약한 불에서 끓이다가 붉은 고추를 넣는다.

8 그릇에 갈비탕을 담고 지단채와 대파를 올린다. 소금과 후춧가루를 함께 낸다.

tip
갈비에 붙어 있는 지방은 떼지 말고 그대로 끓이세요. 지방을 떼어내면 고깃국의 깊은 풍미를 느낄 수 없어요. 기름은 나중에 걷어내면 됩니다. 대파는 마지막에 넣고 끓이기도 해요.

설렁탕

사골을 푹 우린 국물에 고기와 소면을 넣어 먹는 영양식이에요. 대파를 넉넉히 넣어야 맛있습니다.

재료 10인분

사골 1.5kg
잡뼈 500g
쇠고기(양지머리) 500g
소면 400g
송송 썬 대파 적당량
소금·후춧가루 조금씩

뼈·고기 삶는 물

대파 1뿌리
마늘 6쪽
마른고추 2개
물 40컵

양념장

고춧가루 1/2컵
국간장·물 1/2컵씩
다진 마늘 2큰술
소금 1/2큰술

1 사골과 잡뼈는 하룻밤, 쇠고기는 1시간 정도 찬물에 담가 핏물을 뺀 뒤 깨끗이 헹군다.

2 냄비에 사골과 잡뼈를 담고 물을 부어 센 불에서 20~30분 끓인다.

3 첫 물은 버리고 사골과 잡뼈를 찬물에 헹군 뒤 다시 물 20컵을 붓고 대파, 마늘, 마른고추를 넣어 중간 불에서 약한 불로 줄여가며 5~6시간 끓인다. 끓으면서 떠오르는 찌꺼기는 걷어낸다.

4 국물이 뽀얗게 우러나면 다른 냄비에 쏟고 새 물 20컵을 부어 2~3시간 끓인 뒤, 쇠고기를 넣고 1시간 정도 더 끓여 체에 거른다.

5 ③과 ④의 국물을 합해 다시 한번 끓이다가 소금으로 간을 맞춘다.

6 삶은 고기는 한 김 식혀 저민다.

7 소면을 삶아 그릇에 담고 고기와 대파를 얹은 뒤 국물을 붓는다. 양념장을 만들어 송송 썬 대파, 소금, 후춧가루와 함께 곁들인다.

tip

사골국물은 약한 불에서 오래 끓여야 잘 우러나요. 처음 끓인 물보다 두 번째 끓인 물이 더 뽀얗기 때문에 여러 차례 새 물을 부어 끓인 뒤 국물을 모두 합해 농도를 맞추는 것이 좋아요.

사골우거짓국

뽀얀 사골국물에 된장을 풀고 양념한 우거지와 들깻가루를 넣었어요. 진하고 고소한 맛이 좋아요.

재료 10인분

사골 1kg
잡뼈 500g
쇠고기 (양지머리) 500g
우거지 400g
붉은 고추 2개
대파 1뿌리
된장 2큰술
다진 마늘 2큰술
들깻가루 2큰술
소금 조금
물 40컵

우거지 양념

된장 2큰술
고춧가루 1큰술
다진 파 2큰술
다진 마늘 1큰술
참기름 1큰술

쇠고기 양념

국간장 1큰술
다진 파 2큰술
다진 마늘 1큰술
참기름 1큰술
소금 1작은술
후춧가루 조금

1 사골과 잡뼈는 하룻밤, 쇠고기는 1시간 정도 찬물에 담가 핏물을 뺀 뒤 깨끗이 헹군다.

2 사골과 잡뼈가 잠기도록 물을 부어 끓인다. 첫 물은 버리고 찬물에 헹군 뒤, 새 물을 붓고 약한 불로 5시간 정도 거품을 걷어내며 끓인다.

3 국물이 뽀얗게 우러나면 쇠고기를 넣어 함께 끓인다.

4 고기가 무르게 익으면 건져서 얇게 썰어 양념에 무친다.

5 우거지는 데쳐 찬물에 20분 정도 담가두었다가 꼭 짜서 3cm 길이로 썰어 양념에 무친다.

6 붉은 고추와 대파는 어슷하게 썬다. 고추는 씨를 턴다.

7 국물을 끓이다가 된장을 풀고 우거지를 넣어 20~30분 끓인다.

8 양념한 고기와 고추, 대파, 다진 마늘, 들깻가루를 넣고 잠깐 더 끓인 뒤 소금으로 간을 맞춘다.

tip

사골우거짓국은 다른 국보다 다진 마늘을 넉넉히 넣는 것이 맛의 비결이에요. 우거지 대신 얼갈이배추를 데쳐 넣어도 맛있어요.

삼계탕

삼복더위를 이기는 국민 보양식. 영계에 수삼, 밤, 대추, 찹쌀 등을 넣고 푹 끓였어요.

재료 2인분

영계(500g) 2마리
찹쌀 3/4컵
송송 썬 대파 적당량
소금·후춧가루 조금씩
물 10컵

속 재료

수삼 2뿌리
밤 2개
대추 5개
마늘 6쪽
찹쌀 2큰술

1 내장을 뺀 영계를 준비해 흐르는 물에 안까지 깨끗이 씻고, 꽁무니 안쪽의 노란 기름 덩어리를 잘라낸다.

2 찹쌀은 씻어 찬물에 2시간 정도 담가 불린다.

3 수삼은 껍질을 살살 긁어내고, 밤은 속껍질까지 벗긴다.

4 닭 배 속에 찹쌀을 한 숟가락 넣고 수삼, 밤, 대추, 마늘을 얌전히 채워 넣는다. 끓이는 도중에 재료가 빠져나오지 않게 꼬치나 실로 꿰매거나 다리를 서로 엇갈리게 꼰다.

5 남은 찹쌀은 거즈 주머니에 넣어 같이 끓이거나 따로 찹쌀밥을 짓는다.

6 냄비에 닭을 담고 물을 부어 센 불에서 한소끔 끓인 뒤 불을 줄여 40분 정도 뭉근하게 끓인다.

7 닭이 무르게 익으면 그릇에 담고 송송 썬 대파를 올린다. 소금과 후춧가루를 곁들인다.

tip
닭 배 속에 찹쌀을 많이 넣으면 잘 안 익어요. 조금만 넣고 나머지는 닭과 함께 냄비에 담아 끓이거나 찹쌀밥을 준비하는 게 좋아요. 찹쌀을 넣는 대신 삼계탕 국물에 찹쌀가루를 넣고 죽을 끓여도 맛있습니다. 수삼 대신 황기를 넣어도 좋아요. 황기는 기운을 돕는 보양 약재입니다.

초계탕

닭살과 전복 등에 겨자로 맛을 낸 닭고기국물을 부어 시원하게 먹는 여름 음식이에요.

재료 2인분

닭 1/2마리
전복 1개
표고버섯 2개
배 1/2개
오이 1/4개
달걀 1개
대파 1/2뿌리
마늘 3쪽
통깨 1/4컵
잣 1큰술
물 6컵

국물 양념

식초 1/4컵
연겨자·설탕 1큰술씩
간장 1/2큰술
소금 1/4큰술

1 냄비에 닭과 전복, 대파, 마늘을 넣고 물을 부어 푹 삶는다. 닭과 전복은 건져서 따로 두고, 국물은 면 보자기에 거른다.

2 닭은 살만 발라 작게 찢고, 전복은 얇게 저민다.

3 통깨를 블렌더에 담고 닭고기국물을 조금 넣어 곱게 간 뒤 고운체에 거른다.

4 간 깨와 닭고기국물을 섞고 국물 양념으로 맛을 낸 뒤 냉장고에 넣어 둔다.

5 표고버섯은 불려서 채 썰어 팬에 볶고, 배와 오이도 채 썬다.

6 달걀은 황백지단을 부쳐 채 썬다.

7 그릇에 준비한 재료를 담고 차게 만든 국물을 부은 뒤 잣을 올린다.

tip
닭고기는 결이 곱고 연한 것이 특징으로, 지방이 적어 맛이 담백하고 영양 흡수가 잘돼요. 질 좋은 단백질이 풍부해 모든 이에게 좋은 건강식품이에요. 다리는 특히 콜라겐이 많아 피부에 좋습니다.

오이미역냉국

새콤, 상큼한 대표 냉국. 여름철 무더위를 식혀주는 음식이에요.

재료 2인분

오이 1/2개
마른미역 15g
얼음 적당량

미역 양념

다진 풋고추 1/2큰술
국간장 1/2큰술
참기름·깨소금 1/2작은술씩

국물

국간장·식초 1½큰술씩
설탕 1/2작은술
소금 조금
물 2½컵

1 오이는 소금으로 문질러 씻어 곱게 채 썬다.

2 미역은 불려서 물기를 꼭 짠 뒤 끓는 물에 살짝 데친다. 찬물에 헹궈 물기를 뺀다.

3 데친 미역을 먹기 좋게 썰어 양념에 가볍게 무친다.

4 국물을 만들어 냉장고에 넣어둔다.

5 오이와 미역을 그릇에 담고 차게 만든 국물을 부은 뒤 얼음을 띄운다.

tip

오이나 미역 한 가지만 넣어도 좋고 쑥갓, 상추, 부추, 가지 등으로 냉국을 만들어도 맛있어요. 냉국은 짠맛, 단맛, 신맛이 적당히 어우러져야 제맛이 납니다. 얼음을 넣는 대신 국물을 살짝 얼려서 만들면 녹아도 싱거워지지 않아 좋아요.

콩나물냉국

시원하게 먹는 여름 콩나물국. 콩나물 삶은 물로 국물을 만들어요.

재료 2인분

콩나물 200g
소금 1/2큰술
물 2½컵

콩나물 양념

송송 썬 실파 1/2큰술
송송 썬 풋고추 1/2작은술
송송 썬 붉은 고추 1/2작은술
다진 마늘 1/4작은술
고춧가루·깨소금 조금씩
참기름·소금 1/2작은술씩

1 콩나물을 물에 흔들어 씻어 껍질을 제거한 뒤 냄비에 담고 물을 부어 삶는다.

2 콩나물은 건져 양념에 조물조물 무치고, 삶은 물을 소금으로 간해 냉장고에 넣어둔다.

3 양념한 콩나물을 그릇에 담고 차게 만든 국물을 붓는다.

tip

남은 콩나물국을 냉장고에 넣어두었다가 냉국으로 먹어도 좋아요.

우무냉국

탱글탱글한 우무로 만든 여름 국으로 깔끔한 맛이 좋아요.

재료 2인분

우무 1/2모
오이 1/2개
풋고추 1개
붉은 고추 1/2개
실파 2뿌리

국물

다시마(10×10cm) 1장
국간장·식초 1/4컵씩
설탕 1½큰술
물 4컵

1 냄비에 물을 붓고 다시마를 담가 30분 정도 불린 뒤 그대로 5분간 끓인다. 다시마를 건지고 국물은 양념해 냉장고에 넣어둔다.

2 우무는 나무젓가락 굵기로 채 썰어 끓는 물에 데친 뒤 찬물에 헹군다.

3 오이는 길게 채 썰고, 고추는 반 갈라 씨를 털고 다진다. 실파는 송송 썬다.

4 그릇에 우무와 오이, 고추, 실파를 담고 차게 만든 국물을 붓는다. 얼음을 띄워도 좋다.

tip
우무냉국에 밥을 말고 양념장으로 간해 묵밥처럼 먹어도 좋아요. 우무 대신 청포묵이나 도토리묵으로 냉국을 만들어도 맛있습니다.

검은콩 우무냉국

고소한 콩물에 우무를 말아 먹는 여름철 건강식.

재료 2인분

검은콩(서리태) 1/2컵
우무 1/4모
오이 1/4개
당근 10g
검은깨·소금 조금씩
물 2½컵

1 검은콩은 씻어 물에 담가 반나절 정도 불린 뒤 그대로 냄비에 부어 삶는다.

2 콩이 푹 익으면 살살 비벼 껍질을 벗기고 믹서로 곱게 갈아 체에 밭친다. 콩물은 냉장고에 넣어둔다.

3 우무는 나무젓가락 굵기로 채 썰고, 오이와 당근은 가늘게 채 썬다.

4 그릇에 우무와 오이, 당근을 담고 콩물을 붓는다. 검은깨를 뿌리고, 소금을 곁들인다.

tip
우무묵이라고도 하는 우무는 별 맛은 없지만 씹는 맛이 독특해 무침이나 냉국을 만들면 맛있습니다. 검은콩 대신 누런 메주콩을 사용해도 좋아요.

애호박 된장찌개

멸치로 국물을 내고 애호박, 두부, 고추를 넣어 끓인 기본 된장찌개.

재료 2인분

애호박 1/6개
두부 1/4모
양파 1/4개
풋고추 1개
붉은 고추 1/2개
대파 1/4뿌리
다진 마늘 1/2큰술
된장 1큰술
고춧가루 1/2작은술
소금 조금

멸칫국물

굵은 멸치 8마리
물 2½컵

1 냄비에 물을 붓고 된장을 체에 걸러 푼다. 머리와 내장을 뗀 멸치를 넣어 15분 정도 끓인 뒤 멸치를 건진다.

2 애호박과 양파, 두부는 작게 썰고, 고추와 대파는 송송 썬다.

3 멸칫국물에 애호박, 양파, 두부를 넣어 끓인다.

4 애호박이 살짝 익으면 대파, 고추, 다진 마늘, 고춧가루를 넣고 약한 불에서 10분 정도 더 끓인다. 부족한 간은 소금으로 맞춘다.

tip
전통 된장찌개 맛을 내려면 재래식 된장으로 끓여야 하지만, 맛이 너무 진하면 시판 된장을 조금 섞으세요. 간을 조절할 수 있어요.

차돌박이 된장찌개

구수하면서도 부드럽게 감기는 맛이 입맛을 당겨요.

재료 2인분

차돌박이 30g
두부 1/4모
감자 1/2개
양파 1/4개
풋고추 1개
붉은 고추 1/2개
대파 1/4뿌리
다진 마늘 1/2큰술
된장 1큰술
고춧가루 1/2작은술
소금 조금
물 2½컵

1 차돌박이와 두부, 감자, 양파는 작게 썰고, 고추와 대파는 송송 썬다.

2 냄비에 물을 붓고 된장을 체에 걸러 풀어 끓인다.

3 국물이 끓으면 차돌박이를 넣어 끓인다.

4 감자, 양파, 두부를 넣고 고춧가루, 다진 마늘, 고추, 대파를 넣어 약한 불에서 10분 정도 더 끓인다. 부족한 간은 소금으로 맞춘다.

tip
냄비에 차돌박이와 된장을 볶다가 물을 부어 국물을 내도 맛있어요.

달래 된장찌개

마지막에 달래를 넣고 살짝 끓여 향긋한 봄 향기가 느껴져요.

재료 2인분

달래 100g
쇠고기 50g
표고버섯 1개
무 30g
두부 1/4모
풋고추 1개
붉은 고추 1/2개
대파 1/2뿌리
된장 1큰술
고춧가루 1작은술
다진 마늘 1/2작은술
국간장 적당량
소금 조금
물 2½컵

1 달래는 뿌리째 흔들어 씻어 4cm 길이로 썬다.

2 표고버섯은 기둥을 떼어 굵게 채 썰고, 무도 채 썬다. 두부는 작게 깍둑썰기하고, 고추와 대파는 송송 썬다. 쇠고기는 저민다.

3 끓는 물에 쇠고기를 넣어 끓이다가 된장을 풀어 약한 불에서 10분 정도 끓인다.

4 무, 표고버섯, 두부를 넣어 끓이다가 무가 익으면 고춧가루, 대파, 마늘, 고추를 넣고 국간장과 소금으로 간을 맞춘다.

5 상에 내기 직전에 달래를 넣어 잠깐만 끓인다.

tip
쇠고기로 국물을 내는 대신 멸치국물이나 다시마국물을 써도 좋아요.

냉이 된장찌개

비타민이 풍부해 나른한 봄에 먹으면 좋아요.

재료 2인분

냉이 100g
표고버섯 1개
무 30g
두부 1/4모
풋고추 1개
붉은 고추 1/2개
대파 1/2뿌리
된장 1큰술
고춧가루 1작은술
다진 마늘 1/2작은술
소금 조금

멸치국물
굵은 멸치 8마리
물 2½컵

1 냉이는 다듬어 씻어 끓는 물에 살짝 데친 뒤 찬물에 헹궈 물기를 꼭 짠다.

2 표고버섯과 무는 채 썰고, 두부는 작게 깍둑썰기한다. 고추와 대파는 송송 썬다.

3 굵은 멸치를 손질해 냄비에 볶다가 물을 부어 15분 정도 끓인 뒤 멸치를 건진다.

4 멸칫국물에 된장을 체에 걸러 풀고 냉이, 무, 표고버섯, 두부를 넣어 끓이다가 무가 익으면 고춧가루, 다진 마늘, 고추, 대파를 넣는다. 부족한 간은 소금으로 맞춘다.

tip
봄에 노곤한 것은 비타민이 부족하기 때문이에요. 냉이는 비타민이 풍부해 봄에 먹으면 맛과 건강을 모두 챙길 수 있어요.

돼지고기 김치찌개

누구나 좋아하는 국민 찌개. 찌개 맛이 밴 가래떡도 맛있어요.

재료 2인분

배추김치 1/8포기
돼지고기(삼겹살) 150g
가래떡(떡볶이용) 50g
대파 1/2뿌리
간장·청주 1큰술씩
설탕 1/2큰술
다진 마늘 1/2큰술
소금 조금
식용유 2큰술
물 3컵

1 배추김치는 소를 털고 적당한 크기로 썬다. 돼지고기는 먹기 좋게 썰고, 대파도 비슷한 길이로 썬다.

2 달군 냄비에 식용유를 두르고 돼지고기와 다진 마늘을 볶다가, 고기가 반쯤 익으면 김치를 넣어 볶는다.

3 김치가 익으면 물을 부어 끓이다가 간장, 설탕, 청주를 넣고 약한 불에서 푹 끓인다.

4 김치가 푹 익으면 가래떡과 대파를 넣고 좀 더 끓인다. 부족한 간은 소금으로 맞춘다.

tip

김치찌개는 신 김치로 끓여야 맛있는데, 김치가 너무 시었다면 설탕을 조금 넣어보세요. 신맛을 줄이는 효과가 있어요.

참치 김치찌개

통조림으로 쉽게 만드는 찌개예요. 참치가 감칠맛을 더해줘요.

재료 2인분

배추김치 1/8포기
참치 통조림 1/2개
두부 1/2모
대파 1/2뿌리
간장 1큰술
고춧가루 1/2큰술
다진 마늘 1/2작은술
소금·식용유 조금씩
물 2½컵

1 배추김치는 소를 털어낸 뒤 4cm 길이로 썰고, 참치 통조림은 체에 밭쳐 기름을 뺀다. 두부는 2×3cm 크기로 도톰하게 썰고, 대파는 어슷하게 썬다.

2 냄비에 식용유를 두르고 김치를 볶다가 물을 부어 끓인다.

3 국물이 우러나면 참치와 두부, 대파, 다진 마늘을 넣어 잠깐 끓인 뒤, 간장과 소금으로 간을 맞추고 고춧가루를 넣는다.

tip

참치 통조림 대신 꽁치 통조림으로 끓여도 맛있어요. 당면, 떡 등을 넣으면 또 다른 맛을 즐길 수 있습니다.

돼지고기 감자 고추장찌개

얼큰하게 끓인 옛날식 찌개예요. 감자가 어우러져 걸쭉하고 진한 국물 맛이 좋아요.

재료 2인분

돼지고기(목살) 100g
감자 1개
양파 1/2개
풋고추 1개
대파 1/2뿌리
붉은 고추 1/2개
유부 2장
소금 조금
물 3컵

찌개 양념

고추장 1/2큰술
고춧가루 1큰술
간장 1큰술
다진 파 1/2큰술
다진 마늘 1/2작은술
다진 생강 1/4작은술
참기름 1/4큰술
후춧가루 조금

1 돼지고기는 얇게 저며 먹기 좋은 크기로 썬다.

2 찌개 양념을 섞어 반만 돼지고기에 덜어 넣고 무친다.

3 감자는 반달 모양으로 도톰하게 썰고, 양파는 굵게 채 썬다. 풋고추와 대파는 어슷하게 썬다.

4 유부는 체에 담고 뜨거운 물을 끼얹어 기름을 뺀 뒤 1cm 폭으로 썬다.

5 냄비에 양념한 돼지고기를 볶다가 고기가 반쯤 익으면 감자와 양파를 넣어 함께 볶는다.

6 감자와 양파가 익기 시작하면 물을 붓고 나머지 찌개 양념을 넣어 끓인다. 감자가 익으면 풋고추, 대파, 유부를 넣고 소금으로 간을 맞춘다.

tip

돼지고기와 감자, 양파를 볶은 다음 물을 부어 끓이면 고기 특유의 깊은 맛이 나요. 고기를 양념에 재웠다가 찌개를 끓이면 조금 번거롭긴 해도 재료의 맛이 잘 살고 국물 맛도 진해집니다.

청국장찌개

쇠고기와 김치를 넣고 끓여 구수하고 깊은 맛이 나요.

재료 2인분

쇠고기(양지머리) 50g
배추김치 50g
두부 50g
풋고추 1개
대파 1/2뿌리
청국장 3큰술
다진 마늘 1/2작은술
소금 조금
물 2½컵

1 쇠고기를 얇게 저며 냄비에 담고 물을 부어 끓인다.

2 배추김치는 소를 털어 2cm 길이로 썰고, 두부는 먹기 좋은 크기로 도톰하게 썬다. 풋고추와 대파는 어슷하게 썬다.

3 쇠고기가 익으면 김치를 넣고 조금 더 끓인다.

4 한소끔 끓으면 청국장을 풀어 넣는다.

5 김치가 익기 시작하면 두부와 풋고추, 대파, 다진 마늘을 넣고 소금으로 간을 맞춘다.

tip
청국장찌개는 너무 오래 끓이면 영양이 줄어들어요. 국물을 먼저 끓이다가 나중에 청국장을 풀어 넣으세요. 쇠고기 대신 돼지고기를 넣어도 좋습니다.

우렁이 청국장찌개

쫄깃한 우렁이를 넣어 씹는 맛이 있고 영양도 만점이에요.

재료 2인분

우렁이 1컵
배추김치 50g
두부 50g
풋고추 1개
대파 1/2뿌리
청국장 3큰술
다진 마늘 1/2큰술
고춧가루 1/2큰술
소금 조금
물 2½컵

1 우렁이는 식촛물에 흔들어 씻어 물기를 뺀다.

2 배추김치는 소를 털어 2cm 길이로 썰고, 두부는 먹기 좋은 크기로 도톰하게 썬다. 풋고추와 대파는 송송 썬다.

3 냄비에 김치를 넣고 물을 부어 끓인다.

4 김치가 익으면 우렁이를 넣어 끓이다가 두부, 대파, 풋고추, 다진 마늘을 넣는다.

5 끓어오르면 청국장을 풀고 10분 정도만 끓인다. 마지막에 고춧가루를 넣고 소금으로 간을 맞춘다.

tip
우렁이는 특유의 흙냄새가 있어요. 식촛물에 씻으면 잡냄새가 줄고 쫄깃한 맛이 살아요.

강된장찌개

버섯, 무, 고추 등을 넣고 바특하게 끓인 된장찌개.

재료 2인분

표고버섯 3개
무 1/4개
양파 1/2개
풋고추·붉은 고추 1개씩
대파 1/2뿌리
된장 3큰술
고추장 1/2큰술
다진 마늘 2작은술

멸치다시마국물

굵은 멸치 5마리
다시마(10×10cm) 1장
물 2컵

1 표고버섯과 무는 채 썰고, 양파와 대파는 잘게 썬다. 고추는 송송 썬다.

2 냄비에 손질한 멸치와 다시마를 넣고 물을 부어 끓인다. 국물이 우러나면 멸치와 다시마를 건져낸다.

3 멸치다시마국물에 된장과 고추장을 풀어 한소끔 끓인다.

4 국물이 끓으면 무와 표고버섯, 양파, 대파, 고추를 넣어 한소끔 끓인 뒤 다진 마늘을 넣고 바특하게 끓인다.

2  **3**

tip
강된장찌개를 좀 더 되직하게 끓여 냉장고에 넣어두고 쌈장이나 비빔장으로 활용해도 좋아요.

우렁이 강된장찌개

우렁이로 맛을 더한 강된장찌개. 밥에 넣고 비벼 먹으면 별미예요.

재료 2인분

우렁이 1컵
표고버섯 3개
무 1/4개
양파 1/2개
풋고추·붉은 고추 1개씩
대파 1/2뿌리
된장 3큰술
고추장·참기름 1/2큰술씩
다진 마늘 2작은술
물 2컵

1 우렁이는 식촛물에 흔들어 씻어 물기를 뺀다.

2 표고버섯은 기둥을 떼어 채 썰고, 무도 채 썬다. 양파와 대파는 잘게 썰고, 고추는 송송 썬다.

3 냄비에 참기름을 두르고 된장과 고추장을 볶다가 물을 부어 끓인다.

4 국물이 끓으면 우렁이를 넣고 무와 표고버섯, 양파, 대파, 고추, 다진 마늘을 넣어 바특하게 끓인다.

tip
찌개는 빨리 식지 않는 뚝배기에 끓이면 좋은데, 뚝배기는 설거지할 때 세제를 쓰면 세제가 스며들 수 있어요. 물로만 씻고, 기름기가 있으면 쌀뜨물이나 밀가루로 씻는 것이 안전해요.

순두부찌개

돼지고기와 김치, 조갯살을 넣고 매콤하게 끓였어요. 부드러운 순두부가 입안에서 사르르 녹아요.

재료 2인분

순두부 200g
다진 돼지고기 50g
조갯살 1/4컵
송송 썬 김치 1/2컵
풋고추 1개
붉은 고추 1/2개
대파 1/4뿌리
소금 조금
식용유 1/2큰술
물 1½컵

찌개 양념

고춧가루 1큰술
국간장 1/2큰술
다진 파 1/2큰술
다진 마늘 1작은술
참기름 1/2큰술
깨소금 1작은술

1 순두부는 체에 밭쳐 물기를 뺀다.

2 찌개 양념을 섞어 다진 돼지고기에 조금 덜어 넣고 무친다.

3 조갯살은 체에 담아 연한 소금물에 살살 흔들어 씻는다.

4 고추와 대파는 송송 썬다.

5 냄비에 식용유를 두르고 양념한 돼지고기와 김치를 볶다가 물을 부어 끓인다.

6 국물이 우러나면 순두부와 조갯살을 넣고 남은 찌개 양념과 고추, 대파를 넣어 약한 불에서 끓인다. 소금으로 간을 맞춘다.

tip
순두부에서 물이 나오므로 물의 양은 조금 적게 잡아야 해요. 상에 내기 직전에 달걀 한 개를 깨뜨려 넣어 뜨거운 기운으로 익혀 먹으면 맛있습니다.

콩비지찌개

콩을 직접 갈아서 우거지를 넣고 끓여 구수한 맛이 일품이에요.

재료 2인분
콩 1컵, 우거지 150g
돼지고기 80g
식용유 조금, 물 4컵

우거지 양념
새우젓 1큰술
참기름·다진 파 1/2큰술씩
다진 마늘 1/2작은술

양념장
간장 2큰술
고춧가루 1큰술
참기름·다진 파 1/2큰술씩
다진 마늘 1/2작은술
깨소금·후춧가루 조금씩

1 콩은 씻어 물에 3시간 정도 불린 뒤 비벼가
   며 껍질을 벗긴다. 블렌더에 넣고 물 2컵을
   부어 곱게 간다.

2 우거지는 씻어 꼭 짠 뒤 양념에 무친다.

3 돼지고기는 먹기 좋게 썬다.

4 냄비에 식용유를 두르고 돼지고기를 볶다가
   물 2컵을 부어 끓인다. 고기가 살짝 익으면
   우거지와 콩비지를 넣고 약한 불에서 푹 끓
   인다.

5 양념장을 만들어 곁들인다.

tip
콩비지찌개는 되직하게 끓여야 제맛이 나요. 콩을 되직하게
갈았다고 해서 되비지라고도 합니다.

김치 콩비지찌개

신 김치를 송송 썰어 넣고 자글자글 끓인 콩비지찌개.

재료 2인분
콩비지 100g
배추김치 50g
돼지고기 50g
다진 파 1/2큰술
다진 마늘 1/2큰술
고춧가루 1/2큰술
소금 1/2큰술
물 3컵

1 배추김치는 잘 익은 것으로 준비해 소를 털
   고 물기를 반쯤 짜서 송송 썬다.

2 돼지고기는 한입 크기로 얇게 썬다.

3 냄비에 돼지고기를 볶다가 김치, 다진 파,
   다진 마늘, 고춧가루를 넣어 볶는다.

4 고기와 김치가 익으면 물을 붓고 끓이다가
   콩비지를 넣어 중간 불에서 20분 정도 끓인
   뒤 소금으로 간한다.

tip
김치로 요리를 할 때는 김칫소를 대충 털어내세요. 소를 그대
로 쓰면 음식이 지저분해집니다. 김치의 물기도 살짝 짜내고,
간이 부족하면 나중에 소금으로 보충하는 것이 좋아요.

애호박 새우젓찌개

애호박, 두부, 팽이버섯 등을 넣고 새우젓국으로 간을 해 국물이 개운해요.

재료 2인분

애호박 50g
두부 1/6모
팽이버섯 30g
붉은 고추 1/2개
실파 1뿌리
새우젓국 1/2큰술
다진 마늘 1작은술
참기름 1/2작은술
소금 조금
멸칫국물 2½컵

1 애호박은 은행잎 모양으로 썬다.

2 두부는 한입 크기로 썰고, 팽이버섯은 밑동을 잘라내고 가닥을 나눈다. 붉은 고추는 반 갈라 채 썰고, 실파는 3cm 길이로 썬다.

3 냄비에 멸칫국물을 붓고 새우젓과 다진 마늘을 넣어 끓인다.

4 국물이 끓으면 애호박과 두부를 넣고, 두부가 떠오르면 고추를 넣고 소금으로 간을 맞춘다.

5 팽이버섯과 실파를 넣어 잠깐 끓인 뒤, 불을 끄고 참기름으로 맛을 낸다.

tip
새우젓찌개는 오래 끓이지 마세요. 재료를 준비해두었다가 먹기 직전에 한소끔 끓여서 바로 먹어야 맛있어요. 멸칫국물 대신 고깃국물로 끓여도 감칠맛이 납니다.

굴 두부 새우젓찌개

깔끔한 젓국찌개에 통통한 굴을 듬뿍 넣어 부드럽고 감칠맛이 나요.

재료 2인분

굴 100g
두부 1/6모
붉은 고추 1/2개
실파 1뿌리
새우젓국 1/2큰술
참기름 1/2작은술
소금 조금
물 2½컵

1 굴은 연한 소금물에 살살 흔들어 씻는다.

2 두부는 한입 크기로 썰고, 붉은 고추는 반 갈라 씨를 털고 채 썬다. 실파는 3cm 길이로 썬다.

3 냄비에 물을 끓여 소금으로 간을 맞춘다.

4 물이 끓으면 두부를 넣고, 두부가 떠오르면 굴과 고추를 넣고 새우젓국으로 간을 맞춘다.

5 굴이 익어 떠오르면 실파를 넣고 잠시 끓인 뒤, 불을 끄고 참기름으로 맛을 낸다.

tip
젓국찌개는 여름철에 많이 해 먹는 음식이에요. 주로 애호박, 무, 두부 등을 넣고 끓입니다.

명란 두부찌개

짭짤한 명란젓과 두부를 넣고 새우젓으로 맛을 낸 맑은 찌개예요.

재료 2인분

명란젓 100g
두부 1/2모
붉은 고추 1/2개
실파 1뿌리
마늘 1쪽
새우젓 1/2큰술
참기름 1/2큰술
소금 조금
물 2½컵

1 두부는 한입 크기로 썰고, 붉은 고추는 씨를 털어 채 썬다. 실파는 4cm 길이로 썰고, 마늘은 채 썬다.

2 명란젓은 큰 것만 2~3등분한다.

3 끓는 물에 새우젓과 마늘을 넣고 팔팔 끓이다가 두부, 명란젓, 붉은 고추를 넣는다.

4 명란젓이 익어 떠오르면 실파를 넣고 소금으로 간을 맞춘 뒤, 불을 끄고 참기름으로 맛을 낸다.

tip
맑은 찌개는 국간장으로 간을 하면 국물 색이 검고 탁해지니 소금이나 새우젓으로 간을 맞추세요. 국물에 간을 먼저 하면 재료에 간이 잘 스며들어 더 맛있습니다.

동태 매운탕

얼큰하고 시원한 대표적인 생선찌개. 동태는 생태에 비해 가격이 싸서 부담 없이 준비할 수 있어요

재료 2인분

동태 1마리
이리 50g
두부 50g
무·콩나물 50g씩
미나리·쑥갓 20g씩
풋고추 1개
붉은 고추 1/2개
대파 1/2뿌리
소금·후춧가루 조금씩
물 2½컵

찌개 양념

고추장 · 청주 1/2큰술씩
고춧가루 1큰술
다진 파 1/2큰술
다진 마늘 1/2작은술
다진 생강 1/4작은술

1 동태는 소금물에 담가 해동한 뒤, 손질해 5cm 길이로 토막 내어 씻는다. 이리는 소금물에 흔들어 씻는다.

2 두부는 3×4cm 크기로 도톰하게 썰고, 무도 같은 크기로 썬다. 미나리는 줄기만 4cm 길이로 썰고, 쑥갓은 굵은 줄기를 잘라내고, 고추와 대파는 어슷하게 썬다.

3 냄비에 물을 붓고 찌개 양념을 넣어 끓이다가 무와 콩나물을 넣는다.

4 무가 살캉거리면 동태와 이리, 두부, 고추를 넣고 약한 불에서 20분 정도 끓인다.

5 대파, 미나리, 쑥갓을 넣고 소금과 후춧가루로 간을 맞춘다.

tip
동태는 생태보다 값이 싸지만, 맛은 크게 차이 나지 않아요. 실온에서 서서히 해동하면 찌개를 끓였을 때 야들야들합니다. 여기에 흔히 곤이라고 부르는 이리를 넣고 끓이면 맛이 더 풍부해집니다.

대구 매운탕

담백한 대구에 무, 콩나물, 미나리를 넣고 칼칼하게 끓였어요.

재료 2인분

대구 1마리, 이리 50g
두부 50g
무·콩나물·미나리 30g씩
쑥갓 20g, 풋고추 1개
붉은 고추 1/2개
대파 1/2뿌리
소금·후춧가루 조금씩
물 4컵

찌개 양념

고춧가루 2큰술
고추장·청주 1큰술씩
다진 파 1큰술
다진 마늘 1/2큰술
다진 생강 1/4작은술
물 5큰술

1 대구는 손질해 5cm 길이로 토막 내어 씻고, 이리는 소금물에 흔들어 씻는다.

2 두부는 먹기 좋게 썰고, 무도 같은 크기로 썬다. 미나리와 쑥갓은 다듬어 짧게 자르고, 고추와 대파는 어슷하게 썬다.

3 냄비에 물을 붓고 찌개 양념을 넣어 끓이다가 무와 콩나물을 넣는다.

4 무가 살캉거리면 대구, 이리, 두부, 고추를 넣고 20분 정도 끓인 뒤 대파, 미나리, 쑥갓을 넣고 소금, 후춧가루로 간을 맞춘다.

tip
비린 맛을 없애려면 청주를 넣고 뚜껑을 연 채 끓이세요.

대구 맑은탕

싱싱한 대구에 두부, 미나리, 쑥갓 등을 넣고 맑게 끓인 생선찌개.

재료 2인분

대구 1마리
이리 50g
두부 50g
팽이버섯 30g
미나리·쑥갓 20g씩
풋고추 1개
붉은 고추 1/2개
대파 1/2뿌리
다진 마늘 1작은술
청주 1큰술
소금 조금
다시마(10×10cm) 1장
멸치국물 5컵

1 대구는 손질해 5cm 길이로 토막 내어 씻고, 이리는 소금물에 흔들어 씻는다.

2 두부는 먹기 좋게 썰고, 팽이버섯은 밑동을 잘라낸다. 미나리와 쑥갓은 다듬어 짧게 자르고, 고추와 대파는 어슷하게 썬다.

3 냄비에 다시마를 깔고 대구와 이리를 올린 뒤 멸치국물을 부어 끓인다.

4 두부, 버섯, 미나리, 고추, 대파, 다진 마늘을 넣고 좀 더 끓이다가 청주를 넣고 소금으로 간을 한다. 마지막에 쑥갓을 올린다.

tip
배추, 당면 등을 넣고 국물을 적게 부어 전골처럼 끓이면서 폰즈 소스에 찍어 먹어도 맛있어요.

알탕

신선한 명태 알로 고소하게 끓인 매운탕. 미더덕의 톡톡 터지는 맛도 좋아요.

재료 2인분

명란 4개(80~100g)
미더덕 50g
무 30g
콩나물 70g
미나리 100g
쑥갓 30g
풋고추 1개
붉은 고추 1/2개
대파 1/2뿌리
소금 조금

멸칫국물

굵은 멸치 8마리
다시마(10×10cm) 1장
마늘 1쪽
물 3컵

찌개 양념

고춧가루 1큰술
국간장 1큰술
청주 1/2큰술
다진 파 1큰술
다진 마늘 1/2큰술
생강즙 1/4작은술
후춧가루 조금

1 명란을 연한 소금물에 흔들어 씻은 뒤 흐르는 물에 헹궈 물기를 뺀다. 미더덕은 연한 소금물에 씻어 큰 것은 꼬치로 찌른다.

2 무는 나박나박 썰고, 미나리는 줄기만 4cm 길이로 썬다. 쑥갓은 짧게 자르고, 고추와 대파는 어슷하게 썬다.

3 냄비에 손질한 멸치와 다시마를 담고 물을 부어 센 불에서 끓인다. 물이 끓어오르면 다시마를 건지고 마늘을 넣어 중간 불에서 15분 정도 끓여 체에 거른다.

4 찌개 양념 재료를 고루 섞는다.

5 냄비에 멸칫국물을 붓고 무, 콩나물을 넣어 끓인다.

6 콩나물이 익기 시작하면 미더덕, 명란, 찌개 양념 순으로 넣고 센 불에서 한소끔 끓인 뒤 불을 약하게 줄여 좀 더 끓인다.

7 무가 익으면 고추, 미나리, 대파, 쑥갓을 넣고 소금으로 간을 맞춘다.

tip
냉동 명란은 아무래도 퍽퍽할 수 있으니 생물로 끓이는 게 좋아요. 명란젓으로 끓여도 맛있는데, 이때는 간을 조금 심심하게 하세요.

부대찌개

햄, 소시지와 김치가 어우러진 퓨전 요리. 진하고 풍성한 맛을 즐길 수 있어요.

재료 2인분

스모크 햄·통조림 햄 50g씩
프랑크소시지 1개
다진 돼지고기 50g
베이크드 빈스 1/2컵
배추김치 1/6포기
양파 1개
대파 1뿌리
우동국수 200g
멸치다시마국물 2컵

찌개 양념

고추장 2큰술
고춧가루 1큰술
간장 1/2큰술
다진 마늘 1작은술
다진 생강 1/3작은술
후춧가루 조금
물 1/2컵

---

1 배추김치는 4cm 길이로 썰고, 양파는 굵게 채 썰고, 대파는 어슷하게 썬다.

2 햄은 납작하게 썰고, 프랑크소시지는 어슷하게 썬다.

3 찌개 양념 재료를 고루 섞는다.

4 다진 돼지고기는 찌개 양념을 적당히 덜어 넣고 무친다.

5 끓는 물에 우동국수를 삶아서 찬물에 헹궈 물기를 뺀다.

6 전골냄비에 준비한 재료를 돌려 담고 남은 양념을 올린 뒤 멸치다시마 국물을 부어 끓인다.

tip
부대찌개는 재료가 정해져 있지 않아요. 입맛에 맞게 바꿔 넣어도 좋아요. 라면, 우동국수, 당면 등을 넣고 끓여도 맛있는데, 끓는 국물에 넣어 바로 먹으려면 라면이나 우동국수는 한 번 삶고 당면은 물에 불려 내세요. 국물이 졸면 짜질 수 있으니 부어가며 끓여 먹을 수 있도록 국물을 넉 넉히 준비하는 것이 좋습니다.

꽃게찌개

된장과 고춧가루를 넣어 칼칼하면서 감칠맛이 진해요. 다리를 두드려서 끓여야 발라 먹기 편합니다.

재료 2인분

꽃게 2마리
모시조개 4개
무·애호박 1/8개씩
풋고추 1개
붉은 고추 1/2개
대파 1/2뿌리
소금 조금
물 5컵

찌개 양념

된장 1/2큰술
고추장 1/2작은술
고춧가루 1작은술
다진 마늘 1/2큰술
생강즙 1/2작은술
소금·후춧가루 조금씩
물 1/4컵

1 꽃게는 솔로 문질러 씻어 등딱지를 떼고 양쪽에 붙어 있는 털을 말끔히 떼어낸다. 물에 헹궈 4~6등분하고, 집게발은 칼등으로 두드린다.

2 모시조개는 엷은 소금물에 담가 해감을 빼고 바락바락 문질러 씻는다. 무는 2×3cm 크기로 나박나박 썰고, 애호박은 반달 모양으로 썬다. 고추는 어슷하게 썰어 씨를 털고, 대파도 어슷하게 썬다.

3 찌개 양념 재료를 고루 섞는다.

4 냄비에 조개를 담고 물을 부어 끓인다. 조개가 벌어지면 건지고 국물은 다른 냄비에 옮겨 붓는다.

5 조갯국물에 찌개 양념을 풀어 한소끔 끓인다.

6 국물이 끓으면 게와 조개, 부재료를 넣어 한소끔 끓인다. 부족한 간은 소금으로 맞춘다.

tip

해물로 찌개를 끓이면 특유의 비린 맛이 나는데, 고추장과 고춧가루를 넣으면 그 맛이 누그러져요. 고추장을 많이 넣으면 텁텁하지만 깊은 맛이 나고, 고춧가루를 많이 넣으면 개운하지만 얕은 맛이 나므로 적절히 섞어서 맛을 내세요. 된장은 해물의 비린 맛을 줄이고 개운함을 더해줍니다.

해물 매운탕

여러 해물과 채소를 넣고 끓여 깊고 시원한 맛이 일품이에요. 고추냉이를 찍어 먹으면 더 맛있어요.

재료 2인분

낙지 1마리
새우 2마리
홍합살 30g
미더덕 50g
모시조개 4개
무·콩나물 50g씩
미나리 50g
애호박 1/8개
풋고추 1개
붉은 고추 1/2개
대파 1/4뿌리
소금 조금
후춧가루 조금
물 3½컵

찌개 양념
고춧가루 1큰술
간장 1/2작은술
다진 마늘 1작은술
생강즙 1/2작은술
소금 조금

고추냉이 양념장
고추냉이 1큰술
간장 1/2큰술
물 1큰술

1 낙지는 머리에 칼집을 넣어 먹통과 내장을 빼고 소금을 뿌려 바락바락 주무른 뒤, 찬물에 깨끗이 헹궈 4~5cm 길이로 썬다. 새우와 홍합살은 소금물에 흔들어 씻고, 미더덕은 소금물에 씻어 큰 것은 꼬치로 찌른다. 모시조개는 연한 소금물에 담가 해감을 빼고 바락바락 씻는다.

2 무는 2×3cm 크기로 나박나박 썰고, 애호박은 반달 모양으로 썰고, 미나리는 줄기만 5cm 길이로 썬다. 고추는 어슷하게 썰어 씨를 털고, 대파는 반 갈라 5cm 길이로 썬다.

3 찌개 양념 재료를 섞는다.

4 냄비에 조개를 담고 물을 부어 끓인다. 조개가 벌어지면 건지고 국물은 따로 받아둔다.

5 냄비에 무와 콩나물을 깔고 해물과 나머지 채소를 올린다. 조갯국물을 붓고 찌개 양념을 넣어 팔팔 끓인 뒤 소금과 후춧가루로 간을 맞춘다.

6 고추냉이 양념장을 만들어 곁들인다.

tip
고추냉이 양념장은 맛을 더해줄 뿐 아니라 고추냉이의 독특한 향이 해물의 비릿한 맛을 없애고 입맛을 돋우는 역할도 합니다.

버섯전골

다양한 버섯을 돌려 담고 들깻가루를 듬뿍 넣은 국물을 부어 끓인 고소한 전골.

재료 2인분

표고버섯 2개
양송이버섯 2개
느타리버섯 30g
만가닥버섯 30g
팽이버섯 1/2봉지
쇠고기(불고기용) 50g
두부 1/8모
애호박 1/6개
당근 1/8개
양파 1/2개
실파 2뿌리
소금 조금
후춧가루 조금

쇠고기 양념

간장 1작은술
참기름 1/2작은술

국물

굵은 멸치 8마리
마른고추 1/2개
들깻가루 1/4컵
국간장 1큰술
소금 조금
물 3컵

1 표고버섯은 기둥을 떼어 도톰하게 저미고, 양송이버섯도 저민다. 느타리버섯은 끓는 물에 소금을 넣고 데쳐 찬물에 헹군 뒤 물기를 꼭 짜서 굵게 찢는다. 팽이버섯과 만가닥버섯은 밑동을 잘라낸다.

2 애호박과 당근은 1×4cm 크기로 납작하게 썰고, 양파는 굵게 채 썰고, 실파는 4cm 길이로 썬다. 두부는 2×4cm 크기로 도톰하게 썬다.

3 쇠고기는 양념에 무쳐 간이 배게 잠시 둔다.

4 냄비에 손질한 멸치를 볶다가 물을 붓고 마른고추를 넣어 15분 정도 끓인다. 멸치를 건져내고 들깻가루와 국간장, 소금을 넣어 국물을 만든다.

5 전골냄비에 준비한 재료를 돌려 담고 국물을 부어 끓인다. 소금, 후춧가루로 간을 맞춘다.

tip
버섯 고유의 맛과 향을 살리려면 양념을 약하게 하는 것이 좋아요. 버섯은 들깨와 맛이 잘 어울리니 전골, 볶음 등에 들깨나 들깻가루를 넣어보세요.

국수전골

고기, 채소, 국수까지 다양한 맛이 가득해요. 후루룩 국수 가락을 건져 먹는 재미가 있어요.

재료 2인분

우동국수 200g
쇠고기(불고기용) 100g
느타리버섯 30g
팽이버섯 1/2봉지
배춧잎 1장
당근 1/8개
쑥갓 30g
대파 1/2뿌리

전골 양념
간장 1/2큰술
고춧가루 1작은술
다진 파 1/2큰술
다진 마늘 1작은술
참기름 1/4큰술
소금 조금
후춧가루 조금

국물
다시마(10×10cm) 1장
간장·청주 1/2큰술씩
소금 조금
후춧가루 조금
물 5컵

1 냄비에 다시마를 담고 물을 부어 10분 정도 끓인 뒤 다시마를 건지고 간장, 청주, 소금, 후춧가루로 간을 맞춘다.

2 끓는 물에 우동국수를 삶아서 찬물에 헹궈 물기를 뺀다.

3 느타리버섯은 굵게 찢고, 팽이버섯은 밑동을 잘라낸 뒤 가닥을 적당히 나눈다.

4 배춧잎은 4cm 길이로 길쭉하게 썰고, 당근은 같은 길이로 채 썬다. 쑥갓은 짧게 자르고, 대파는 어슷하게 썬다.

5 전골냄비에 쇠고기와 우동국수, 채소, 버섯을 돌려 담고 국물을 부어 끓이다가 전골 양념을 넣어 좀 더 끓인다.

tip
우동국수는 삶아서 넣어야 국물이 걸쭉해지지 않고 깔끔해요. 국수를 삶지 않고 넣기도 하는데, 이때는 가는 국수를 넣어야 빨리 익고 국물이 탁해지지 않습니다.

불고기 뚝배기

달착지근한 불고기에 다시마국물을 자작하게 붓고 뚝배기에 보글보글 끓인 전골식 찌개예요.

재료 2인분

쇠고기(불고기용) 200g
팽이버섯 1/2봉지
당근 1/8개
양파 1/2개
실파 3뿌리
당면 20g
소금 조금
후춧가루 조금

다시마국물

다시마(10×10cm) 1장
물 3컵

쇠고기 양념

간장 1½큰술
설탕 1큰술
다진 파 1/2큰술
다진 마늘 1작은술
참기름 1/2큰술
깨소금 1/2작은술
후춧가루 조금

1 냄비에 다시마를 담고 물을 부어 10분 정도 끓인 뒤 다시마를 건진다.

2 쇠고기는 4~5cm 길이로 썰고, 양파는 채 썬다. 쇠고기와 양파를 쇠고기 양념에 무쳐 1시간 정도 잰다.

3 팽이버섯은 밑동을 자르고 가닥을 나눈다. 당근은 4cm 길이로 납작하게 썰고, 실파도 같은 길이로 썬다. 당면은 미지근한 물에 담가 30분 정도 불린다.

4 뚝배기에 양념한 쇠고기를 담고 다시마국물을 자작하게 부어 센 불에서 끓인다.

5 고기가 익기 시작하면 버섯, 당근, 실파, 불린 당면을 넣고 다시마국물을 좀 더 부어 끓인다. 소금, 후춧가루로 간을 맞춘다.

tip

찌개나 전골 등에 당면을 넣으면 맛있는데, 맨 나중에 넣어야 풀어지지 않고 쫄깃한 맛을 살릴 수 있어요. 미지근한 물에 불린 뒤 먹기 좋게 잘라 넣으세요. 당면은 국물을 많이 흡수하기 때문에 국물을 조금 넉넉하게 잡는 것이 좋습니다.

불고기 낙지전골

2가지 맛을 즐길 수 있는 전골. 쇠고기와 낙지를 따로 양념해 넣어야 간이 배어 맛있어요.

2·3

4

5

6

재료 2인분

쇠고기(불고기용) 100g
낙지 2마리
느타리버섯 50g
숙주·쑥갓 50g씩
양파 1/2개
풋고추 1개
붉은 고추 1/2개
대파 1/2뿌리
국간장 1/2큰술
소금 조금
물 2컵

쇠고기 양념

간장 1/2큰술
설탕 1/4큰술
다진 파 1작은술
다진 마늘 1/2작은술
참기름·깨소금 1/2작은술
후춧가루 조금

낙지 양념

고춧가루 2½큰술
고추장 1큰술
간장·청주 1/2큰술씩
설탕 1/2큰술
다진 파 1/2큰술
다진 마늘 1작은술
다진 생강 조금
참기름 1/2큰술
깨소금 1/2큰술

1 쇠고기 양념과 낙지 양념을 각각 만든다.

2 쇠고기는 먹기 좋게 썰어 쇠고기 양념에 무친다.

3 낙지는 굵은 소금을 뿌리고 주물러 여러 번 헹군 뒤, 4~5cm 길이로 썰어 낙지 양념에 무친다.

4 느타리버섯은 굵게 찢고, 쑥갓은 짧게 자른다. 양파와 고추는 채 썰고, 대파는 어슷하게 썬다.

5 전골냄비에 느타리버섯, 숙주, 양파, 쇠고기, 낙지를 담고 고추, 대파, 쑥갓을 올린다.

6 물을 국간장으로 간해 냄비 가장자리로 돌려 붓고 끓인다. 부족한 간은 소금으로 맞추고 끓이면서 먹는다.

tip

낙지는 미끈거리는 성분과 해감을 없애기 위해 소금으로 주무른 뒤, 짜지 않도록 찬물에 여러 번 비벼 씻어야 해요. 낙지 대신 오징어나 주꾸미를 넣어도 맛있습니다.

스키야키

불고기, 버섯, 대파, 당면 등을 단간장에 바로 익혀가며 달걀물에 찍어 먹는 별식.

재료 2인분

쇠고기(불고기용) 300g
느타리버섯 100g
팽이버섯 1봉지
양파 1/2개
대파 1뿌리
당면 20g
식용유 조금

단간장

다시마국물 1컵
간장·설탕 1½큰술씩
맛술 1/2큰술

달걀물

달걀 3개
간장 1/2큰술

1 쇠고기는 3등분해 종이타월로 눌러 핏물을 뺀다.

2 느타리버섯은 굵게 찢고, 팽이버섯은 밑동을 잘라낸다. 양파는 반달 모양으로 썰고, 대파는 4cm 길이로 썬다.

3 당면은 미지근한 물에 불려 적당한 길이로 자른다.

4 단간장 재료를 고루 섞는다.

5 달걀을 곱게 풀어 간장으로 간한다.

6 두껍고 오목한 팬에 식용유를 두르고 준비한 재료를 올린 뒤 단간장을 부어 익힌다. 재료가 익으면 각자 덜어다가 뜨거울 때 달걀물을 찍어 먹는다.

tip

스키야키는 조금 두꺼운 팬을 쓰는 것이 좋아요. 팬이 얇으면 재료가 타거나 국물이 금방 졸아 들어 제맛을 낼 수 없습니다. 쇠고기 대신 닭가슴살을 준비해도 좋고, 두부나 곤약 등을 함께 익혀 먹어도 맛있어요.

샤부샤부

쇠고기를 끓는 국물에 살랑살랑 흔들어 참깨 소스나 폰즈 소스에 찍어 먹는 요리예요.

재료 2인분

쇠고기(샤부샤부용
등심과 채끝) 200g
표고버섯 2개
느타리버섯 30g
팽이버섯 1/2봉지
두부 1/2모
곤약 50g
배추속대 3장
당근·쑥갓 50g씩
양파 1/4개
대파 1/2뿌리

국물

다시마(10×10cm) 1장
청주 1큰술
소금 조금
물 3컵

참깨 소스

깨소금 1/4컵
다시마국물 1/2컵
간장 1/2큰술
식초 1큰술
청주 1작은술
땅콩버터 1작은술

폰즈 소스

다시마국물 1/2컵
간장·식초 1/2큰술씩
청주 1작은술
간 무 1큰술
송송 썬 실파 1큰술

1 쇠고기를 냉동실에 넣었다가 먹기 20분 전쯤 꺼낸다.

2 표고버섯은 기둥을 뗀 뒤 도톰하게 저미고, 느타리버섯은 굵게 찢는
다. 팽이버섯은 밑동을 자르고 가닥을 나눈다. 두부와 곤약은 2×4cm
크기로 납작하게 썬다.

3 배추속대는 3cm 길이로 썰고, 당근은 2×5cm 크기로 납작하게 썬다.
양파는 굵게 채 썰고, 대파는 반 갈라 5cm 길이로 썬다.

4 다시마를 찬물에 담가 30분 정도 불린 뒤 그대로 3분 정도 끓인다. 다
시마를 건지고 청주와 소금으로 심심하게 간을 한다.

5 참깨 소스와 폰즈 소스를 각각 만든다.

6 준비한 재료를 접시에 담아 내고, 냄비에 다시마국물을 끓이면서 더디
익는 재료부터 익혀 소스에 찍어 먹는다.

tip
쇠고기 외에 닭고기, 생선 등을 준비해도 좋아요. 쇠고기부터 익혀 폰즈 소스에 찍어 먹은 뒤,
거품을 걷어내고 더디 익는 재료부터 익혀 참깨 소스와 폰즈 소스에 찍어 먹으면 맛있습니다.

김치와 장아찌는 재료 손질부터 절이기, 담그기, 익히기까지 어느 하나라도 소홀히 하면 제맛이 안 나요. 좋은 재료 고르기부터 맛있게 담그는 법까지 친정엄마처럼 알려드립니다. 한국의 전통 손맛을 배워볼까요?

Part 5
김치·장아찌

배추김치

배추를 절여서 사이사이에 소를 넣어 익힌 포기김치. 김장철에 담가 겨우내 먹는 대표 김치예요.

재료

배추 10포기(30kg)
소금물 20컵
(굵은 소금 10컵,
물 20컵)

국물
꽃소금 4큰술
물 10컵

소
무 3개(4.5kg)
미나리 2단
쪽파 1단
대파 1/2단
마늘 10통
생강 3톨
생굴 1컵
생새우 2컵
고춧가루 10컵
새우젓 1컵
멸치액젓 1컵
설탕 1/4컵

1 배추는 밑동에 칼집을 살짝 넣고 양손으로 벌려 쪼갠다.

2 쪼갠 배추를 소금물에 담가 하룻밤 정도 절인 뒤, 깨끗이 씻어 엎어놓아 물기를 뺀다.

3 무는 채 썰고, 미나리와 쪽파는 4cm 길이로 썬다. 대파는 흰 부분만 채 썰고, 마늘과 생강도 곱게 채 썬다. 새우젓은 곱게 다진다.

4 생굴과 생새우는 싱싱한 것으로 준비해 연한 소금물에 헹궈 물기를 뺀다.

5 ③과 ④를 섞고 양념을 해서 김칫소를 만든다.

6 배춧잎 사이사이에 소를 고루 펴 넣고 흩어지지 않게 겉잎으로 감싸 김치통에 꼭꼭 눌러 담는다.

7 소 버무린 그릇을 물로 가시고 꽃소금으로 간해 김치통에 붓는다. 상온에 하루 정도 두었다가 냉장고에 넣어 천천히 익혀가며 먹는다.

tip
배추를 칼집 넣어 쪼개면 속의 작은 잎들이 떨어지지 않아요. 배추를 절이는 소금물은 배추 1포기당 굵은 소금 1컵 정도가 알맞아요. 여름에는 10~15%, 겨울에는 20~25%의 염도로 맞추고, 상온에서 6~7시간 절이면 됩니다.

백김치

고춧가루와 젓갈을 쓰지 않고 배와 밤, 잣을 넣어 담백하고 시원하게 담근 김치예요.

재료

배추 5포기(15kg)
소금물 12컵
(굵은 소금 6컵,
물 12컵)

소
무 2개(3kg)
배 1개
미나리 1단
쪽파·대파 1/2단씩
마늘 5통
생강 3톨
표고버섯 4개
석이버섯 10g
밤 10개
잣 2큰술
실고추(또는 마른고추)
20g
꽃소금 1/2컵
설탕 조금

국물
배 1개
새우젓 1/2컵
꽃소금 1컵
설탕 조금
물 30컵

1 배추는 밑동에 칼집을 넣어 쪼갠 뒤, 소금물에 10시간 정도 절여서 2~3번 씻어 물기를 뺀다.

2 무와 배는 채 썰고, 미나리와 쪽파는 4cm 길이로 썬다. 대파는 흰 부분만 채 썰고, 마늘과 생강도 곱게 채 썬다. 실고추는 적당히 자른다.

3 표고버섯은 미지근한 물에 불려 곱게 채 썰고, 밤도 채 썬다. 석이버섯은 불려 씻은 뒤 적당한 길이로 썬다.

4 배는 갈고, 새우젓은 다져 국물을 짠다. 간 배와 새우젓국물, 꽃소금, 설탕, 물을 섞어 삼삼한 국물을 만든다.

5 채 썬 무와 배, 밤, 실고추를 버무린 뒤 나머지 소 재료를 넣고 골고루 버무려 소를 만든다.

6 배춧잎 사이에 소를 넣고 겉잎으로 감싸 김치통에 담는다.

7 배추가 푹 잠기도록 국물을 부어 상온에서 이틀 정도 익힌 뒤 냉장고에 넣는다.

tip
김치에 설탕을 넣으면 발효가 잘되어 김치 맛이 좋아져요. 상온에서 발효시킨 다음 냉장고에 넣어야 톡 쏘는 시원한 맛이 납니다.

총각김치

작고 단단한 총각무를 충분히 절여 매운 양념으로 버무린 무김치예요. 아작아작한 맛이 일품입니다.

재료

총각무 5단
쪽파 1단
미나리 1/2단
굵은 소금 2컵
물 적당량

찹쌀풀

찹쌀가루 4큰술
물 3컵

양념

고춧가루 3컵
다진 마늘 1/2컵
다진 생강 1/4컵
새우젓 1/3컵
멸치액젓 1컵
설탕 3큰술
실고추 20g
물 5컵

국물

꽃소금 3큰술
물 3컵

1 총각무는 겉잎을 떼고 다듬어 솔로 문질러 씻는다. 큰 것은 반 가른다. 쪽파와 미나리도 다듬어 씻어 물기를 뺀다.

2 총각무에 굵은 소금을 뿌리고 물을 흩뿌려 무청이 휘어지도록 3시간 정도 절인다. 쪽파와 미나리도 3~4cm 길이로 썰어 무 절인 물에 살짝 절인다. 모두 헹궈 물기를 뺀다.

3 물을 끓이다가 찹쌀가루를 넣고 저어가며 풀을 쑨다.

4 고춧가루에 멸치액젓을 넣어 잠시 불리고, 새우젓은 굵게 다진다. 불린 고춧가루에 찹쌀풀과 미나리, 나머지 양념 재료를 넣어 잘 섞는다.

5 양념에 총각무와 쪽파를 넣어 골고루 버무린다.

6 총각무와 쪽파를 2~3가닥씩 말아 둥글게 묶어 김치통에 차곡차곡 담는다. 오래 두었다가 먹으려면 무청으로 덮고 웃소금을 뿌린다.

7 버무린 그릇을 물로 가시고 꽃소금으로 간해 김치통에 붓는다.

tip
총각김치는 더디 익기 때문에 일찍 담가야 맛있게 먹을 수 있어요. 김장을 하기 전에 동치미와 함께 담그세요.

섞박지

배추와 무를 섞어서 만들어 섞박지라고 해요. 쉽게 담가 먹기 좋아요.

재료

배추 2포기, 무 1/2개
쪽파 1/5단, 물 적당량
굵은 소금 1컵

양념

대파 2뿌리
고춧가루 2컵
다진 마늘 1/2컵
다진 생강 2큰술
새우젓 1/3컵
멸치액젓 1/2컵
꽃소금 조금
설탕 2큰술, 물 1/4컵

국물

꽃소금 2큰술, 물 2컵

1 배추는 3×4cm 크기로 썰고, 무도 같은 크기로 나박나박 썬다. 각각 굵은 소금과 물을 뿌려 30분 정도 절인다. 배추는 씻어 물기를 빼고, 무는 씻지 말고 물기만 뺀다.

2 쪽파는 4cm 길이로, 대파는 어슷하게 썬다.

3 고춧가루를 물에 개어 나머지 양념 재료와 섞는다.

4 양념에 배추와 무를 버무린 뒤 쪽파를 넣어 골고루 버무린다.

5 섞박지를 김치통에 눌러 담은 뒤, 버무린 그릇을 물로 가시고 꽃소금으로 간해 붓는다.

tip
섞박지는 무를 얇게 썰어야 양념이 고루 잘 배요.

양배추 섞박지

배추 대신 양배추와 무, 오이로 겉절이처럼 담근 김치입니다.

재료

양배추 1통, 무 1개
오이 2개, 배 1개
미나리 1/2단, 쪽파 5뿌리
붉은 고추 4개
소금물 2컵
(굵은 소금 1컵, 물 2컵)

양념

고춧가루 1컵
다진 마늘 4큰술
다진 생강 1큰술
새우젓 4큰술
꽃소금 조금

국물

꽃소금 2큰술, 물 4컵

1 양배추는 사방 2~3cm 크기로 썰고, 무와 오이도 같은 크기로 납작하게 썬다.

2 양배추, 무, 오이를 소금물에 30분 정도 절여 물기를 뺀다. 오이는 손으로 꼭 짠다.

3 미나리와 쪽파는 3cm 길이로 썰고, 배는 채 썬다. 붉은 고추도 씨를 빼고 채 썬다.

4 양념과 ③의 부재료를 섞은 뒤 양배추, 무, 오이를 넣어 버무린다.

5 섞박지를 김치통에 눌러 담은 뒤, 버무린 그릇을 물로 가시고 꽃소금으로 간해 붓는다.

tip
채소를 절일 때 소금을 뿌려 두는 것보다 소금물에 담그면 더 빨리 골고루 절어요.

나박김치

무와 배추를 나박나박 썰어서 김칫국물을 부어 익힌 물김치. 봄철에 가장 먼저 담가 먹는 김치예요.

재료

무 1개
배추속대 1/2포기
미나리 30g
대파(흰 부분) 6cm
마늘 1통
생강 1톨
붉은 고추 1개
꽃소금 1/2컵

국물

고춧가루 2큰술
꽃소금 4큰술
설탕 1큰술
물 10컵

1 무는 2~3cm 크기로 나박나박 썬다. 배추속대는 반 갈라 3cm 길이로 썬다. 각각 꽃소금을 뿌려 절인다.

2 붉은 고추와 대파는 3cm 길이로 썰고, 마늘과 생강은 곱게 채 썬다.

3 무와 배추의 물기를 빼고 고추, 대파, 마늘, 생강과 섞어 김치통에 담는다.

4 버무린 그릇에 물을 붓고 고춧가루를 면 보자기에 싸서 흔들어 고춧물을 우린 뒤 꽃소금, 설탕으로 간을 맞춘다. 김치통에 국물을 부어 상온에서 하룻밤 익힌다.

5 다음 날 미나리를 3cm 길이로 썰어 넣고 바로 냉장고에 넣는다.

tip
예부터 차례상이나 제사상에 나박김치를 올렸는데 이때는 고춧가루, 파, 마늘을 넣지 말아야 해요. 나박김치는 시원하고 새콤해서 떡상에도 잘 어울립니다.

돌나물 물김치

봄나물로 담근 물김치. 소금에 절이지 않고 담가 신선해요.

재료

돌나물 200g
미나리 2줄기
쪽파 5뿌리
풋마늘대 2줄기
생강 1톨
풋고추·붉은 고추 1개씩

밀가루풀

밀가루 2큰술
물 1/3컵

국물

고춧가루 1/3컵
꽃소금 1/3컵
물 10컵

1 돌나물은 연한 순이 상하지 않게 살살 흔들어 씻어 물기를 뺀다.

2 미나리, 쪽파, 풋마늘대는 3cm 길이로 채 썰고, 생강도 곱게 채 썬다. 고추는 송송 썰어 씨를 턴다.

3 밀가루를 물에 개어 저어가며 풀을 쑨다.

4 고춧가루, 꽃소금, 물을 섞은 뒤 밀가루풀을 넣어 섞는다.

5 돌나물과 부재료를 섞어 김치통에 담고 국물을 붓는다. 하룻밤 익혀 냉장고에 넣는다.

tip

돌나물은 순이 연해 소금에 절이지 않아요. 김칫국물을 부어 오래 두면 물러지므로 조금씩 담그는 게 좋습니다.

두릅 물김치

향긋한 두릅을 살짝 데쳐 오이와 함께 담근 물김치예요.

재료

두릅 400g, 오이 1개
대파 1뿌리
붉은 고추 3개
굵은 소금 조금

밀가루풀

밀가루 2큰술
물 1/3컵

국물

고춧가루 2큰술
까나리액젓 2큰술
다진 마늘 1/2큰술
꽃소금 1/3컵
물 10컵

1 두릅은 딱딱한 밑동을 잘라내고 껍질을 벗겨 씻는다. 끓는 물에 소금을 넣고 살짝 데친 뒤 찬물에 담가 쓴맛을 뺀다.

2 오이는 4cm 길이로 토막 낸 뒤 열십자로 잘라 굵은 소금에 절이고, 대파와 고추는 어슷하게 썬다.

3 밀가루를 물에 개어 저어가며 풀을 쑨다.

4 국물을 섞은 뒤 밀가루풀을 넣어 섞는다.

5 두릅과 오이에 김칫국물을 붓고 섞어 김치통에 담는다. 하룻밤 익혀 냉장고에 넣는다.

tip

두릅은 줄기가 억세고 쌉쌀해 그냥 먹기 힘들어요. 데쳐서 김치를 담가야 부드럽고 맛있습니다.

동치미

무를 통째로 절여서 국물을 부어 익힌 겨울 김치. 무 자체의 시원한 맛을 즐기는 대표 무김치입니다.

재료

무(중간 크기) 20개
배 2개
갓 1/2단
쪽파 1/4단
대파 10뿌리
마늘 3통
생강 3톨
삭힌 고추 200g
꽃소금 3컵

국물

꽃소금 3컵
물 50컵

1 작고 단단하며 무청이 달린 동치미 무를 준비해 잔뿌리를 떼고 솔로 깨끗이 씻는다. 꽃소금에 굴려서 하룻밤 둔다.

2 배는 껍질째 4등분하고, 갓과 쪽파는 꽃소금에 살짝 절여 2~3가닥씩 돌돌 말아 묶는다.

3 대파는 흰 부분만 자르고 마늘과 생강은 저며 함께 거즈 주머니에 담는다.

4 꽃소금을 물에 잘 풀어 녹인다.

5 김치통에 절인 무를 담고 사이사이에 배, 갓, 쪽파, 삭힌 고추를 넣는다. 대파, 마늘, 생강을 담은 주머니를 넣고 떠오르지 않게 돌로 누른 뒤 소금물을 가득 부어 익힌다.

tip
김장할 때 가장 먼저 담그는 김치가 동치미예요. 동치미는 한 달 정도 지나야 익기 때문입니다. 고추는 꼭지째 소금물에 노르스름하게 삭힌 것을 준비하고, 먹을 때 국물이 짜면 물을 타고 설탕을 넣어 조절하세요.

열무김치

밀가루풀을 쑤어 넣고 담근 아삭하고 시원한 여름 김치.

재료

열무 1단, 양파 1개
얼갈이배추 1/2단
쪽파 10뿌리, 대파 1뿌리
풋고추 5개, 붉은 고추 2개
굵은 소금 1/2컵
꽃소금 1큰술, 물 2컵

밀가루 풀

밀가루 1큰술, 물 1컵

양념

고춧가루 1/2컵
간 붉은 고추 2큰술
멸치액젓 3큰술
다진 마늘 2큰술
다진 생강·꽃소금 조금씩

1 열무와 얼갈이배추는 5cm 길이로 썰어 살살 씻는다. 굵은 소금을 뿌려 2시간 정도 절인 뒤 씻어 물기를 뺀다.

2 양파는 채 썰고, 쪽파는 5cm 길이로 썰고, 고추와 대파는 어슷하게 썬다.

3 밀가루를 물에 풀어 저어가며 풀을 쑨다.

4 양념을 섞은 뒤 밀가루풀을 섞는다.

5 준비한 재료를 양념에 버무려 김치통에 눌러 담은 뒤, 버무린 그릇을 물로 가시고 꽃소금으로 간해 김치통에 붓는다. 하룻밤 익혀 냉장고에 넣는다.

tip
열무는 충분히 절여야 김치를 담갔을 때 무르지 않아요.

열무 물김치

고춧가루 대신 붉은 고추를 갈아 넣고 담갔어요.

재료

열무 1단
얼갈이배추 1/2단
양파 1개, 쪽파 1/3단
풋고추 5개
붉은 고추 2개
굵은 소금 1컵

밀가루풀

밀가루 2큰술, 물 1컵

국물

간 붉은 고추 2컵
다진 마늘 2큰술
다진 생강 1작은술
꽃소금 1/2컵, 물 15컵

1 열무와 얼갈이배추는 5cm 길이로 썰어 씻은 뒤 굵은 소금을 뿌려 절인다.

2 쪽파는 5cm 길이로 썰고, 양파와 고추는 어슷하게 썬다.

3 밀가루를 물에 풀어 저어가며 풀을 쑨다.

4 물에 밀가루풀을 푼 뒤 간 붉은 고추, 다진 마늘, 다진 생강을 섞어 넣고 쪽파, 양파, 고추를 섞는다. 꽃소금으로 간을 한다.

5 김치통에 열무와 얼갈이배추를 반씩 담고 국물을 부은 뒤, 나머지를 얹고 국물을 마저 붓는다. 하룻밤 익혀 냉장고에 넣는다.

tip
열무는 살살 씻어 건져야 풋내가 나지 않아요.

깍두기

생굴을 넣고 버무린 무김치. 절이지 않아도 돼 담그기가 쉬워요.

재료

무(중간 크기) 4개
미나리 100g
실파 20뿌리

양념

대파 1뿌리
마늘 2통
생강 1톨
고춧가루 3컵
생굴 2컵
새우젓 1/2컵
꽃소금 1큰술
설탕 1큰술

1 무는 잔뿌리를 떼고 씻어 2×2.5cm 크기로 깍둑썰기한다.

2 미나리와 실파는 3cm 길이로 썰고, 대파는 어슷하게 썬다. 마늘과 생강은 다진다.

3 생굴은 소금물에 씻어 물기를 빼고, 새우젓은 굵게 다진다.

4 무에 고춧가루를 넣고 버무려 고춧물이 들면 다진 마늘, 다진 생강, 새우젓, 꽃소금, 설탕을 넣어 버무린 뒤 미나리, 실파, 대파, 굴을 넣고 가볍게 섞는다.

tip
깍두기는 단단한 무로 담가야 아삭아삭하고 맛있어요. 굴을 넣은 굴깍두기는 제철에만 담가 먹습니다.

오이깍두기

간편하고 시원해 여름에 많이 담가 먹는 김치예요.

재료

오이 10개(1kg)
굵은 소금 1/2컵

양념

대파(흰 부분) 1뿌리
고춧가루 1/2컵
새우젓 3큰술
다진 마늘 1큰술
다진 생강 1작은술
꽃소금 1/2큰술
설탕 1/2큰술

1 오이는 소금으로 문질러 씻은 뒤, 길게 4등분해 3cm 길이로 썬다. 굵은 소금에 30분 정도 절여 물기를 뺀다.

2 대파는 흰 부분만 다지고, 새우젓은 건더기만 다진다.

3 절인 오이에 양념을 넣어 버무린다.

4 김치통에 꼭꼭 눌러 담아 상온에 하루 정도 두었다가 냉장고에 넣는다.

tip
궁중에서는 깍두기를 송송이라고 하는데 오이와 무를 섞어 담아요. 오이깍두기에 무를 넣어 함께 버무려도 맛있습니다.

오이소박이

오이에 칼집을 내고 부추 소를 채워 익혔어요.

재료

오이 10개
소금물 10컵
(굵은 소금 1/2컵, 물 10컵)

소

부추 1/2단
고춧가루·물 1/2컵씩
다진 파 4큰술
다진 마늘 2큰술
다진 생강 1작은술
꽃소금·설탕 조금씩

국물

꽃소금 1큰술, 물 4컵

1 오이는 소금으로 문질러 씻어 6~7cm 길이로 토막 낸 뒤 열십자로 칼집을 넣는다. 소금물에 1시간 정도 절여 물기를 꼭 짠다.

2 부추는 살살 씻어 1cm 길이로 썬다.

3 소의 양념을 섞은 뒤 무와 붉은 고추를 넣어 버무린다.

4 오이의 칼집에 소를 채워 넣고 빠져나오지 않도록 꽉 쥐었다가 김치통에 눌러 담는다.

5 남은 소에 물을 붓고 꽃소금으로 간해 오이소박이 위에 골고루 뿌린다.

tip
오이소박이를 담가 바로 먹으려면 살짝만 절이면 되고, 익혀서 먹으려면 충분히 절여야 물러지지 않아요.

고추소박이

풋고추가 제철인 여름에 담가 먹으면 입맛을 살려줘요.

재료

풋고추 30개
소금물 3컵
(굵은 소금 1/2컵, 물 3컵)

소

무 1/4개
붉은 고추 1개
고춧가루 1/4컵
멸치액젓 3큰술
다진 마늘 4큰술
꽃소금 조금
설탕 1큰술

1 풋고추는 꼭지를 떼고 길이로 칼집을 넣은 뒤 찻숟가락으로 씨를 훑어낸다. 연한 소금물을 붓고 떠오르지 않게 접시 등으로 눌러 절인 뒤 물기를 뺀다.

2 무는 4cm 길이로 가늘게 채 썰고, 붉은 고추는 반 갈라 씨를 뺀 뒤 채 썬다.

3 소의 양념을 섞어 무와 붉은 고추를 버무린다.

4 풋고추의 칼집에 소를 채워 김치통에 담는다. 반나절 정도 익혀 냉장고에 넣는다.

tip
무 대신 부추와 당근으로 소를 만들어도 맛있어요. 부추는 송송 썰고 당근은 부추와 비슷한 굵기로 채 썰어 준비하면 됩니다.

얼갈이배추김치

고소한 얼갈이배추를 절여 밀가루풀을 넣고 버무렸어요. 봄, 여름에 담가 먹으면 맛있습니다.

재료

얼갈이배추 2단(1kg)
쪽파 5뿌리
대파 2뿌리
붉은 고추 4개
소금물 10컵
(굵은 소금 1컵,
물 10컵)

국물
꽃소금 2큰술
물 2컵

밀가루풀

밀가루 1큰술
물 2/3컵

양념

고춧가루 1컵
멸치액젓 1/2컵
다진 마늘 2큰술
다진 생강 1큰술
꽃소금 적당량
물 2컵

1 얼갈이배추는 밑동을 잘라내고 누런 잎을 떼어 씻는다. 소금물에 2시간 정도 절여서 살살 헹궈 물기를 뺀다.

2 쪽파는 5cm 길이로 썰고, 대파와 붉은 고추는 어슷하게 썬다.

3 밀가루를 물에 멍울 없이 풀어 약한 불에서 저어가며 끓여 식힌다.

4 고춧가루와 멸치액젓을 섞은 뒤, 나머지 양념 재료와 밀가루풀을 넣어 고루 섞는다.

5 절인 얼갈이배추에 ②의 부재료와 ④의 양념을 넣고 버무려 김치통에 차곡차곡 담는다.

6 버무린 그릇을 물로 가시고 꽃소금으로 간해 김치통에 붓는다.

tip

찹쌀풀이나 밀가루풀은 양념이 배추에 잘 어우러지게 합니다. 밀가루풀이 찹쌀풀보다 빨리 쉬기 때문에 오래 익혀 먹는 김치에는 찹쌀풀을 넣고 겉절이같이 바로 먹는 김치에는 밀가루 풀을 넣어요.

파김치

쪽파를 멸치액젓으로 양념해 담근 김치. 익을수록 깊은 맛이 나요.

재료

쪽파 2kg
멸치액젓 1/2컵

찹쌀풀

찹쌀가루 2큰술
물 1컵

양념

고춧가루 2컵
멸치액젓 1컵
다진 마늘 2큰술
다진 생강 1작은술
통깨 2큰술
꽃소금·설탕 1큰술씩
물 2컵

1 쪽파를 다듬어 씻어 물기를 빼고 멸치액젓에 절인다.

2 찹쌀가루를 물에 풀어서 저어가며 끓여 충분히 식힌다.

3 고춧가루와 물, 멸치액젓, 찹쌀풀을 섞은 뒤 나머지 양념 재료를 넣어 섞는다.

4 절인 쪽파에 양념을 골고루 바른 뒤 2~3가닥씩 돌돌 말아 김치통에 담는다.

tip

쪽파나 부추같이 여린 줄기는 액젓에 절여야 부드럽게 잘 절어요. 상에 올릴 때는 가닥을 펴서 반으로 접거나 먹기 좋게 썰어 담으세요.

부추김치

푹 익으면 제맛 나고, 바로 먹어도 맛있어요.

재료

부추 2단(1kg)
풋고추 2개
붉은 고추 1개
멸치액젓 1/3컵

양념

고춧가루 1컵
멸치액젓 1/3컵
다진 마늘 2큰술
통깨 1큰술
물 1컵

1 부추는 물에 살살 흔들어 씻는다. 물기를 뺀 뒤 멸치액젓에 절인다.

2 고추는 반 갈라 씨를 빼고 채 썬다.

3 고춧가루를 물에 갠 뒤 멸치액젓과 다진 마늘, 통깨를 넣어 섞는다.

4 절인 부추에 고추와 양념을 넣어 고루 버무린다.

tip

부추를 씻을 때는 두 손으로 가지런히 모아 쥐고 흐트러지지 않도록 살살 씻으세요. 흐트러지면 고르게 썰기 힘들고 꺾여서 풋내가 납니다.

갓김치

멸치액젓을 많이 넣어 알싸하면서 진한 맛이 나는 별미 김치. 푹 익어 곰삭은 맛이 매력입니다.

재료

갓 4kg
쪽파 1단
무 1/2개
배 1개
밤 10개
마늘 4통
생강 2톨
꽃소금 2큰술
소금물 40컵
(굵은 소금 3컵,
물 40컵)

찹쌀풀
찹쌀가루 1/2컵
물 2컵

양념

고춧가루 3컵
멸치액젓 1컵
새우젓 1/4컵
실고추 조금
통깨 조금
멸칫국물 1컵
물 5컵

국물
꽃소금 1/2컵
물 4컵

1 갓은 연한 것으로 준비해 씻어 진한 소금물에 2시간 정도 절인다. 쪽파는 30분만 절여서 물에 헹궈 물기를 뺀다.

2 무는 3cm 길이로 채 썰어 꽃소금에 살짝 절이고, 배는 무와 같은 크기로 채 썬다. 밤은 껍질을 벗겨 저미고, 마늘과 생강은 다진다.

3 찹쌀가루를 물에 풀어 저어가며 풀을 쑨다.

4 고춧가루와 물, 찹쌀풀을 섞은 뒤 나머지 양념 재료와 ②의 부재료를 넣어 버무린다.

5 갓과 쪽파를 넣어 버무린 뒤, 갓 3~4가닥과 쪽파 2가닥씩 흩어지지 않게 묶어 김치통에 눌러 담는다.

6 버무린 그릇을 물로 가시고 꽃소금으로 간해 김치통에 붓는다. 하루 정도 익혀 냉장고에 넣는다.

tip
돌산갓은 아주 연해서 살짝 절여 젓국을 넉넉히 넣고 버무려야 맛있어요. 찹쌀풀은 갓의 씁쓰름한 맛을 누그러뜨리고 젓갈의 비린내를 없애줍니다.

고들빼기김치

쌉싸름한 맛이 일품인 전라도식 김치. 인삼김치라고도 불러요.

재료

고들빼기 2kg
쪽파 1/2단
풋고추 3개
붉은 고추 2개
소금물 10컵
(굵은 소금 1컵, 물 10컵)

양념

고춧가루 2컵
멸치액젓 1컵
황석어젓 1/2컵
다진 마늘 4큰술
다진 생강 1큰술
물엿 3큰술
통깨 조금, 물 2컵

1 고들빼기는 다듬어 씻어 소금물에 1주일 정도 담가 삭힌다.

2 삭힌 고들빼기를 물에 2~3번 헹구고 연한 소금물에 헹궈 그늘에서 말린다.

3 쪽파는 4cm 길이로 썰고, 고추는 채 썬다.

4 고춧가루를 물에 갠 뒤 나머지 양념 재료를 넣어 섞는다.

5 말린 고들빼기에 쪽파, 고추, 양념을 넣고 버무려 김치통에 눌러 담는다.

tip
고들빼기를 소금물에 삭힐 때 깨끗한 돌로 눌러놓으면 떠오르지 않고 골고루 삭힐 수 있어요.

깻잎김치

향긋한 여름 김치. 입맛 없는 여름철에 조금씩 담가 먹어요.

재료

깻잎 50장
쪽파 5뿌리
풋고추 2개
붉은 고추 2개
통깨 조금

양념

고춧가루 1/2컵
멸치액젓 1/3컵
간장 2큰술
다진 마늘 2큰술
다진 생강 1작은술
설탕 조금
물 1/2컵

1 깻잎은 1장씩 흐르는 물에 씻어 물을 탁탁 털고 체에 엎어둔다.

2 쪽파는 송송 썰고, 고추는 어슷하게 썬다.

3 양념 재료를 고루 섞는다.

4 깻잎을 3~4장씩 겹쳐 켜커로 양념을 바른다. 중간중간 쪽파, 고추, 통깨를 뿌리면서 김치통에 차곡차곡 담는다.

tip
깻잎을 소금물에 2~3일 삭힌 다음 양념을 발라도 좋아요. 짭조름하게 절여서 김치를 담그면 더 오래 저장할 수 있어요. 양념해 2~3시간 두었다가 냉장고에 넣으면 더 맛있습니다.

얼갈이배추겉절이

얼갈이배추를 살짝 절여 오이, 당근과 함께 버무린 즉석 김치예요.

재료

얼갈이배추 300g
오이 1/2개, 당근 30g
실파 4부리, 풋고추 2개
붉은 고추 1/2개
굵은 소금 1큰술

양념

고춧가루 4큰술
간장 1큰술, 설탕 2큰술
다진 파 3큰술
다진 마늘 1큰술
다진 생강 1작은술
참기름·통깨 1큰술씩
꽃소금 2/3큰술
물 4큰술

1 얼갈이배추는 밑동을 잘라내고 다듬어 긴 것은 반 자른다. 풋내가 나지 않도록 살살 씻어 굵은 소금에 살짝 절인다.

2 오이와 당근은 반 갈라 어슷하게 썰고, 고추도 어슷하게 썬다. 실파는 4cm 길이로 썬다.

3 고춧가루를 물에 갠 뒤 나머지 양념 재료를 넣어 섞는다.

4 절인 얼갈이배추에 부재료와 양념을 넣어 살살 버무린다.

tip
겉절이는 익히지 않고 바로 먹는 김치예요. 봄동으로 담가 먹어도 맛있어요.

부추겉절이

간장, 설탕, 식초로 맛을 내 부추김치보다 맛이 깔끔해요.

재료

부추 200g
오이 1/4개
양파 20g

양념

고춧가루 1/2큰술
간장 3큰술
설탕 1/2큰술
식초·물 2큰술씩
참기름·깨소금 1작은술씩

1 부추는 씻어 물기를 뺀 뒤 4cm 길이로 썬다.

2 오이는 반 갈라 어슷하게 썰고, 양파는 채 썰어 물에 담가 매운맛을 뺀다.

3 양념 재료를 고루 섞는다.

4 부추, 오이, 양파를 한데 담고 양념을 넣어 살살 버무린다.

tip
입맛에 따라 멸치액젓을 넣어도 좋아요.

배추속대겉절이

멸치액젓 없이 버무려 김치 대신 가볍게 즐기기 좋아요.

재료

배추속대 300g
오이·당근 1/3개씩
실파 4뿌리
풋고추 2개
붉은 고추 1/2개
굵은 소금 3큰술

양념

고춧가루·물 4큰술씩
간장 1큰술, 설탕 2큰술
다진 파 3큰술
다진 마늘 1큰술
다진 생강 1작은술
참기름·통깨 1큰술씩
꽃소금 1큰술

1 배추속대를 길게 찢고 긴 것은 반 잘라 굵은 소금에 절인다. 오이, 당근, 고추는 어슷하게 썰고, 실파는 4cm 길이로 썬다.

2 고춧가루를 물에 갠 뒤 나머지 양념 재료를 넣어 섞는다.

3 절인 배추속대에 부재료와 양념을 넣어 살살 버무린다.

tip
식초, 설탕을 넉넉히 넣어 새콤달콤하게 버무려도 맛있어요. 멸치액젓으로 맛을 내기도 합니다.

참나물겉절이

들깻가루를 넣어 고소한 겉절이. 바로 버무려 먹으면 맛있어요.

재료

참나물 1단
오이 1개

양념

고춧가루 3큰술
멸치액젓 2큰술
다진 파 5큰술
다진 마늘 2큰술
들깻가루 2큰술
참기름 1큰술
꽃소금 1큰술

1 참나물은 짧게 자르고, 오이는 반 갈라 어슷하게 썬다.

2 양념 재료를 고루 섞는다.

3 참나물과 오이를 한데 담고 양념을 넣어 고루 버무린다.

tip
참나물은 끓는 물에 데쳐서 간장 양념으로 볶아 먹기도 해요. 데칠 때는 소금을 넣어 푸른색을 살리세요.

마늘초장아찌

마늘을 소금물에 삭혀 새콤달콤하게 담근 대표 저장 음식.

재료

풋마늘 50통

삭히는 물
굵은 소금 1컵
물 6컵

절임장
식초·물 5컵씩
간장 2컵
설탕 3컵
꽃소금 2큰술

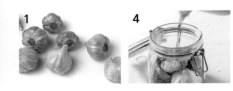

1 마늘은 속껍질을 조금 남기고 껍질을 벗긴
   다. 대는 2cm 정도 남기고 자른다.

2 마늘을 소금물에 1주일 정도 삭힌다.

3 물에 설탕과 꽃소금을 녹이고 식초와 간장
   을 섞어 절임장을 만든다.

4 깨끗이 씻어 말린 병에 삭힌 마늘을 담고 뜨
   지 않게 돌로 누른 뒤, 절임장을 마늘이 잠
   기도록 부어 1주일 정도 삭힌다.

5 장아찌 국물을 따라내어 팔팔 끓여서 완전
   히 식혀 다시 붓는다. 한 달 정도 삭힌다.

tip
한 달 뒤에 장아찌 국물을 팔팔 끓여 식혀 다시 부으면 오래
두고 먹어도 곰팡이가 끼거나 맛이 변하지 않아요.

풋고추장아찌

풋고추를 간장물에 삭힌 장아찌. 매콤, 짭조름해 입맛을 돋워요.

재료

풋고추 200g

절임장
간장 1½컵
설탕 1/2컵
식초 2컵
꽃소금 1큰술
물 1컵

1 풋고추를 꼭지째 씻어 물기를 닦은 뒤, 꼬치
   로 군데군데 찔러 구멍을 낸다.

2 냄비에 간장, 꽃소금, 설탕, 물을 넣어 끓이
   다가 식초를 넣고 한소끔 더 끓여 식힌다.

3 깨끗이 씻어 말린 병에 풋고추를 담고 뜨지
   않게 돌로 누른 뒤 절임장을 붓는다. 10일
   정도 삭힌다.

tip
군데군데 구멍 낸 풋고추를 연한 식촛물에 1주일 정도 삭혀
서 장아찌를 담그기도 해요.

가지장아찌

가지를 소금물에 담갔다가 꼭 짜서 담가 짜지 않고 쫄깃해요.

재료

가지 5개
풋고추·붉은 고추 1개씩
소금물 5컵
(꽃소금 5큰술, 물 5컵)

절임장

간장·설탕·식초 1/2컵씩
마른고추 3개
꽃소금 1큰술
물 2컵

1 가지는 0.5cm 두께로 어슷하게 썰어 소금
   물에 1시간 담갔다가 꼭 짠다. 고추는 반 갈
   라 씨를 뺀다.

2 냄비에 절임장을 팔팔 끓여 식힌다.

3 소독한 병에 가지와 고추를 담고 절임장을
   부어 3일 정도 삭힌다.

4 장아찌 국물을 따라내어 끓여 식힌 뒤 다시
   부어 냉장고에 넣는다.

tip
매콤한 맛을 좋아하면 매운 고추를 넣어도 좋아요. 오래 두고
먹으려면 절임장을 좀 더 짜거나 새콤하게 만드세요.

새송이버섯장아찌

짜지 않고 씹는 맛이 좋아 누구나 좋아하는 장아찌예요.

재료

새송이버섯 5개
양파 1개
꽃소금 2큰술

절임장

간장·설탕·식초 1/2컵씩
마른고추 3개
꽃소금 1큰술
물 2컵

1 새송이버섯은 반 잘라 도톰하게 썰고, 양파
   는 굵게 썰어 꽃소금에 살짝 절인다.

2 냄비에 절임장을 팔팔 끓여 식힌다.

3 소독한 병에 새송이버섯과 양파를 담고 절
   임장을 부어 3일 정도 삭힌다.

4 장아찌 국물을 따라내어 끓여 식힌 뒤 다시
   부어 냉장고에 넣는다.

tip
버섯은 쉽게 무르는 재료여서 살짝 절이거나 말려서 장아찌
를 담가야 짜지 않아요.

양파장아찌

입안이 개운해져 기름진 음식과 먹으면 잘 어울려요.

재료

양파(장아찌용) 15개

절임장

간장·설탕·식초 1/2컵씩
마른고추 5개
물 2컵

1 양파는 알이 작은 것으로 준비해 껍질을 벗기고 씻어 물기를 뺀다.

2 양파에 돌려가며 칼집을 넣는다. 가운데에만 칼집을 넣어야 양파가 흩어지지 않는다.

3 냄비에 절임장을 팔팔 끓여 식힌다. 매콤한 맛을 내려면 매운 고추를 더 넣는다.

4 깨끗이 씻어 말린 병에 양파를 담고 절임장을 부어 3일 정도 삭힌다.

5 장아찌 국물을 따라내어 끓여 식힌 뒤 다시 부어 냉장고에 둔다. 먹을 때 썰어서 낸다.

tip

단단하고 단맛 나는 양파가 장아찌를 담그기 좋아요. 양파에 칼집을 내야 절임장이 골고루 잘 배어들어요.

돼지감자장아찌

돼지감자로 담근 간장 장아찌. 사각사각 씹는 맛이 일품이에요.

재료

돼지감자 300g
풋고추 2개
붉은 고추 1개
대추 5개
소금물 3컵
(꽃소금 3큰술, 물 3컵)

절임장

간장·설탕·식초 1/2컵씩
마른고추 3개
꽃소금 1큰술
물 2컵

1 돼지감자는 껍질을 벗기고 0.5cm 두께로 썰어 소금물에 담갔다가 물기를 뺀다. 고추는 반 갈라 씨를 뺀다.

2 냄비에 절임장을 팔팔 끓여 식힌다.

3 소독한 병에 돼지감자와 고추, 대추를 담고 절임장을 부어 3일 정도 삭힌다.

4 장아찌 국물을 따라내어 끓여 식힌 뒤 다시 부어 냉장고에 넣는다.

tip

돼지감자는 당뇨병에 좋은 효능이 있어 말려서 차를 끓여 마셔도 좋아요.

우엉장아찌

깻잎과 마른고추로 맛과 향을 더한 뿌리채소 장아찌.

재료

우엉 200g
연근 100g
깻잎 5장

절임장

간장·설탕·식초 1/2컵씩
마른고추 3개
꽃소금 1큰술
물 2컵

1 우엉은 껍질을 벗기고 5cm 길이로 굵게 채
   썬다. 연근은 껍질을 벗기고 도톰하게 반달
   썰기한다. 깻잎은 씻어 물기를 뺀다.

2 우엉과 연근을 끓는 물에 소금, 식초를 넣고
   살짝 데쳐 식힌다.

3 냄비에 절임장을 팔팔 끓여 식힌다.

4 소독한 병에 우엉, 연근, 깻잎을 담고 절임
   장을 부어 3일 정도 삭힌다.

5 장아찌 국물을 따라내어 끓여 식힌 뒤 다시
   부어 냉장고에 넣는다.

tip
우엉, 연근 등의 뿌리채소는 식촛물에 데치면 떫은맛이 줄어
들어요.

매실청·매실장아찌

설탕에 재어 청을 담그고, 매실은 고추장 장아찌로 즐겨요.

재료

매실(청매) 1kg
설탕 5컵
고추장 2½컵

1 매실은 단단하고 흠집이 없는 청매로 준비
   해 깨끗이 씻은 뒤 물기를 닦는다.

2 소독한 병에 매실과 설탕을 켜켜이 담고 설
   탕으로 덮는다. 며칠 지나 청이 고이면 매실
   이 떠오르지 않게 돌로 눌러둔다.

3 3개월 뒤에 매실을 건지고, 청은 따로 병에
   담아 냉장고에 둔다.

4 매실은 씨를 발라낸 뒤 고추장에 버무려 통
   에 담고 고추장으로 덮어 2~3개월 삭힌다.

tip
매실청은 연둣빛을 띠는 청매로 담가야 맛있고, 노랗게 익은
황매는 소금장아찌를 담그면 좋아요. 소금장아찌는 매실과
소금을 켜켜이 담아 서늘한 곳에 한 달 정도 두면 됩니다.

오이피클

새콤달콤, 아삭아삭, 누구나 좋아하는 기본 피클이에요.

재료

오이 5개
양파 1/2개
마늘 10쪽
마른고추 2개
꽃소금 2큰술

피클물

식초·설탕·물 3컵씩
꽃소금 1큰술
월계수 잎 4장
통후추 1큰술
정향 4개

1 오이는 소금으로 문질러 씻어 도톰하고 어슷하게 썬다. 양파는 굵게 채 썰고, 마늘은 통으로 준비하거나 반 자른다. 마른고추는 큼직하게 자른다.

2 손질한 재료에 꽃소금을 뿌려 살짝 절인 뒤 물기를 뺀다.

3 냄비에 피클물을 팔팔 끓여 식힌다.

4 소독한 병에 오이, 양파, 마늘, 마른고추를 담고 피클물을 붓는다. 하루 정도 삭힌 뒤 냉장고에 넣는다.

tip
여름엔 오이지를 담가도 좋아요. 물기를 꼭 짜서 무쳐도 맛있고, 송송 썰어 물만 부어 먹어도 입맛이 살아납니다.

무피클

무를 살짝 절여 피클을 담갔어요. 튀김, 국수 등과 잘 어울려요.

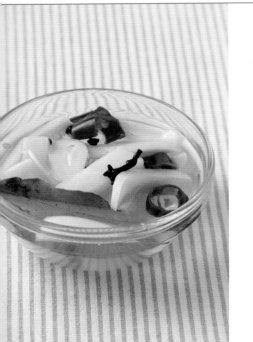

재료

무 200g
양파 1/2개
마늘 10쪽
마른고추 2개
꽃소금 2큰술

피클물

식초·설탕·물 3컵씩
꽃소금 1큰술
월계수 잎 4장
통후추 1큰술
정향 4개

1 무는 4cm 길이로 굵게 썰어 꽃소금에 살짝 절인다. 양파는 굵게 채 썰고, 마늘은 저민다. 마른고추는 반 갈라 씨를 뺀다.

2 냄비에 피클물을 팔팔 끓여 식힌다.

3 소독한 병에 무, 양파, 마늘, 마른고추를 담고 피클물을 붓는다. 하루 정도 삭힌 뒤 냉장고에 넣는다.

tip
수분이 많은 재료로 피클을 담글 때는 소금에 절여 물기를 빼고 담가야 무르지 않아요.

고추피클

청양고추로 피클을 담가 매콤함을 살렸어요. 입맛 없을 때 좋아요.

재료

풋고추 20개
붉은 고추 2개
청양고추 1개
꽃소금 2큰술

피클물

식초·설탕·물 3컵씩
꽃소금 1큰술
월계수 잎 4장
통후추 1큰술
정향 4개

1 고추를 씻어서 2~3cm 길이로 썰어 꽃소금에 살짝 절인다.

2 냄비에 피클물을 팔팔 끓여 식힌다.

3 소독한 병에 고추를 담고 피클물을 붓는다. 하루 정도 삭힌 뒤 냉장고에 넣는다.

tip
재료를 큼직하게 준비해 담그면 좀 더 오래 두고 먹을 수 있어요.

양배추피클

달콤한 양배추로 담근 피클. 적양배추를 섞어 색깔이 예뻐요.

재료

양배추·적채 150g씩
마늘 10쪽
꽃소금 2큰술

피클물

식초·설탕·물 3컵씩
꽃소금 1큰술
월계수 잎 4장
통후추 1큰술
정향 4개

1 양배추와 적채는 1cm 폭으로 길게 썰어 꽃소금에 살짝 절인다. 마늘은 저민다.

2 냄비에 피클물을 팔팔 끓여 식힌다.

3 소독한 병에 양배추와 마늘을 담고 피클물을 붓는다. 하루 정도 삭힌 뒤 냉장고에 넣는다.

tip
방울양배추를 통으로 소금에 살짝 절여 담그면 맛은 물론 모양도 예뻐요.

입맛이 없을 땐 한 그릇 밥이나 국수만 한 게 없어요. 반찬이 필요 없어 준비하기도 쉽습니다. 때로는 별미 밥으로, 때로는 부드러운 죽으로, 때로는 국수로 변화 있게 즐기세요. 잃었던 입맛이 싹 돌아옵니다.

Part 6
한 그릇 밥·국수

영양 솥밥

표고버섯, 밤, 수삼 등 몸에 좋은 재료를 듬뿍 넣고 고슬고슬하게 지은 영양밥이에요.

재료 2인분

쌀 1컵
표고버섯 2개
수삼 1부리
밤 2개
대추 2개
은행 4알

밥물
표고버섯 불린 물 1/2컵
물 1½~2컵

양념장
간장 2½큰술
물 1½큰술
고춧가루 1/2큰술
다진 풋고추 1큰술
다진 파 1큰술
다진 마늘 1/2작은술
참기름 1/2큰술
깨소금 1/2작은술
소금 1/2작은술

1 쌀은 씻어서 물에 담가 30분 정도 불린 뒤 체에 밭쳐 물기를 뺀다.

2 표고버섯은 미지근한 물에 불린 뒤, 기둥을 떼고 물기를 꼭 짜서 굵게 다진다. 표고버섯 불린 물은 남겨놓는다.

3 수삼은 먹기 좋게 썰고, 밤은 껍질을 벗긴다. 대추는 씨를 도려내고 작게 썬다.

4 은행은 마른 팬에 볶아 뜨거울 때 종이타월로 비벼 껍질을 벗긴다.

5 돌솥에 쌀을 담고 표고버섯, 수삼, 밤, 대추를 얹은 뒤 표고버섯 불린 물과 물을 섞어 붓는다. 센 불에서 끓이다가 불을 약하게 줄인다.

6 양념장 재료를 고루 섞는다.

7 밥이 다 되면 그릇에 퍼 담아 양념장에 비벼 먹고, 솥에 물을 부어 누룽지를 부드럽게 불려 먹는다.

tip
돌솥밥은 불 조절이 중요한데, 집에서 지으면 밥물이 끓어 넘쳐 조절하기가 힘들어요. 처음에 뚜껑을 연 채 끓이다가 물이 조금 남으면 뚜껑을 덮어 천천히 뜸을 들이세요. 조금 큰 솥을 준비하거나 2개의 솥에 나눠 지어도 좋아요.

큐브 스테이크 솥밥

구운 고기와 마늘, 양송이버섯을 올리고 버터 소스를 뿌린 솥밥. 동서양이 어우러진 한 그릇이에요.

재료 2인분

쌀 1컵
쇠고기(스테이크용) 100g
양송이버섯 4개
실파 2뿌리
마늘 4쪽
올리브유 1큰술
물 2컵

쇠고기 밑간

소금·후춧가루 조금씩
올리브유 1큰술

버터 소스

버터·물 1/2큰술씩
소금 조금

1 쌀은 씻어서 물에 담가 30분 정도 불린 뒤 체에 밭쳐 물기를 뺀다.

2 냄비에 불린 쌀을 담고 물을 부어 고슬고슬하게 밥을 짓는다.

3 쇠고기를 주사위 모양으로 썰어 소금, 후춧가루를 뿌리고 올리브유를 넉넉히 뿌린다.

4 양송이버섯은 얇게 썰고, 실파는 송송 썰고, 마늘은 저민다.

5 달군 팬에 올리브유를 두르고 마늘과 쇠고기를 넣어 앞뒤로 반 정도 익힌다.

6 밥을 뜸 들일 때 구운 고기와 마늘, 양송이버섯을 얹는다.

7 쇠고기를 구운 팬에 버터와 물을 넣고 소금으로 간해 버터 소스를 만든다.

8 밥이 다 되면 버터 소스를 뿌리고 실파를 올린다.

tip
쇠고기 스테이크 대신 불고기, 연어 스테이크 등을 얹어도 맛있어요.

콩나물밥

콩나물을 넣고 밥을 지어 양념장에 비벼 먹어요. 입맛 없을 때 간단히 준비하기 좋습니다.

재료 2인분

쌀 1컵
콩나물 150g
돼지고기(안심) 50g
물 1½컵

돼지고기 밑간

간장·청주 1/4큰술씩

양념장

간장 2½큰술
물 1/4컵
고춧가루 1큰술
다진 풋고추 1큰술
다진 파 1큰술
다진 마늘 1/2작은술
참기름 1/2큰술
깨소금 1/2작은술
소금 1/2작은술

1 쌀은 씻어서 물에 담가 30분 정도 불린 뒤 체에 밭쳐 물기를 뺀다.

2 돼지고기는 곱게 채 썰어 청주와 간장으로 밑간한다.

3 콩나물은 깨끗이 씻어 껍질을 제거한다.

4 솥에 콩나물을 반만 깔고 쌀을 얹은 뒤, 돼지고기와 콩나물을 번갈아 얹고 물을 붓는다. 센 불에서 끓이다가 콩나물 익는 냄새가 나면 불을 줄여 뜸을 들인다.

5 양념장 재료를 고루 섞는다.

6 밥이 다 되면 고루 섞어 그릇에 담고 양념장을 곁들인다.

tip
콩나물밥, 무밥 등의 채소밥은 재료에서 물이 나오기 때문에 쌀밥보다 밥물을 적게 잡아야 고슬고슬 맛있게 지어져요.

굴밥

영양 많고 풍미 가득한 별미 밥. 향긋한 굴과 달래장이 아주 잘 어울려요.

재료 2인분

쌀 1컵
굴 80g
무 30g
참기름 1/2큰술
소금 조금
물 1¼컵

달래장

달래 80g
간장·물 1½큰술씩
고춧가루 1/2작은술
다진 마늘 1/2작은술
참기름·깨소금 1/2큰술씩

1 쌀은 씻어 1시간 정도 불리고, 무는 4cm 길이로 채 썬다.

2 굴은 껍데기를 골라내고 연한 소금물에 흔들어 씻어 체에 밭쳐둔다.

3 솥에 참기름을 두르고 무를 볶은 뒤, 불린 쌀을 넣고 물을 부어 고슬고 슬하게 밥을 짓는다.

4 밥물이 잦아들면 굴을 얹고 5분 정도 뜸을 들인다.

5 달래를 다듬어 씻어 송송 썬 뒤 나머지 재료와 섞는다.

6 따끈한 굴밥에 달래장을 곁들인다.

tip
싱싱한 굴은 살이 통통하고 오돌오돌해요. 유백색이고 윤기가 나며 탄력이 있습니다. 가장자리의 검은 테가 또렷한 것이 껍데기를 깐 지 얼마 안 된 것이에요.

비빔밥

무생채, 콩나물 등을 넣고 고추장에 쓱쓱 비벼 먹는 간단 비빔밥. 집에 있는 나물이나 채소를 활용해도 좋아요.

재료 2인분

밥 2공기
상추 4장
달걀 2개
고추장 2큰술
참기름 1큰술
식용유 조금

무생채

무 50g
고춧가루·소금 조금씩

콩나물무침

콩나물 100g
참기름·깨소금 조금씩
소금 조금

당근볶음

당근 50g
소금·식용유 조금씩

1 무는 채 썰어 소금, 고춧가루를 넣고 무친다.

2 콩나물은 삶아 건져 소금, 참기름, 깨소금에 무친다.

3 당근은 곱게 채 썰어 달군 팬에 식용유를 조금 두르고 소금으로 간해 재빨리 볶아 식힌다.

4 상추는 곱게 채 썬다.

5 팬에 식용유를 두르고 달걀프라이를 만든다.

6 그릇에 밥을 담고 준비한 채소들과 달걀프라이를 얹은 뒤 고추장을 올리고 참기름을 뿌린다.

tip
밥을 고슬고슬하게 지어서 참기름에 비벼 담으면 맛도 좋고 비비기도 편해요.

전주비빔밥

고기, 나물, 버섯 등 갖가지 재료를 담은 한 그릇. 달걀노른자와 잣을 넣어 고소함을 더했어요.

재료 2인분

밥 2공기
콩나물·미나리 50g씩
애호박 1/4개
고사리 70g
도라지 50g
무 50g
표고버섯 2개
청포묵 80g
달걀 1개
달걀노른자 2개
잣 조금
고추장·참기름 적당량씩
소금 조금
식용유 적당량

육회

쇠고기(우둔) 80g
간장·청주·참기름 1/2작은술씩
설탕·다진 마늘 조금씩

1 쇠고기는 채 썰어 양념에 조물조물 무친다.

2 콩나물과 미나리는 손질해 데쳐서 소금, 참기름에 무친다.

3 애호박은 반달썰기해 소금에 살짝 절이고, 무와 표고버섯은 채 썬다. 도라지는 가늘게 가르고, 고사리는 적당히 썬다. 각각 기름 두른 팬에 볶는다.

4 청포묵은 채 썰어 끓는 물에 살짝 데친다.

5 달걀은 노른자와 흰자를 나눠 각각 지단을 부쳐서 곱게 채 썬다.

6 그릇에 밥을 담고 준비한 재료와 달걀노른자, 잣을 올린다. 고추장과 참기름을 곁들인다.

tip

비빔밥은 지역마다 특색이 있는데, 전주비빔밥에는 콩나물이 꼭 들어가요. 국도 차가운 콩나물 국을 곁들이는 게 특징입니다. 고기는 보통 육회로 준비하지만 익혀서 올리기도 해요. 사골국물 과 물을 반씩 섞어서 밥을 지으면 더 깊은 맛이 납니다.

열무 보리비빔밥

쌀과 보리를 반반 섞어 지은 보리밥을 시원한 열무김치에 비벼 먹는 여름철 별미예요.

재료 2인분

보리밥 2공기
열무김치 1컵

애호박나물

애호박 1/2개
새우젓 1/2큰술
다진 파 1/2큰술
다진 마늘 1/2작은술
고춧가루 1/2작은술
참기름·깨소금 1/2작은술씩
물 1큰술

비빔장

고추장·간장 1/2큰술씩
참기름·깨소금 1/2작은술씩

1 애호박을 반달 모양으로 납작하게 썰어 양념해 볶는다.

2 열무김치를 먹기 좋게 썬다.

3 비빔장 재료를 고루 섞는다.

4 그릇에 보리밥을 담고 열무김치와 애호박나물을 올린다. 비빔장을 곁들인다.

tip
고추장 양념장 대신 바특하게 끓인 강된장을 넣고 비벼 먹어도 맛있어요. 열무김치는 새콤하게 익은 것을 쓰는 게 좋아요.

취나물 보리비빔밥

향이 좋은 취나물과 구수한 보리밥이 어우러진 비빔밥. 쇠고기와 잣을 넣고 볶은 고추장에 비벼 먹어요.

재료 2인분

보리밥 2공기

취나물

취 200g
된장 1큰술
다진 파 1/2큰술
다진 마늘 1/2작은술
참기름 1/2작은술
깨소금 조금
식용유 1/2큰술
물 2큰술

애호박나물

애호박 1/4개
새우젓 1/2큰술
다진 마늘 1/2작은술
참기름 1/2작은술
식용유 1/2큰술

볶음고추장

고추장 1/2컵
다진 쇠고기 80g
잣·물엿 1큰술씩
다진 마늘 1/2작은술
참기름 1/2큰술
물 1/4컵

1 취는 단단한 줄기를 떼고 끓는 물에 데친 뒤, 숭숭 썰어 된장, 다진 파, 다진 마늘, 참기름, 깨소금으로 무친다.

2 달군 팬에 식용유를 두르고 양념한 취를 볶다가 물을 붓고 뚜껑을 덮어 뜸을 들인다.

3 애호박은 반달 모양으로 썰어 식용유를 두른 팬에 양념해 볶는다.

4 팬에 참기름을 두르고 다진 마늘과 다진 쇠고기를 볶다가 나머지 재료를 넣고 볶아 볶음고추장을 만든다.

5 그릇에 보리밥을 담고 취나물과 애호박나물을 얹은 뒤 볶음고추장을 올린다.

tip
고추장이나 양념이 많은 재료는 코팅 팬에 볶아야 해요. 양념 때문에 팬에 눌어붙을 수 있기 때문이에요. 볶고 나서는 팬을 바로 닦아야 길이 잘 든 상태로 오래 쓸 수 있습니다.

참치회덮밥

참치회와 채소를 듬뿍 넣어 영양 만점이에요.

재료 2인분

밥 2공기
냉동 참치(횟감) 200g
무·당근·배 1/8개씩
오이 1/4개
상추·깻잎 2장씩
쑥갓 30g
풋고추 1개
마늘 2쪽

초고추장

고추장 3큰술
식초 1½큰술
설탕·물엿 1큰술씩
생강즙 1/2작은술
참기름·깨소금 1/2큰술씩

1 냉동 참치는 냉장실에서 반쯤 녹여 깍둑썰기한다.

2 무, 당근, 배, 오이, 상추, 깻잎은 곱게 채 썰고, 쑥갓은 짧게 자른다. 풋고추는 송송 썰고, 마늘은 채 썬다.

3 초고추장 재료를 고루 섞는다.

4 그릇에 따뜻한 밥을 담고 준비한 채소를 섞어 얹은 뒤 참치를 올린다. 초고추장을 곁들인다.

tip
냉동 참치 대신 광어, 우럭, 홍어, 붕장어, 한치, 오징어 등으로 회덮밥을 만들어도 맛있어요. 입맛에 따라 초고추장의 양을 조절하고 참기름을 더 넣으세요.

연어회덮밥

부드러운 연어와 함께 즐기는 별미 밥. 만들기도 쉬워요.

재료 2인분

밥 2공기
연어(횟감) 150g
양상추 잎 2장
양파 1/4개
어린잎 채소 20g
레몬즙 1/2큰술
고추냉이 2작은술

소스

가다랑어포 1큰술
간장·설탕·청주 1큰술씩
물 4큰술

1 연어는 얇게 저며 레몬즙을 뿌린다.

2 양상추는 곱게 채 썰고, 양파는 곱게 채 썰어 찬물에 담근다.

3 냄비에 물과 가다랑어포를 넣어 끓이다가 끓어오르면 불을 끄고 우린다. 국물이 우러나면 체에 걸러 간장, 설탕, 청주를 넣고 끓여 식힌다.

4 그릇에 밥을 담고 채소와 연어회를 얹은 뒤 고추냉이를 올리고 소스를 뿌린다.

tip
소스 대신 고추장, 매실청, 참기름, 통깨를 섞은 양념장에 비벼 먹어도 맛있어요. 고추장 양념장에 식초를 넣어 매콤 새콤하게 즐겨도 좋습니다.

명란 아보카도 덮밥

짭짤한 명란젓과 고소한 아보카도가 어우러진 덮밥. 고추냉이로 매콤한 맛을 더해도 좋아요.

재료 2인분

밥 2공기
명란젓 30g
아보카도 1/2개
실파 2뿌리
달걀 2개
김 1/4장
참기름 1/2큰술
통깨 1작은술
식용유 조금

양념장

간장 1큰술
고추냉이 1/2작은술

1 아보카도는 반 갈라 씨를 빼고 껍질을 벗겨 도톰하게 썬다.

2 명란젓은 알만 발라낸다.

3 실파는 송송 썰고, 김은 구워서 가늘게 자른다.

4 팬에 식용유를 두르고 달걀프라이를 만든다.

5 그릇에 밥을 담고 아보카도, 명란젓, 실파, 달걀프라이, 김을 올린 뒤 참기름, 통깨를 뿌린다. 양념장을 만들어 곁들인다.

tip
명란젓이 짭짤해서 양념장이 따로 필요 없지만, 입맛에 따라 고추냉이를 섞은 간장에 비벼 먹어도 좋아요. 아보카도는 초밥에 얹어 먹어도 맛있습니다.

김치 알밥

신 김치와 날치알, 연어알을 올린 돌솥밥. 입안에서 톡톡 터지는 알이 먹는 즐거움을 줘요.

재료 2인분

밥 2공기
배추김치 50g
날치알 2큰술
연어알 1큰술
당근 1/8개
깻잎 2장
양파 1/4개
실파 1뿌리
참기름 1큰술

1 날치알과 연어알은 체에 담아 흐르는 물에 살짝 씻어 짠맛을 뺀다.

2 배추김치는 잘 익은 것으로 준비해 잘게 썬다. 당근과 양파도 잘게 썰
고, 실파는 송송 썬다. 깻잎은 돌돌 말아 채 썬다.

3 고슬고슬하게 지은 밥을 돌솥에 담고 참기름을 뿌린다.

4 밥 위에 준비한 재료를 얹고 뚜껑을 덮어 약한 불에서 누룽지 냄새가
날 때까지 익힌다.

tip
날치알만 넣어도 충분히 맛을 낼 수 있지만 연어알이나 성게알 등을 올리면 더 다양한 맛을 즐
길 수 있어요. 무순이나 김가루 등을 올려도 좋아요.

김치 치즈볶음밥

신 김치로 만든 볶음밥에 모차렐라치즈를 올렸어요.

재료 2인분

밥 2공기
배추김치 50g
다진 돼지고기 80g
당근 30g
양파 1/2개
실파 1부리
모차렐라치즈 30g
소금·후춧가루 조금씩
식용유 1큰술

돼지고기 양념

고추장·청주 1큰술씩
간장·설탕 1/2큰술씩
다진 마늘 1/2큰술

1 김치는 소를 털어 송송 썬다. 당근과 양파는 잘게 썰고, 실파는 송송 썬다.

2 다진 돼지고기는 양념에 무친다.

3 달군 팬에 식용유를 두르고 양념한 돼지고기를 충분히 볶는다.

4 돼지고기가 익으면 김치를 넣어 볶다가 당근, 양파, 밥을 넣어 볶는다. 마지막에 소금, 후춧가루로 간을 맞춘다.

5 밥이 뜨거울 때 모차렐라치즈를 얹고 실파를 뿌린다.

tip
볶음밥은 고슬고슬한 밥을 쓰고, 기름을 넉넉히 둘러 센 불에서 재빨리 볶는 것이 맛내기 비결입니다.

깍두기 볶음밥

잘 익은 깍두기를 작게 썰어 햄과 함께 볶았어요.

재료 2인분

밥 2공기
깍두기 1컵
통조림 햄 100g
대파 1/4부리
고추장·설탕 1/2큰술씩
간장·물 1큰술씩
깍두기 국물 1큰술
김가루 1/4컵
참기름·들기름 1/2큰술씩
식용유 1/2큰술

1 깍두기는 잘 익은 것으로 준비해 작게 썬다. 햄도 작게 썰고, 대파는 송송 썬다.

2 팬에 식용유를 두르고 대파, 햄, 깍두기를 볶다가 고추장, 간장, 설탕, 깍두기 국물, 물을 넣어 잠시 끓인다.

3 깍두기볶음에 밥을 넣어 볶는다.

4 그릇에 깍두기볶음밥을 담고 입맛에 따라 참기름, 들기름, 김가루를 뿌린다.

tip
깍두기를 넉넉히 볶아 냉장 보관해두면 볶음밥이 먹고 싶을 때 후다닥 만들 수 있어요.

카레라이스

쇠고기와 채소를 넣고 끓인 카레를 밥에 끼얹어 먹는 덮밥. 누구나 쉽게 만들 수 있는 한 그릇 밥이에요.

재료 2인분

밥 2공기
쇠고기(등심) 100g
감자 1개
당근·양파 1/2개씩
애호박 1/2개
고형 카레 120g
소금 1/2큰술
식용유 적당량
물 4컵

1 감자, 당근, 양파, 애호박은 사방 1cm 크기로 깍둑썰기한다.

2 쇠고기는 도톰한 살코기로 준비해 채소와 비슷한 크기로 썬다.

3 냄비에 식용유를 두르고 쇠고기를 볶다가 감자, 당근, 양파, 애호박을 넣어 볶는다.

4 ③에 물을 붓고 끓이다가 감자가 익으면 고형 카레를 풀어 넣고 저어 가며 끓인다. 부족한 간은 소금으로 맞춘다.

5 그릇에 따뜻한 밥을 담고 카레를 끼얹는다.

tip
고형 카레와 카레가루는 물에 개어 넣어야 뭉치지 않아요. 파프리카나 피망, 사과, 토마토 등을 넣어도 맛있어요.

닭고기 카레볶음밥

카레 소스를 만드는 대신, 카레가루를 뿌려서 볶음밥을 만들었어요. 즉석에서 쉽게 만들 수 있어 좋아요.

재료 2인분

밥 2공기
닭가슴살 100g
브로콜리 50g
당근 15g
양파 1/4개
간장 1/2큰술
카레가루 1큰술
소금 조금
식용유 1큰술

닭고기 밑간

청주·소금 조금씩

1 닭가슴살은 주사위 모양으로 썰어 소금, 청주로 밑간한다.

2 브로콜리는 밑동을 잘라내고 닭가슴살 크기로 썰어 끓는 물에 데친다. 당근과 양파는 굵게 다진다.

3 달군 팬에 식용유를 두르고 양파와 당근을 볶다가 닭고기를 넣어 볶는다.

4 볶으면서 카레가루와 소금을 솔솔 뿌려 맛을 내고, 브로콜리를 넣어 좀 더 볶는다.

5 닭고기와 채소가 익으면 밥을 넣어 고슬고슬하게 볶다가 간장으로 간을 맞춘다.

tip
닭고기 대신 쇠고기나 돼지고기를, 브로콜리 대신 콜리플라워나 피망, 완두콩을 넣어도 좋아요.

오므라이스

채소와 함께 볶은 밥을 달걀부침으로 감쌌어요. 토마토케첩으로 소스를 만들어 새콤하고 맛있어요.

재료 2인분

밥 2공기
당근 1/8개
양파 1/4개
대파 1/4부리
완두콩 1큰술
다진 마늘 1/2큰술
소금 조금
올리브유 적당량

소스
양파 1/8개
피망 1/2개
토마토케첩 1/4컵
칠리소스 1큰술
우유 1/2컵
소금·후춧가루 조금씩

달걀부침
달걀 3개
우유 1/2큰술
소금·후춧가루 조금씩

1 밥과 볶을 당근, 양파, 대파는 잘게 썰고, 소스에 넣을 양파와 피망은 다진다.

2 달군 팬에 올리브유를 두르고 다진 마늘을 볶다가 잘게 썬 당근, 양파, 대파, 완두콩을 넣어 볶는다. 채소가 익으면 밥을 넣고 소금으로 간해 볶는다.

3 다른 팬에 다진 양파와 피망, 토마토케첩, 칠리소스, 우유를 넣어 약한 불에서 뭉근히 끓이다가 걸쭉해지면 소금, 후춧가루로 간을 한다.

4 달걀에 우유, 소금, 후춧가루를 넣어 잘 푼다.

5 달군 팬에 올리브유를 두르고 달걀물을 1인분씩 넣어 약한 불에서 부친다. 아랫면이 익으면 볶음밥을 올리고 달걀부침을 접어 감싼다.

6 접시에 오므라이스를 담고 ③의 소스를 끼얹는다.

tip
달걀부침을 만들 때 우유를 조금 넣으면 부드러워요. 볶음밥에 넣는 재료는 버섯, 새우 등 입맛에 따라 바꿔 넣어도 좋아요.

치즈 오믈렛

달걀에 우유와 모차렐라치즈를 넣어 만든 오믈렛. 영양이 풍부해 아침 식사로 손색없어요.

재료 2인분

달걀 4개
우유 4큰술
잘게 썬 모차렐라치즈 1/2컵
송송 썬 실파 1큰술
소금·후춧가루 조금씩
버터 2큰술

소스

새송이버섯 1/4개
애호박 20g
토마토케첩 2큰술
물엿 1작은술
소금·후춧가루 조금씩
식용유 1/2큰술
물 2큰술

1 달걀에 우유를 넣고 고루 섞은 뒤 모차렐라치즈, 실파, 소금, 후춧가루를 넣어 섞는다.

2 달군 팬에 버터를 녹인 뒤 달걀물을 1인분씩 붓고 젓가락으로 몽글몽글해지도록 저어가며 익힌다.

3 달걀이 부드럽게 익으면 팬을 기울여 반달 모양을 만든다.

4 모양이 망가지지 않게 뒤집어 겉은 노릇하고 속은 반숙이 되게 익힌 뒤 접시에 엎어 담는다. 이때 거즈로 감싸 모양을 잡아도 된다.

5 새송이버섯과 애호박을 작게 썰어 달군 팬에 식용유를 두르고 볶다가 나머지 소스 재료를 넣고 한소끔 끓인다.

6 오믈렛에 소스를 끼얹는다.

tip
오믈렛은 달걀로만 만든 플레인 오믈렛부터 여러 가지 재료를 넣어 만든 오믈렛까지 다양하게 응용할 수 있어요. 채소볶음은 물론 김치볶음이나 콩나물무침 등의 한국 음식을 넣어 만들어도 맛있습니다.

쇠고기 달걀덮밥

달착지근한 일본식 장국밥. 쇠고기와 달걀을 넣고 끓인 국물을 따뜻한 밥에 끼얹어 먹어요.

재료 2인분

밥 2공기
쇠고기(불고기용) 100g
달걀 2개
팽이버섯 1/2봉지
양파 1/2개
대파 1/2뿌리
소금 조금

국물

가다랑어포 1/2컵
간장 2큰술
청주 1큰술
설탕 1/4큰술
물 3컵

1 쇠고기는 종이타월로 꼭꼭 눌러 핏물을 빼고 사방 3cm 크기로 썬다.

2 팽이버섯은 밑동을 잘라내고 씻어 3cm 길이로 썬다. 양파는 채 썰고, 대파는 어슷하게 썬다.

3 달걀은 곱게 풀어 소금으로 간한다.

4 끓는 물에 가다랑어포를 넣고 5분 정도 끓여 체에 거른다. 간장, 청주, 설탕으로 맛을 낸다.

5 국물에 쇠고기를 넣어 끓이다가 양파, 대파, 팽이버섯을 넣는다.

6 한소끔 끓으면 달걀물을 넣고 반 정도 익으면 불을 끈다.

7 그릇에 따뜻한 밥을 담고 ⑥의 국물을 끼얹는다.

tip
덮밥은 밥 위에 얹는 재료에 따라 맛이 달라지는데, 무엇보다 간이 잘 맞아야 해요. 특히 국물을 끼얹어 먹는 덮밥은 국물 맛이 얼마나 감칠맛 나느냐가 중요합니다. 멸치나 쇠고기, 가다랑어포 등으로 깊을 맛을 내는 게 포인트예요.

치킨 마요덮밥

닭튀김과 스크램블드에그를 올리고 마요네즈와 데리야키 소스를 뿌린 덮밥. 달콤 고소해 누구나 좋아해요.

재료 2인분

밥 2공기
닭튀김(살코기) 100g
달걀 2개
실파 2뿌리
마요네즈 1큰술
소금 조금
식용유 1/2큰술

양파 데리야키 소스

양파 1/4개
간장 2큰술
물엿 1/2큰술
물 1큰술
식용유 1/2큰술

1 닭튀김은 살코기로 준비해 저민다.

2 실파는 송송 썰고, 양파는 채 썬다.

3 팬에 식용유를 두르고 양파를 볶다가 간장과 물, 물엿을 넣어 졸인다.

4 달걀은 곱게 풀어서 소금으로 간해 스크램블드에그를 만든다.

5 그릇에 따뜻한 밥을 담고 닭튀김을 올린 뒤, 데리야키 소스와 마요네즈를 뿌리고 스크램블드에그와 실파를 올린다.

tip
먹다 남은 치킨이나 닭구이, 닭조림, 너겟 등이 있을 때 만들어 먹으면 좋아요.

김밥

햄과 게맛살, 우엉조림 등 갖가지 재료를 한입에 즐기는 국민 한 끼. 도시락으로 그만이에요.

재료 2인분

밥 2공기
김(김밥용) 2장
오이 1/2개
햄(김밥용) 2줄
단무지(김밥용) 2줄
소금 조금

우엉조림

우엉 50g
간장·설탕 1/4큰술씩
물 2큰술

달걀부침

달걀 2개
소금 조금
식용유 조금

1 우엉은 껍질을 벗기고 깨끗이 씻어 길고 가늘게 썬다.

2 팬에 우엉을 담고 물을 부은 뒤 간장, 설탕을 넣어 조린다.

3 달걀은 풀어서 소금으로 간한 뒤, 기름 두른 팬에 도톰하게 부쳐 1cm 폭으로 길게 썬다.

4 오이는 햄 굵기로 길게 썰어 살짝 절인다.

5 김발 위에 김을 펼쳐놓고 밥을 2/3 정도 편 뒤 준비한 재료를 올리고 돌돌 말아 먹기 좋게 썬다.

tip

밥을 단촛물로 양념하면 맛도 있고 빨리 상하는 걸 막을 수 있어요. 단촛물은 설탕, 소금, 식초를 섞어서 살짝 끓여 식히면 됩니다. 밥이 따뜻할 때 넣고 살살 섞으세요.

참치김밥

통조림 참치를 마요네즈와 머스터드 소스에 버무려 듬뿍 넣은 김밥. 부드럽고 고소한 맛이 좋아 인기예요.

재료 2인분

밥 2공기
김(김밥용) 2장
게맛살 2줄
단무지(김밥용) 2줄
검은깨 1큰술

참치무침

참치 통조림 1개
다진 양파 1½큰술
마요네즈 1½큰술
머스터드 소스 1큰술
소금·후춧가루 조금씩

단촛물

식초 1큰술
설탕 1/2큰술씩
소금 조금

1 식초, 설탕, 소금을 섞어 설탕이 녹을 정도로 살짝 끓여 식힌다.

2 고슬고슬하게 지은 밥에 단촛물과 검은깨를 넣고 고루 섞는다.

3 참치는 체에 밭쳐 국물을 완전히 뺀 뒤 곱게 으깬다. 다진 양파, 마요네즈, 머스터드 소스, 소금, 후춧가루를 넣고 버무린다.

4 게맛살은 3등분해 결대로 가늘게 찢는다.

5 김발 위에 김을 펼쳐놓고 밥을 2/3 정도 편 뒤 단무지, 게맛살, 참치무침을 올리고 돌돌 말아 먹기 좋게 썬다.

tip
밥 위에 깻잎을 깔고 참치를 올리면 질척거리지 않고 모양도 흐트러지지 않아 깔끔하게 말 수 있어요. 이때 깻잎의 물기를 탈탈 털어야 합니다.

유부초밥

단촛물로 양념한 밥을 유부 주머니에 채워 넣은 초밥. 검은깨를 넣어 고소해요.

재료 2인분

쌀 1½컵
유부(초밥용) 10장
검은깨 1작은술
다시마(10×5cm) 1장
물 1½컵

단촛물

식초 3큰술
설탕 1½큰술
소금 3/4작은술
물 1½큰술

1 쌀은 씻어 1시간 정도 불리고, 다시마는 젖은 행주로 닦는다.

2 솥에 불린 쌀과 다시마를 담고 물을 부어 밥을 짓는다.

3 밥이 끓으면 다시마를 건지고 밥을 마저 짓는다.

4 작은 냄비에 설탕, 소금, 물을 끓이다가 끓어오르면 식초를 넣어 끓인다.

5 따뜻한 밥에 단촛물을 흩뿌리고 검은깨를 넣어 나무주걱으로 자르듯이 살살 섞으면서 부채나 선풍기로 재빨리 식혀 윤기 나는 밥을 만든다.

6 양념된 초밥용 유부를 찢어지지 않게 벌리고 초밥을 뭉쳐 채워 넣는다.

plus
초밥용 유부 만들기

재료_ 유부 10장, 멸칫국물 1/2컵, 간장 1½큰술, 청주 2큰술, 설탕 2¾큰술, 소금 1/2작은술

① 유부를 밀대로 가볍게 밀어 반 자른 뒤 끓는 물에 2~3분간 익힌다. ② 냄비에 유부와 나머지 재료를 넣어 조린다.

주먹밥

우엉조림, 잔멸치, 매실장아찌 3가지 맛의 한입 밥. 집에 있는 재료로 간편하게 만들 수 있어요.

재료 2인분

밥 2공기
매실장아찌 1/2큰술

우엉조림

우엉 50g
간장·설탕 1/4큰술씩
물 2큰술

잔멸치볶음

잔멸치 1/4컵
설탕 1/2작은술

단촛물

식초·설탕·물 1큰술씩
소금 조금

1 우엉은 껍질을 벗기고 깨끗이 씻어 길고 가늘게 썬다.

2 팬에 우엉을 담고 물, 간장, 설탕을 넣어 조린다. 식으면 잘게 썬다.

3 팬에 식용유를 두르고 잔멸치를 볶다가 설탕을 넣어 맛을 낸다.

4 매실장아찌는 잘게 썬다.

5 단촛물 재료를 고루 섞는다.

6 밥을 3등분한 뒤 손바닥에 단촛물을 바르고 각각 우엉조림, 잔멸치볶음, 매실장아찌를 넣어 한입 크기로 뭉친다. 밥이 뜨거울 때 뭉쳐야 잘 뭉쳐진다.

tip
주먹밥은 시간이 지나도 변하지 않는 재료를 사용하고, 반찬 없이 먹는 밥이니 싱겁지 않게 간을 하세요. 손에 단촛물을 바르고 뭉치면 맛도 있고 밥이 손에 달라붙지 않아요. 주먹밥을 구운 김으로 감싸도 좋습니다.

쇠고기 채소죽

쇠고기와 채소를 곱게 다져 넣고 끓인 친숙한 죽이에요.

재료 2인분

불린 쌀 1컵
다진 쇠고기 100g
시금치·애호박 40g씩
당근·양파 40g씩
팽이버섯 40g
간장 1/2큰술
다진 파 1작은술
다진 마늘 1/3작은술
깨소금 1/3작은술
참기름 1/2작은술
소금 조금
물 7컵

1 시금치와 팽이버섯은 밑동을 잘라내고 씻어 잘게 썬다. 애호박, 당근, 양파도 잘게 썬다.

2 두꺼운 냄비에 참기름을 두르고 다진 쇠고기와 간장, 다진 파, 다진 마늘을 넣어 볶는다.

3 ②에 물을 붓고 불린 쌀을 넣어 끓인다.

4 쌀알이 익으면 잘게 썬 채소와 참기름, 깨소금, 소금을 넣어 푹 끓인다.

tip
고기를 넣어 죽을 쑬 때는 고기를 양념해 볶은 뒤 물, 쌀, 채소 순으로 넣어 끓이세요.

김치죽

김칫국을 끓이다가 쌀을 넣고 쑨 전통 죽으로 해장에도 좋아요.

재료 2인분

불린 쌀 1컵
배추김치 100g
돼지고기 50g
소금 조금
물 7컵

돼지고기 양념

간장 1작은술
다진 파 1/2작은술
다진 마늘 1/3작은술
참기름 조금

1 배추김치는 소를 털고 채 썬다.

2 돼지고기는 잘게 썰어 양념에 무친다.

3 두꺼운 냄비에 참기름을 두르고 양념한 돼지고기를 볶다가 김치와 물을 넣고 센 불에서 끓인다.

4 국물이 끓으면 불린 쌀을 넣어 끓인다.

5 쌀알이 퍼지면 소금으로 간한다.

tip
김치죽은 신 김치보다 적당히 익은 김치로 쑤는 게 맛있어요. 간장을 곁들여도 좋습니다.

닭죽

부드러운 영계백숙에 비타민이 풍부한 파프리카를 더한 영양죽.

재료 2인분

불린 찹쌀 1컵
영계 1/2마리
파프리카 1개
마늘 5쪽
청주 1큰술
간장 조금
물 7½컵

1 두꺼운 냄비에 영계, 마늘, 청주, 물을 넣고 20분 정도 끓여 체에 거른다. 국물은 기름을 걷어내고, 닭은 살만 발라 찢는다.

2 파프리카는 잘게 썬다.

3 닭고기국물에 불린 찹쌀을 넣어 끓인다.

4 찹쌀이 익으면 닭고기와 파프리카를 넣고 푹 끓인 뒤 간장으로 간을 한다.

tip
닭은 필수아미노산이 풍부해 뇌의 활동을 촉진하고, 신경을 안정시켜주는 효과가 있어요. 파프리카는 베타카로틴이 눈의 피로를 풀어줘 공부하는 학생, 컴퓨터를 많이 사용하는 직장인에게 이롭습니다.

전복죽

전복을 참기름에 볶다가 쌀을 넣고 끓인 보양죽이에요.

재료 2인분

불린 쌀 1컵
전복 2개(300g)
참기름 1큰술
간장·소금 조금씩
물 7컵

1 전복을 솔로 문질러 깨끗이 씻은 뒤, 숟가락으로 살을 떼어 얇게 저민다.

2 두꺼운 냄비에 참기름을 두르고 전복을 볶다가 물을 부어 센 불에서 끓인다.

3 ②에 불린 쌀을 넣고 저어가며 끓인다.

4 쌀알이 푹 퍼지면 소금으로 간한다. 간장을 곁들인다.

tip
입맛에 따라 전복 내장을 넣고 끓여도 좋아요. 내장을 터지지 않게 떼어 끓는 물에 살짝 데쳐서 넣거나 으깨어 죽이 끓을 때 넣으세요.

잔치국수

소면을 삶아서 멸칫국물에 말아 담백하게 즐기는 온면. 잔칫날 먹는 특별한 음식이에요.

재료 2인분

소면 200g
달걀 1/2개
붉은 고추 1/2개

애호박볶음

애호박 1/2개
다진 파 1작은술
다진 마늘 1/4작은술
참기름 1/4작은술
깨소금 1/4작은술
식용유 1큰술

국물

굵은 멸치 8마리
국간장 2큰술
소금 조금
물 3컵

1 굵은 멸치는 머리와 내장을 떼고 냄비에 볶다가 물을 부어 센 불에서 끓인다. 중간 불로 줄여 15분 정도 더 끓인 뒤, 멸치를 건지고 국간장과 소금으로 간을 한다.

2 애호박은 채 썰어 기름 두른 팬에 양념해 볶는다.

3 달걀은 노른자와 흰자를 나눠 지단을 부친 뒤 돌돌 말아 채 썬다.

4 붉은 고추는 2cm 길이로 곱게 채 썬다.

5 끓는 물에 소면을 삶아 찬물에 헹군 뒤, 1인분씩 사리를 지어 물기를 뺀다.

6 소면을 한 사리씩 체에 담아 끓는 물에 흔들어 그릇에 담고 애호박볶음, 지단채, 고추를 얹은 뒤 국물을 붓는다.

tip
잔치국수는 보통 멸칫국물로 만들지만, 전통 온면은 고깃국물을 사용해요. 양지머리로 육수를 내서 만들어도 맛있습니다.

김치 온면

김치와 고기를 넣고 따뜻한 멸칫국물에 말아 먹는 국수예요.

재료 2인분

소면 200g
배추김치 50g
다진 쇠고기 50g
달걀 1/2개, 김 1/2장
실파 1/4뿌리
참기름·통깨 조금씩

쇠고기 양념

간장 1/2큰술
다진 마늘·후춧가루 조금씩

국물

굵은 멸치 10마리
마늘 2쪽
국간장 조금, 물 4컵

1 냄비에 손질한 멸치와 마늘을 담고 물을 부어 끓인다. 국물이 우러나면 멸치와 마늘을 건지고 국간장으로 간을 한다.

2 김치는 잘게 썰어 참기름으로 무치고, 다진 쇠고기는 양념해 볶는다.

3 달걀은 지단을 부쳐 채 썰고, 김은 구워 부순다. 실파는 송송 썬다.

4 끓는 물에 소면을 삶아 찬물에 헹궈 건진다.

5 그릇에 소면을 담고 멸칫국물을 부은 뒤 준비한 재료를 올리고 통깨를 뿌린다.

tip
멸치 대신 다시마나 가다랑어포로 국물을 내도 감칠맛이 좋아요.

김치 비빔국수

김치를 송송 썰어 넣고 매콤 새콤한 양념장에 비벼 먹어요.

재료 2인분

소면 200g
배추김치 50g
풋고추·붉은 고추 1/2개씩
실파 1뿌리

김치 양념

설탕·참기름 1/2작은술씩

양념장

고추장·식초 1½큰술씩
간장·설탕·물엿 1큰술씩
고춧가루 1/2큰술
다진 파 1큰술
다진 마늘 1/2작은술
참기름·깨소금 1/2큰술씩

1 김치는 소를 털고 송송 썰어 설탕, 참기름으로 무친다. 고추와 실파는 송송 썬다.

2 양념장 재료를 고루 섞는다.

3 끓는 물에 소면을 삶아 찬물에 헹궈 건진다.

4 소면에 양념장과 김치, 고추, 실파를 넣어 고루 비빈다.

tip
초고추장 대신 간장 양념에 비벼 먹어도 맛있어요.

바지락 칼국수

뜨끈하면서 감칠맛 나는 국물이 일품인 칼국수. 조갯살을 발라 먹는 재미도 좋아요.

재료 2인분

애호박 1/3개
풋고추 1개
붉은 고추 1/2개
대파 1/2뿌리
국간장 1½큰술
다진 마늘 1/2큰술
소금·후춧가루 조금씩

칼국수

밀가루 1½컵
소금 1/4작은술
물 1/3컵

국물

바지락 1컵
국간장·청주 1/2큰술씩
소금 1/2작은술
물 5컵

1 밀가루에 소금, 물을 넣고 치대어 반죽한 뒤 비닐봉지에 담아 30분 정도 둔다.

2 도마에 밀가루를 뿌리고 반죽을 밀대로 얇게 민 뒤, 접어서 0.3cm 폭으로 썬다. 서로 달라붙지 않게 훌훌 털어 쟁반에 담고 마르지 않게 면보자기를 덮어둔다.

3 바지락은 소금물에 바락바락 주물러 씻어 찬물에 헹군 뒤 물을 붓고 끓인다. 조개가 벌어지면 흔들어 씻어 건지고, 국물은 다른 냄비에 가만히 따른다.

4 조갯국물을 청주, 국간장, 소금으로 간해 끓인다.

5 애호박은 채 썰고, 고추는 반 갈라 씨를 털고 곱게 채 썬다. 대파는 어슷하게 썬다.

6 조갯국물에 국수를 넣어 끓이다가 바지락과 채소를 넣고 다진 마늘, 국간장, 소금, 후춧가루로 맛을 내 한소끔 더 끓인다.

tip

국수를 국물에 바로 넣어 끓이는 것을 제물국수라고 해요. 국물이 걸쭉하고 진한 것이 특징입니다. 반면 국수를 따로 삶아 국물에 넣고 끓이는 것은 건진국수라고 합니다.

닭 칼국수

진한 닭고기국물에 칼국수를 삶지 않고 바로 넣고 끓여 깊은 맛이 나요.

재료 2인분

애호박 1/4개
대파 1/2부리

칼국수
밀가루 1½컵
소금 1/2작은술
물 3/4컵

국물
닭(작은 것) 1/2마리
대파 1/2부리
마늘 1½쪽
소금 적당량
물 7컵

양념장
간장 2큰술
다진 풋고추 1큰술
다진 파 1/2큰술
다진 마늘 1작은술
고춧가루 1작은술
참기름 1/2작은술
깨소금 1/2작은술

1 닭을 깨끗이 손질해 대파, 마늘과 함께 냄비에 담고 물을 부어 푹 삶는다. 국물이 우러나면 닭을 건져서 살을 발라 결대로 찢고, 국물은 체에 밭쳐 식혀서 기름을 걷어내고 소금으로 간한다.

2 밀가루에 소금, 물을 넣고 반죽해서 비닐봉지에 담아 30분 정도 두었다가 다시 한번 치댄다.

3 도마에 밀가루를 뿌리고 반죽을 밀대로 얇게 민 뒤, 접어서 0.3cm 폭으로 썬다. 서로 붙지 않게 훌훌 털어놓는다.

4 애호박은 곱게 채 썰고. 대파는 어슷하게 썬다.

5 닭고기국물을 팔팔 끓여 국수를 넣고 한소끔 끓인다. 국수가 익어 떠오르면 애호박, 대파, 닭고기를 넣어 조금 더 끓인다.

6 그릇에 칼국수를 담고 양념장을 만들어 곁들인다.

tip
칼국수의 국물은 지역마다 차이가 있어요. 전라도는 멸치나 바지락으로 국물을 내서 시원하고, 내륙 지방은 사골이나 고기로 국물을 내 진한 맛이 좋습니다. 칼국수를 반죽하기 번거로우면 생면을 사용하세요.

감자 수제비

멸칫국물에 감자를 썰어 넣고 밀가루 반죽을 뚝뚝 떼어 넣어 끓인 수제비. 엄마가 해주시던 바로 그 맛입니다.

재료 2인분

감자 1개
애호박 1/6개
붉은 고추 1/2개
대파 1/2뿌리
국간장 1/2큰술
청주 1작은술
소금 조금
후춧가루 조금

양념장
국간장 2큰술
물 2큰술
다진 풋고추 1큰술
송송 썬 대파 1큰술
다진 마늘 1/2작은술
고춧가루 1/2큰술

수제비 반죽

밀가루 1½컵
소금 1/4작은술
물 3/4컵

멸치다시마국물

굵은 멸치 10마리
다시마(10×10cm) 1장
물 6컵

1 밀가루에 소금, 물을 넣고 치대어 반죽한 뒤 비닐봉지에 담아 30분 정도 둔다.

2 냄비에 손질한 멸치와 다시마를 넣고 물을 부어 센 불에서 끓이다가 다시마를 건지고 15분 정도 더 끓인 뒤 멸치를 건진다.

3 감자는 0.5cm 두께로 반달썰기해 물에 담갔다가 건진다. 애호박과 붉은 고추는 곱게 채 썰고, 대파는 어슷하게 썬다.

4 멸치다시마국물을 끓이다가 청주, 국간장으로 간을 하고 감자를 넣어 끓인다. 감자가 반 정도 익으면 손에 물을 묻혀가며 반죽을 얇게 늘여서 뜯어 넣는다.

5 애호박, 고추, 대파를 넣어 조금 더 끓인다. 부족한 간은 소금으로 맞춘다.

6 그릇에 수제비를 담고 양념장을 만들어 곁들인다.

tip
수제비에는 멸칫국물이 잘 어울리지만, 고깃국물이나 다시마국물로 만들어도 맛있어요. 수제비 반죽에 녹차가루, 당근, 단호박 등을 넣으면 빛깔이 곱고 맛도 좋습니다.

김치 수제비

매콤하고 시원한 국물과 쫀득한 수제비에 숟가락이 자꾸 가요.

재료 2인분

배추김치 100g
붉은 고추 1/2개
대파 1/2뿌리
국간장 1/2큰술
청주 1작은술
소금 조금

수제비 반죽

밀가루 1½컵
소금 1/4작은술
물 3/4컵

멸치다시마국물

굵은 멸치 10마리
다시마(10×10cm) 1장
물 6컵

1 밀가루에 소금, 물을 넣고 치대어 반죽한 뒤 비닐봉지에 담아 30분 정도 둔다.

2 물에 멸치, 다시마를 넣어 끓이다가 다시마를 건지고 15분 더 끓인 뒤 멸치를 건진다.

3 김치는 소를 털어 송송 썰고, 붉은 고추는 곱게 채 썬다. 대파는 어슷하게 썬다.

4 멸치다시마국물을 끓여 국간장, 청주, 김치를 넣어 끓이다가 반죽을 뜯어 넣는다.

5 고추, 대파를 넣고 소금으로 간을 맞춘다.

tip

수제비는 밀가루 반죽을 손으로 뜯어 넣는 게 포인트예요. 손에 묻지 않도록 물을 묻혀가며 얇게 늘여서 뜯어 넣으세요.

아욱 수제비

아욱국에 밀가루 반죽과 쌀을 넣어 국밥처럼 끓인 수제비예요.

재료 2인분

쌀 1/4컵
아욱 100g
애호박 1/4개
풋고추 1개
붉은 고추 1/2개
된장·고추장 1/4큰술씩
간장·소금 1/2큰술씩
물 6컵

수제비 반죽

밀가루 1컵
소금 조금
물 1/2컵

1 쌀은 씻어서 체에 밭쳐 물기를 뺀다. 밀가루는 체에 내려 소금을 섞고 물을 부어 반죽한다.

2 아욱은 껍질을 벗기고 박박 문질러 씻은 뒤, 물기를 꼭 짜서 4cm 길이로 썬다.

3 애호박은 반달썰기하고, 고추는 어슷하게 썰어 씨를 턴다.

4 물에 된장과 고추장을 풀고 쌀을 넣어 끓인 뒤 아욱, 애호박, 고추를 넣어 끓인다.

5 쌀알이 푹 퍼지면 반죽을 뜯어 넣고 저어가며 끓인 뒤 간장과 소금으로 간을 맞춘다.

tip

간을 할 때 간장을 많이 넣으면 국물 색이 진하고 탁해져요. 간장과 소금의 양을 적절히 조절해 간을 하세요.

떡만둣국

떡과 만두를 함께 즐기는 설날 음식이에요. 진한 고깃국물에 끓여 맛이 깊고 속이 든든해요.

재료 2인분

가래떡(떡국용) 200g
만두 4개
쇠고기(양지머리) 50g
달걀 1개
대파 1/2뿌리
국간장 1/2큰술
다진 마늘 1/2큰술
소금 조금
물 4컵

쇠고기 양념

국간장 1/2큰술
다진 파 1/2큰술
다진 마늘 1/2작은술
참기름 1/4큰술

1 떡은 찬물에 씻고, 만두는 빚은 것으로 준비한다.

2 쇠고기는 저며서 쇠고기 양념에 무친다.

3 달걀은 황백지단을 부쳐 곱게 채 썰고, 대파는 어슷하게 썬다.

4 달군 냄비에 양념한 쇠고기를 볶다가 물을 붓고 중간 불에서 20분 동안 끓인다. 떠오르는 기름과 거품은 걷어낸다.

5 국물에 국간장과 소금으로 간을 맞추고 떡, 만두, 다진 마늘을 넣어 한소끔 끓인다. 만두가 익으면 대파를 넣는다.

6 그릇에 떡만둣국을 담고 황백지단채를 올린다.

tip
떡만둣국을 조금만 끓일 때는 떡과 만두를 함께 넣지만, 많은 양을 끓일 때는 만두를 미리 쪄두었다가 끓는 떡국에 넣고 살짝만 끓이세요. 처음부터 만두를 넣어 끓이면 만두가 터지기 쉽습니다.

떡국

설날 아침에 건강과 장수를 기원하며 먹는 음식이에요.

재료 2인분

가래떡(떡국용) 200g
다진 쇠고기 50g
달걀 1/2개
김 1/2장
대파 1/2뿌리
국간장 2큰술
소금·후춧가루 조금씩
사골국물 4컵

쇠고기 양념

간장 1/2큰술
다진 파 1/4큰술
다진 마늘 1/2작은술
참기름·후춧가루 조금씩

1 떡은 찬물에 헹군다.

2 다진 쇠고기는 핏물을 꼭 짠 뒤 양념에 조물조물 무쳐 동글납작하게 뭉친다.

3 달걀은 황백지단을 부쳐 마름모꼴로 썰고, 김은 구워서 부순다. 대파는 어슷하게 썬다.

4 사골국물을 끓이다가 양념한 고기를 넣고, 고기가 익으면 가래떡과 대파를 넣어 한소끔 끓인다. 국간장과 소금, 후춧가루로 간한다.

5 그릇에 떡국을 담고 황백지단과 김가루를 올린다.

tip
양념한 쇠고기는 끓이면서 으깨어 함께 끓여도 되고, 익으면 건져서 으깨어 놓았다가 고명으로 올려도 좋아요.

굴떡국

담백한 멸칫국물에 굴을 듬뿍 넣고 김가루를 올린 떡국.

재료 2인분

가래떡(떡국용) 200g
굴 1/2컵
김 1장
대파 1/2뿌리
국간장 2큰술
소금 조금
멸칫국물 4컵

1 떡은 찬물에 헹군다.

2 굴은 연한 소금물에 살살 흔들어 씻어 물기를 뺀다.

3 김은 구워서 부수고, 대파는 어슷하게 썬다.

4 멸칫국물을 끓여 국간장으로 간을 하고 떡을 넣어 끓이다가 굴과 대파를 넣는다. 부족한 간은 소금으로 맞춘다.

5 그릇에 떡국을 담고 김가루를 올린다.

tip
굴 대신 바지락살, 홍합살, 가리비살 등을 넣어 끓여도 맛있어요.

동치미 냉면

살얼음이 낀 동치미 국물로 만들어 개운한 한겨울 별미예요.

재료 2인분

냉면 200g
쇠고기 100g
달걀 1개
동치미 무 1/4개
오이 1/2개
배 1/4개
붉은 고추 1/2개
대파 1/2뿌리
물 5컵

국물

동치미 국물 2컵
고깃국물 1컵
국간장·소금 적당량씩

1 냄비에 쇠고기, 대파, 물을 넣어 푹 삶는다. 고기는 건져 납작하게 썰고, 국물은 거른다.

2 동치미 무는 저미거나 채 썬다.

3 오이와 배는 채 썰고, 붉은 고추는 곱게 다진다. 달걀은 완숙으로 삶아 반 자른다.

4 동치미 국물에 ①의 고깃국물을 섞고 국간장과 소금으로 간해 냉장고에 넣어둔다.

5 끓는 물에 냉면을 삶아 헹궈 물기를 뺀다.

6 그릇에 냉면을 담고 준비한 재료를 얹은 뒤 차가운 국물을 붓는다.

tip
쫄깃한 냉면도 좋지만 소면을 말아도 잘 어울려요.

열무 냉면

잘 익은 열무김치에 말아 먹는 냉면. 잃었던 입맛을 되찾아줘요.

재료 2인분

냉면 200g
열무김치 1컵
달걀 1개
오이 1/2개

국물

열무김치 국물 3컵
참기름·깨소금 조금씩

1 잘 익은 열무김치 국물에 참기름, 깨소금을 섞어 냉장고에 넣어둔다.

2 오이는 곱게 채 썰고, 달걀은 삶아서 반 자른다.

3 끓는 물에 냉면을 삶아 찬물에 헹군 뒤 체에 받쳐 물기를 뺀다.

4 그릇에 냉면을 담고 열무김치와 오이채, 삶은 달걀을 올린 뒤 차가운 국물을 붓는다.

tip
열무 냉면은 새콤하게 익은 열무김치로 만들어야 맛있어요. 입맛에 따라 겨자와 식초, 설탕을 넣어도 좋아요.

쫄면

쫄깃한 면발과 아삭아삭한 채소, 매콤달콤한 양념이 어우러진 상큼한 국수예요.

재료 2인분

쫄면 200g
콩나물 50g
오이 1/4개
당근 1/6개
양배추 잎 2장
통깨 조금

양념장

고춧가루 2큰술
고추장·간장 1큰술씩
식초 1½큰술
설탕·물엿 1큰술씩
다진 파 1/2큰술
다진 마늘 1/2큰술
참기름 1/2큰술
깨소금 1/2작은술
소금 조금

1 콩나물은 씻어 냄비에 담고 물을 조금 붓는다. 뚜껑을 덮어 삶은 뒤 찬물에 헹궈 물기를 뺀다.

2 오이, 당근, 양배추는 곱게 채 썬다.

3 양념장 재료를 고루 섞는다.

4 쫄면은 가닥가닥 풀어 끓는 물에 삶은 뒤 찬물에 헹궈 물기를 뺀다.

5 쫄면을 양념장에 조물조물 무쳐 그릇에 담고 채소를 올린 뒤 통깨를 뿌린다.

tip
양념장을 넉넉히 만들어두면 쫄면뿐 아니라 비빔국수, 회덮밥, 생선회, 채소숙회 등에 다양하게 사용할 수 있어요. 양념장을 만들 때 레몬즙을 넣으면 더 상쾌한 맛을 낼 수 있습니다.

골동면

고기, 버섯 등을 넣고 간장 양념에 버무린 비빔국수. 여러 가지 재료를 섞어 골동면이라는 이름이 붙었어요.

재료 2인분

소면 200g
쇠고기 50g
달걀 1개
표고버섯 2개
오이 1/2개
붉은 고추 1/2개
소금·식용유 조금씩

양념장

간장 2큰술
설탕 1/4큰술
참기름 2큰술
깨소금 1/2큰술

1 쇠고기는 가늘게 채 썰고, 표고버섯은 미지근한 물에 불려 기둥을 떼고 채 썬다.

2 양념장을 만들어 쇠고기와 표고버섯에 조금씩 덜어 무친 뒤 각각 팬에 볶는다.

3 오이는 돌려 깎아 곱게 채 썰어 소금에 살짝 절였다가 물기를 꼭 짜서 기름 두른 팬에 볶는다. 붉은 고추는 채 썬다.

4 달걀은 흰자와 노른자를 나눠서 얇게 지단을 부쳐 곱게 채 썬다.

5 끓는 물에 소면을 삶아 찬물에 헹군 뒤 체에 밭쳐 물기를 뺀다.

6 국수를 남은 양념장으로 버무린 뒤 쇠고기, 표고버섯, 오이를 넣어 섞는다.

7 그릇에 국수를 담고 지단채와 고추를 올린다.

tip
비빔국수는 비벼서 오래 두면 국수가 불어 맛이 없어요. 모든 고명을 준비해놓고 마지막에 국수를 삶아 바로 비비세요. 간장 양념 대신 새콤달콤한 고추장 양념으로 비벼도 맛있고, 오이 대신 애호박이나 미나리 등을 넣어도 좋아요.

쟁반국수

큰 접시에 국수와 채소, 배, 편육 등을 비벼 함께 먹는 음식이에요.

재료 2인분

메밀국수 200g
쇠고기(사태) 100g
삶은 달걀 1개, 오이 1/2개
상추 5장, 배 1/4개

쇠고기 삶는 물

대파 1/2뿌리
마늘 2쪽, 물 3컵

양념장

고추장·고춧가루 1큰술씩
식초·설탕 2큰술씩
간장·물엿·참기름 1큰술씩
다진 파 1/2큰술
다진 마늘·통깨 조금씩
고깃국물 2큰술

1 끓는 물에 메밀국수를 삶아서 찬물에 헹궈 물기를 뺀다.

2 냄비에 쇠고기, 대파, 마늘을 넣고 물을 부어 푹 삶는다. 고기는 건져 식혀서 5cm 길이로 채 썰고, 국물은 거른다.

3 오이, 상추, 배는 채 썰고, 달걀은 8등분한다.

4 ②의 고깃국물과 나머지 재료를 섞어 양념장을 만든다.

5 접시에 냉면과 고기, 채소, 달걀을 담고 양념장을 끼얹는다.

tip
쇠고기 대신 닭가슴살을 사용해도 좋고, 고소한 맛을 즐기려면 땅콩을 부숴 넣어보세요.

들기름 막국수

메밀국수를 간장과 들기름에 비벼 먹는 별미 비빔국수.

재료 2인분

메밀국수 200g
김 1장
실파 2뿌리
간장 1½큰술
설탕 1작은술
들기름·통깨 2큰술씩

1 끓는 물에 메밀국수를 삶아서 찬물에 헹궈 물기를 뺀다.

2 실파는 송송 썰고, 김은 구워 가늘게 자른다.

3 메밀국수에 간장, 설탕을 넣어 비빈다.

4 그릇에 막국수를 담고 김, 실파를 올린 뒤 들기름, 통깨를 뿌린다.

tip
간장 대신 쯔유를 넣어 비벼 먹어도 맛있어요.

콩국수

고소한 콩국에 칼국수를 말아 먹는 영양 많고 시원한 여름 국수.

재료 2인분

칼국수 200g
오이 1/4개
토마토 1개
달걀 1개
소금 조금

콩국

대두(메주콩) 1컵
물 4컵

1 대두를 충분히 불려 삶은 뒤, 손으로 비벼 껍질을 벗기고 블렌더에 물을 부어가며 곱게 간다.

2 간 콩을 체에 내려 냉장고에 넣어둔다.

3 오이는 채 썰고, 토마토는 저민다. 달걀은 삶아서 반 자른다.

4 끓는 물에 칼국수를 삶아서 찬물에 헹궈 물기를 뺀다.

5 그릇에 국수를 담고 오이, 토마토, 달걀을 얹은 뒤 차가운 콩국을 붓는다. 소금을 곁들인다.

tip

참깨와 잣을 같이 넣어 고소한 맛을 더해도 좋아요.

깨국수

곱게 간 참깨를 다시마국물과 섞어 소면을 말아 먹는 국수예요.

재료 2인분

소면 200g
참깨 1컵
오이 1/2개
토마토 1개
소금·검은깨 조금씩

다시마국물

다시마(10×10cm) 1장
물 5컵

1 냄비에 다시마를 담고 물을 부어 불린 뒤 그대로 끓여 국물을 낸다. 참깨는 볶아서 곱게 간다.

2 간 참깨와 다시마국물을 섞어 체에 내린 뒤 소금으로 간해 냉장고에 넣어둔다.

3 오이는 채 썰고, 토마토는 반 잘라 저민다.

4 끓는 물에 소면을 삶아서 찬물에 헹궈 물기를 뺀다.

5 그릇에 국수를 담고 오이와 토마토를 얹은 뒤, 차가운 깻국을 붓고 검은깨를 뿌린다.

tip

다시마국물을 낼 때 너무 오래 끓이면 잡맛이 나요. 5분 정도만 끓이고 다시마를 건져내세요.

묵국수

도토리묵에 김치를 얹고 국물을 부어 즐기는 여름 별미. 차게 해서 먹으면 더위가 싹 가셔요.

재료 2인분

도토리묵 1모
배추김치 1½줄기
오이 1/4개
실파 조금

김치 양념

깨소금·참기름 조금씩

국물

채수 1½컵
간장 1작은술
식초·설탕 1큰술씩
참기름 1/2큰술
깨소금·소금 조금씩

1 도토리묵은 6cm 길이로 도톰하게 채 썬다.

2 배추김치는 송송 썰어 참기름, 깨소금으로 조물조물 무친다.

3 오이는 껍질 쪽만 돌려 깎아 곱게 채 썰고, 실파는 송송 썬다.

4 채수에 나머지 양념을 넣어 국물을 만든다.

5 그릇에 도토리묵, 오이, 김치, 실파를 올리고 국물을 붓는다.

tip
묵국수에는 보통 구수하고 감칠맛 나는 멸칫국물을 쓰지만, 담백하고 개운한 채수를 사용해도
좋아요. 채수는 채소를 우린 국물로 냉장고에 있는 무, 양파, 대파, 생강 등을 물에 넣고 푹 끓여
국물을 내면 됩니다.

두부면 간장비빔국수

두부면에 채소를 듬뿍 넣어 샐러드처럼 즐기는 국수예요. 영양이 풍부하고 다이어트에도 좋아요.

재료 2인분

두부면(가는 면) 200g
상추 2장
파프리카 1/4개
무순 1/2팩

비빔장

간장 2큰술
설탕 1/4큰술
참기름 2큰술
깨소금 1/2큰술

1 두부면은 물에 헹궈 물기를 뺀다.

2 상추와 파프리카는 채 썰고, 무순은 씻어 물기를 뺀다.

3 비빔장 재료를 고루 섞는다.

4 두부면에 채소와 비빔장을 넣어 가볍게 비빈다.

5 그릇에 비빈 두부면을 담고 무순을 올린다.

tip
두부면은 데칠 필요 없이 헹구기만 하면 돼 조리하기가 간편해요. 고추장 양념으로 매콤달콤하
게 비벼 먹어도 맛있습니다.

두부면 새우 볶음국수

두부면을 간장 양념으로 볶아 고소하고 담백해요. 간편하게 만들어 먹는 건강식입니다.

재료 2인분

두부면(넓은 면) 200g
새우살 1/2컵
완두콩 1/4컵
실파 2뿌리
마늘 2쪽
간장 1큰술
설탕·청주 1/2큰술씩
참기름 1큰술
소금·후춧가루 조금씩
식용유 1/2큰술

1 두부면은 물에 헹궈 물기를 뺀다.

2 새우살은 끓는 물에 살짝 데치고, 완두콩도 데친다.

3 실파는 3cm 길이로 썰고, 마늘은 채 썬다.

4 달군 팬에 식용유를 두르고 마늘과 새우를 볶다가 청주, 간장, 설탕을 넣어 볶는다.

5 새우가 익으면 데친 완두콩과 두부면을 넣어 볶다가 실파를 넣고 소금, 후춧가루로 간을 한다. 마지막에 참기름을 넣어 맛을 낸다.

tip
간장 외에 고추장으로 양념해 볶아도 맛있고, 미소(일본 된장)나 데리야키 소스, 토마토소스 등을 사용해도 좋아요.

해물 토마토 스파게티

오징어, 새우, 가리비 등을 듬뿍 넣은 토마토소스 스파게티. 우리 입맛에 잘 맞아요.

재료 2인분

스파게티 200g
오징어 1/4마리
새우살 1/4컵
가리비살 1/4컵
완숙 토마토 100g
양송이버섯 1개
당근 1/6개
양파 1/2개
마늘 3쪽
토마토소스(시판용) 1/2병(350g)
파슬리가루 조금
소금·후춧가루 조금씩
올리브유 2큰술
스파게티 삶은 물 1/4컵

1 끓는 물에 소금을 넣고 스파게티를 8~13분 동안 삶는다. 스파게티 삶은 물은 따로 둔다.

2 새우살과 가리비살은 소금물에 씻고, 오징어는 손질해 먹기 좋게 썬다. 모두 데친다.

3 토마토와 양송이버섯, 당근은 잘게 썰고, 양파와 마늘은 다진다.

4 달군 팬에 올리브유를 두르고 다진 양파와 마늘을 볶다가 해물, 양송이버섯, 당근을 넣어 가볍게 볶는다.

5 팬에 토마토소스와 잘게 썬 토마토, 볶은 재료, 스파게티 삶은 물을 넣고 소금, 후춧가루로 간해 뭉근히 끓인다.

6 소스에 스파게티를 넣고 버무려 접시에 담고 파슬리가루를 뿌린다.

tip
입맛에 따라 파르메산치즈가루를 뿌려 먹어도 좋아요. 해물 토마토소스로 피자를 만들어도 맛있습니다.

크림 스파게티

쫄깃한 버섯과 베이컨을 넣고 고소한 크림소스에 버무려 풍미가 가득해요.

재료 2인분

스파게티 200g
베이컨 3줄
양송이버섯 5개
브로콜리 1/2송이
양파 1/4개
마늘 2쪽
소금·후춧가루 조금씩
올리브유 1큰술
쇠고기국물
(또는 닭고기국물) 1½컵
스파게티 삶은 물 1/4~1/2컵

화이트소스

버터 1/4큰술
밀가루 1½큰술
우유 1¼컵
소금·후춧가루 조금씩

1 끓는 물에 소금을 넣고 스파게티를 알덴테로 삶는다. 스파게티 삶은 물은 따로 둔다.

2 양송이버섯은 저미고, 브로콜리는 작게 잘라 데친다. 양파와 마늘은 다지고, 베이컨은 2cm 길이로 썬다.

3 팬에 버터와 밀가루를 넣어 약한 불에서 포슬포슬하게 볶은 뒤, 우유를 넣고 덩어리 없이 잘 풀어 소금, 후춧가루로 간을 한다.

4 팬에 올리브유를 두르고 다진 마늘과 양파를 볶다가 베이컨을 넣어 볶는다. 양송이버섯과 브로콜리를 넣고 소금으로 간해 좀 더 볶는다.

5 ④에 쇠고기국물을 붓고 끓으면 ③의 화이트소스를 넣어 고루 섞은 뒤 소금, 후춧가루로 간을 한다. 농도는 스파게티 삶은 물로 조절한다.

6 소스에 스파게티를 넣어 버무린다. 통후추를 갈아 뿌려 먹으면 더 맛있다.

tip
알덴테는 스파게티가 가장 알맞게 익은 상태를 말해요. 완전히 익지 않고 속에 심이 조금 남아 있는 정도예요. 손톱으로 눌러보아 심이 조금 느껴질 때 건지세요. 소스에 모차렐라치즈를 넣어도 맛있고, 고깃국물이 없으면 대신 스파게티 삶은 물을 넣어도 됩니다.

바질 페스토 파스타

향이 좋은 바질과 올리브유로 맛을 낸 파스타. 펜네를 사용해 소스가 잘 어우러져요.

재료 2인분

펜네 200g
마늘 2쪽
페페론치노 2개
바질 페스토 1/4컵
파르메산치즈가루 1/2큰술
소금·후춧가루 조금씩
올리브유 2½큰술
펜네 삶은 물 1큰술

1 끓는 물에 소금을 넣고 펜네를 8~13분 동안 삶는다. 펜네 삶은 물은 따로 둔다.

2 마늘은 저민다.

3 팬에 올리브유를 두르고 마늘과 페페론치노를 볶다가 바질 페스토와 펜네 삶은 물을 넣고 소금, 후춧가루로 간을 한다.

4 소스에 펜네를 넣어 버무린다.

5 접시에 파스타를 담고 파르메산치즈가루를 뿌린다.

tip
펜네는 구멍이 있어 소스가 잘 배는 게 특징이에요. 바질 페스토는 가열하지 않은 소스로 신선한 바질과 마늘, 잣, 파르메산치즈나 페코리노치즈, 올리브유를 섞어 만들어요.

알리오 올리오 파스타

매콤한 고추와 마늘 향이 가득한 오일 파스타로 깔끔한 맛이 좋아요.

재료 2인분

스파게티 200g
마늘 4쪽
페페론치노 2개
소금·후춧가루 조금씩
올리브유 2½큰술
바질 잎 2장

1 끓는 물에 소금을 넣고 스파게티를 8~13분 동안 삶는다.

2 마늘은 저민다.

3 팬에 올리브유를 두르고 마늘을 볶다가 페페론치노를 부수어 넣고 약한 불에서 페페론치노가 타지 않도록 볶는다.

4 ③에 스파게티를 넣고 소금, 후춧가루로 간해 볶는다.

5 접시에 파스타를 담고 바질 잎을 올린다.

tip
스파게티를 삶을 때 소금을 넉넉히 넣으면 면에 간이 배어 맛있어요.

볶음우동

베이컨과 채소를 넣고 굴 소스, 돈가스 소스, 야키우동 소스를 섞어 맛을 낸 일본식 별미 국수예요.

재료 2인분

우동국수 150g
베이컨 50g
팽이버섯·숙주 50g씩
양배추·청경채 50g씩
양파 1/2개
대파 1/2뿌리
마늘 2쪽
가다랑어포 1/2컵
야키우동 소스 2큰술
돈가스 소스 1큰술
굴 소스 1/2큰술
소금·후춧가루 조금씩
식용유 1½큰술

1 끓는 물에 우동국수를 쫄깃하게 삶아 물기를 뺀다.

2 베이컨은 잘게 썰고, 팽이버섯은 밑동을 자른 뒤 가닥을 나눈다. 양배추와 양파는 채 썰고, 청경채와 대파는 어슷하게 썬다. 마늘은 저민다.

3 팬에 식용유를 두르고 베이컨을 볶다가 마늘, 양파, 양배추, 숙주를 넣어 볶은 뒤 우동국수를 넣어 볶는다.

4 재료들이 어우러지면 야키우동 소스, 돈가스 소스, 굴 소스를 넣어 맛을 내고 청경채, 대파, 팽이버섯을 넣어 볶는다. 마지막에 소금, 후춧가루로 간을 한다.

5 접시에 볶음우동을 담고 가다랑어포를 듬뿍 뿌린다.

tip
요즘은 소스가 다양하게 나와 있어 재료에 어울리게 쓰면 맛내기가 쉬워요. 우동국수는 면발이 굵어서 속까지 간이 배기 어려우니 조금 진하게 맛을 낸 센 불에서 볶으세요.

돈코츠 라멘

돼지등뼈를 우린 뽀얀 국물 맛이 진한 일본 라면. 고기볶음과 채소무침을 얹어 먹으면 맛있어요.

재료 2인분

생라면 200g
반숙 달걀 1개
실파 1뿌리

돼지고기볶음
다진 돼지고기 100g
다진 마늘 1작은술
간장 1/2작은술
참기름 1/2작은술
후춧가루 조금
식용유 1/2큰술

채소무침
숙주 50g
부추 30g
실파 1뿌리
멸치액젓 1/2작은술
고춧가루 1/2작은술
통깨 조금

국물
돼지등뼈 1kg
다시마(10×5cm) 1장
미소(일본 된장) 1/2큰술
소금 조금
물 2L

1 돼지등뼈는 찬물에 1~2시간 담가 핏물을 뺀 뒤 물을 넉넉히 부어 끓인다.

2 끓인 물을 버리고 새 물을 부어 중간 불에서 국물이 뽀얗게 우러날 때까지 끓인다. 고운체에 걸러 식힌 뒤 기름을 걷어내고 소금으로 간을 맞춘다.

3 돼지등뼈 우린 물에 미소를 풀고 다시마를 넣어 끓인다.

4 다진 돼지고기는 다진 마늘, 간장, 참기름, 후춧가루로 양념해 기름 두른 팬에 볶는다.

5 숙주와 부추, 실파를 3~4cm 길이로 썰어 멸치액젓, 고춧가루, 통깨를 넣고 무친다.

6 고명으로 올릴 실파는 송송 썰고, 마늘은 다진다. 반숙 달걀은 반 자른다.

7 끓는 물에 생라면을 삶는다.

8 그릇에 라면을 담고 준비한 고명을 얹은 뒤 국물을 붓는다.

tip

돼지고기볶음에 땅콩버터, 올리고당을 조금 넣어 고소한 맛과 단맛을 더해도 좋아요. 고명으로 죽순, 마늘, 생강절임을 올리기도 합니다.

짜장면

짜장면은 누구에게나 인기 만점이에요. 집에서 만들면 더 맛있어요.

재료 2인분

생면 200g
돼지고기 80g
감자·양파 1/2개씩
양배추 100g
오이 1/4개
다진 마늘 1/2큰술
다진 생강 1/4작은술
녹말물 1큰술(녹말가루·물 1큰술씩)
식용유 1큰술

짜장

춘장 2큰술
설탕·청주 1큰술씩
식용유 2큰술
물 2큰술

1 돼지고기는 다지거나 깍둑썰기한다. 감자, 양파, 양배추는 사방 1cm 크기로 네모나게 썰고, 오이는 곱게 채 썬다.

2 팬에 짜장 재료를 넣어 볶는다.

3 달군 팬에 식용유를 넉넉히 두르고 다진 생강과 다진 마늘을 볶다가 돼지고기와 감자, 양파, 양배추를 넣어 좀 더 볶는다.

4 ③에 짜장을 넣고 끓이다가 녹말물을 넣어 걸쭉하게 만든다.

5 생면을 훌훌 털어 끓은 물에 삶아서 찬물에 헹궈 물기를 뺀다.

6 그릇에 국수를 담고 짜장을 얹은 뒤 오이를 올린다.

tip
중국요리의 제맛을 내려면 굴 소스를 넣으세요. 굴 소스는 생굴을 염장 발효시켜 액젓처럼 만든 것으로 중국요리에 폭넓게 쓰여요. 고기를 재거나 조림, 볶음 등에 넣으면 특유의 향과 감칠맛이 납니다. 많이 넣으면 느끼하니까 조금만 넣으세요.

양지차돌 쌀국수

숙주를 넉넉히 넣고 맑은 고깃국물을 부어 먹는 베트남 국수예요.

재료 2인분

쌀국수(가는 면) 250g
숙주 50g
양파 1개
붉은 고추 1½개
청양고추 2개
실파 2뿌리

국물

쇠고기(양지머리) 150g
양파 1개
대파 1뿌리
팔각·정향·산초 조금씩
소금 조금
물 8컵

1 쇠고기는 찬물에 담가 핏물을 뺀 뒤 물을 붓고 나머지 재료를 넣어 삶는다. 국물이 우러나면 건더기를 건지고 소금으로 간한다. 고기는 얇게 저민다.

2 숙주는 흐르는 물에 씻어 물기를 뺀다.

3 양파는 둥글고 얇게 썰고, 고추는 어슷하게 썰어 씨를 뺀다. 실파는 송송 썬다.

4 쌀국수는 미지근한 물에 담가 불린 뒤 끓는 물에 30초 정도 삶아 물기를 뺀다.

5 그릇에 숙주를 깔고 쌀국수를 올린 뒤, 준비한 고명을 얹고 국물을 붓는다.

tip
쌀국수는 딱딱하고 쉽게 부서지므로 불려서 삶아야 해요.

월남쌈

라이스페이퍼에 채소, 쇠고기, 해물 등을 넣고 돌돌 말아 먹어요.

재료 2인분

라이스페이퍼 10장
닭가슴살 1½쪽
새우살 80g
파프리카 1/2개
당근 1/4개, 깻잎 5장
양파 1/2개
통조림 파인애플 3개

소스

피시 소스
(또는 멸치액젓) 2½큰술
파인애플 통조림 국물
2큰술
식초·설탕 1/2큰술씩
송송 썬 청양고추 1큰술

1 채소는 곱게 채 썰고, 파인애플도 비슷한 크기로 썬다. 양파는 물에 담가 매운맛을 뺀다.

2 닭가슴살은 삶아서 가늘게 찢고, 새우살은 끓는 물에 소금을 넣고 데친다.

3 소스 재료를 고루 섞는다.

4 준비한 재료들을 접시에 가지런히 담는다.

5 라이스페이퍼를 뜨거운 물에 담갔다가 건져서 준비한 재료와 소스를 올려 말아 먹는다.

tip
쌈을 미리 싸놓으면 라이스페이퍼가 찢어지거나 서로 달라붙기 쉬워요. 라이스페이퍼를 따로 내 직접 싸 먹게 하세요. 속에 넣는 재료는 입맛에 맞게 바꿔도 좋고, 소스도 고추냉이 간장, 단촛물, 핫 소스 등으로 응용할 수 있어요.

포크커틀릿

돼지 안심으로 만들어 바삭하고 부드러워요. 채소를 다양하게 곁들여 영양 균형도 좋습니다.

재료 2인분

돼지고기(돈가스용 안심) 2쪽(300g)
식용유 1/2~1컵
돈가스 소스 적당량
사우전드아일랜드 드레싱 적당량

돼지고기 밑간

소금·후춧가루 조금씩

튀김옷

달걀 1개
밀가루 1/4컵
빵가루 1/2컵

곁들이

양배추 100g
오이 1/4개
당근 1/6개

1 돼지고기는 돈가스용으로 준비해 앞뒤로 자근자근 두들긴 뒤 소금과 후춧가루로 밑간한다.

2 달걀을 풀어 돼지고기에 밀가루, 달걀물, 빵가루 순으로 튀김옷을 입힌다. 튀길 때 빵가루가 떨어지지 않도록 손으로 꼭꼭 누른다.

3 160~170℃의 기름에 튀김옷을 입힌 고기를 앞뒤로 노릇하게 튀겨 기름을 뺀다.

4 양배추와 오이, 당근은 가늘게 채 썰어 물에 담갔다가 물기를 뺀다.

5 접시에 포크커틀릿을 담고 채소를 곁들여 담는다. 포크커틀릿에는 돈가스 소스를, 채소에는 사우전드아일랜드 드레싱을 뿌린다.

tip
돈가스 소스를 집에서 만들면 좋아요. 당근, 양파, 마늘을 잘게 썰어 기름에 볶다가 육수를 붓고 월계수 잎, 토마토케첩, 우스터소스를 넣어 바글바글 끓인 뒤 소금과 후춧가루로 간을 하면 돼요. 돼지고기뿐 아니라 쇠고기나 닭고기, 생선 등에도 잘 어울립니다.

햄버그스테이크

다진 고기를 반죽해 구워 속까지 맛있는 햄버그스테이크. 빵 사이에 넣어 햄버거를 만들어도 맛있어요.

재료 2인분

다진 쇠고기 100g
다진 돼지고기 100g
당근 1/6개
양파 1/2개
대파 1/2뿌리
달걀 1/4개
우스터소스 1/2큰술
소금·후춧가루 조금씩
식용유 2큰술
스테이크 소스·머스터드 소스 적당량씩

곁들이

통조림 옥수수 1/4컵
브로콜리 30g
버터 조금

1 다진 쇠고기와 돼지고기를 합해 다시 한번 다지고, 당근과 양파, 대파도 곱게 다진다.

2 달군 팬에 식용유를 두르고 당근, 양파, 대파를 볶다가 소금, 후춧가루로 간을 맞춰 한 김 식힌다.

3 다진 고기에 볶은 채소와 달걀, 우스터소스를 넣어 끈기가 나도록 반죽한다.

4 고기 반죽을 2등분해 둥글납작하게 빚는다.

5 옥수수는 체에 밭쳐 물기를 뺀 뒤 팬에 버터를 두르고 살짝 볶는다. 브로콜리는 작게 잘라 끓는 물에 데쳐서 찬물에 헹궈 물기를 뺀다.

6 달군 팬에 식용유를 두르고 고기 반죽을 앞뒤로 지진다. 불을 약하게 줄이고 뚜껑을 덮어 속까지 완전히 익힌다.

7 따뜻한 접시에 햄버그스테이크를 담고 옥수수와 브로콜리를 곁들여 담는다. 햄버그스테이크에 스테이크 소스와 머스터드 소스를 뿌린다.

tip
햄버그스테이크 반죽을 넉넉히 만들어 한 개씩 싸서 냉동해두면 여러모로 요긴해요. 해동해 그대로 구워도 되고, 으깨서 스파게티 소스에 넣어도 좋습니다.

찾아보기

찾아보기

한복선의
요리 백과
338

지은이 | 한복선(한복선식문화연구원 원장)
어시스트 | 지선아

사진 | 최해성
스타일리스트 | 박수빈

편집 | 김연주 이희진 김민주 홍다예
디자인 | 한송이
마케팅 | 장기봉 이진목 최혜수

인쇄 | 금강인쇄

초판 1쇄 | 2023년 8월 25일
초판 6쇄 | 2024년 7월 1일

펴낸이 | 이진희
펴낸곳 | (주)리스컴

주소 | 서울시 강남구 테헤란로87길 22, 7151호(삼성동, 한국도심공항)
전화번호 | 대표번호 02-540-5192
　　　　　　　　편집부 02-544-5194
FAX | 0504-479-4222
등록번호 | 제2-3348

이 책은 저작권법에 의하여 보호를 받는 저작물이므로
이 책에 실린 사진과 글의 무단 전재 및 복제를 금합니다.
잘못된 책은 바꾸어드립니다.

ISBN 979-11-5616-302-2 13590
책값은 뒤표지에 있습니다.

블로그
blog.naver.com/leescomm

인스타그램
instagram.com/leescom

유튜브
www.youtube.com/c/leescom

유익한 정보와 다양한 이벤트가 있는 리스컴 SNS 채널로 놀러오세요!